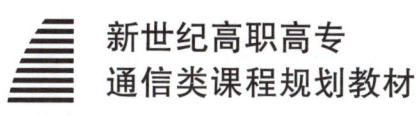

新世纪高职高专
通信类课程规划教材

信号与系统

新世纪高职高专教材编审委员会 组编
主　编　孙鹏娇　李　可　孙妮娜
副主编　黄　博　郝允慧
参　编　张　伟　时野坪　苏春明　陈　博

第二版

- "互联网+"创新型教材
- 微视频讲解重点、难点，通俗易懂
- 软件辅助信号与系统分析，直观、简便、易学

大连理工大学出版社

图书在版编目(CIP)数据

信号与系统/孙鹏娇,李可,孙妮娜主编. -- 2 版
. -- 大连：大连理工大学出版社,2022.8(2024.6重印)
新世纪高职高专通信类课程规划教材
ISBN 978-7-5685-3336-2

Ⅰ.①信… Ⅱ.①孙… ②李… ③孙… Ⅲ.①信号系统—高等职业教育—教材 Ⅳ.①TN911.6

中国版本图书馆 CIP 数据核字(2021)第 222174 号

大连理工大学出版社出版

地址：大连市软件园路 80 号　邮政编码：116023
发行：0411-84708842　邮购：0411-84703636　传真：0411-84701466
E-mail:dutp@dutp.cn　URL:https://www.dutp.cn

大连天骄彩色印刷有限公司印刷　　　　大连理工大学出版社发行

幅面尺寸：185mm×260mm　　印张：12.75　　字数：295 千字
2012 年 10 月第 1 版　　　　　　　　　　2022 年 8 月第 2 版
2024 年 6 月第 2 次印刷

责任编辑：马　双　　　　　　　　　　　责任校对：周雪姣
　　　　　　　　　封面设计：张　莹

ISBN 978-7-5685-3336-2　　　　　　　　定　价：45.00 元

本书如有印装质量问题,请与我社发行部联系更换。

前言 Preface

《信号与系统》(第二版)是新世纪高职高专教材编审委员会组编的通信类课程规划教材之一。

信号与系统对于初识者来说,可能较为模糊,其实这种概念被广泛地应用在各种领域中,比如通信系统、电路设计、生物工程等。因此分析信号与系统,就具有比较重要的意义。

在普遍定义下的信号与系统,对信号与系统的本质只能做一些概括的介绍。在处理信号与系统时,一种基本的分析方法是,选出一类具有普遍性质与特点的系统,由此引出一套经典的概念与分析方法。这种方法不仅在实践上具有普遍意义,而且在理论上也是完整的。

信号与系统分析已经有了一段很长的历史,并且从中产生出应用领域极为广泛的一套基本理论和方法。本教材将把这些基本的简单方法介绍给大家。当然,随着技术的发展,在信号与系统的分析中,也会产生一些新的技术,例如利用 LabVIEW 软件建立一些模型去完成信号与系统的分析以增加分析的直观性、简便性。这些在本教材中都会提及。

讲到分析,在理论层面,不能去微缩实际系统进行实验分析,多数是建立数学模型,在数学层面去分析信号及系统的特点,所以要求学生们在学习时有微积分及复数运算、微分方程求解等一些高等数学的基础知识。这些知识对于学习及理解本教材的内容有很重要的意义。

本教材分为三篇,全面系统地介绍了信号与系统分析的基础理论,创新点在于引入了 LabVIEW 软件辅助信号与系统分析,使信号与系统分析更为直观、简便。

在入门篇中,介绍了一些信号与系统的基本概念,包括在信号与系统分析中常用的信号和典型系统,同时介绍了一种常用的软件 LabVIEW,在后继的分析中我们会用到它,如分析连续时间信号、离散时间信号、线性时不变系统以及它们的一些特性。

在理论篇中,进行信号与系统的正式分析。介绍连续时间信号与系统的时域分析,即以时间为变量,分析信号及系统在不

同时间的特性及波形。在这个过程中，会涉及零输入响应、零状态响应和微分方程的求解等。在连续时间信号与系统的频域分析中，自变量变成了频率，我们会去分析信号及系统在不同频率下的状态特性，大家熟知的时间域信号是如何变到频域的？又是如何把频域的信号反变到时间域的呢？这当然离不开数学计算。连续时间信号与系统的 s 域分析，这种分析是基于频域分析的弱点而提出的，拉普拉斯变换会把一个时间域信号变换到 s 域也就是复频域，这里需要用到复数运算。我们将学会对衡量一个系统性能的重要指标即系统的稳定性进行判别。理论篇的前面部分我们分析的信号都是连续时间信号，后面部分我们将对离散时间信号与系统进行分析，其分析思路与连续时间信号十分类似，只是应用的数学工具有所差别。所以说若前面的分析方法大家都已经清楚了，后面的学习将十分轻松。后面部分介绍离散信号与系统的时域分析、离散信号与系统的 z 域分析。其实无论是连续时间信号还是离散时间信号，在哪种域内进行信号与系统分析，都是利用相应的数学公式，把时域上的信号变换到相应的域中，去分析它的一些特性，然后再通过数学公式将其反变到时域中。每个模块都有相应的课后习题，并给出参考答案。

实验篇主要结合全书理论知识，运用 LabVIEW 软件进行实验仿真，使同学们更好地掌握理论所学。

大家可能注意到高等数学在这门课中的重要性，但是我们只是把它当作工具来使用。在大多数情况下，我们在掌握方法之后，更多的是记住一些典型信号的变换之后的结果。所以，记住一些常用信号在各个域中的对应变换结果，是学会这门课的重点，这一点要切记。

本教材由吉林电子信息职业技术学院孙鹏娇、李可、孙妮娜任主编，吉林电子信息职业技术学院黄博、长春科技学院郝允慧任副主编，吉林电子信息职业技术学院张伟、时野坪和吉林省互联网协会苏春明、吉林吉大通信设计院股份有限公司陈博参与编写。本教材是多位编者多年来讲授信号与系统课程的精心之作，汇集了许多学生在学习此门课程时易遇的问题及解决方案和技巧，希望能为大家学习此门课程带来帮助。

本教材可以作为移动通信技术、电子信息工程技术、电气自动化技术等电子信息类及自动化类学生教材或教学参考书，也可供有关专业师生和科技人员自学参考。

在编写本教材的过程中，编者参考、引用和改编了国内外出版物中的相关资料以及网络资源，在此表示深深的谢意！相关著作权人看到本教材后，请与出版社联系，出版社将按照相关法律的规定支付稿酬。

限于作者水平，书中问题和不妥之处难免，敬请读者批评指正。

编 者
2022 年 8 月

所有意见和建议请发往：dutpgz@163.com
欢迎访问职教数字化服务平台：https://www.dutp.cn/sve/
联系电话：0411-84707492　84706671

目录 Contents

入门篇

模块 1　信号与系统的基本概念 ··· 3
  1.1　信号的描述和分类 ·· 3
    1.1.1　信号的描述 ··· 4
    1.1.2　信号的分类 ··· 4
  1.2　信号的基本运算 ·· 5
    1.2.1　移位、反转和尺度变换（自变量变换） ·············· 5
    1.2.2　信号的微分和积分 ······································ 5
    1.2.3　信号的相加、相乘及综合变换 ······················ 6
  1.3　系　　统 ··· 8
    1.3.1　系统的定义及其分类 ··································· 8
    1.3.2　线性时不变系统 ·· 10
    1.3.3　系统模拟及系统互联 ································ 11
    1.3.4　信号与系统分析概述 ································ 13
  模块小结 ··· 13
  习　　题 ··· 14

模块 2　LabVIEW 使用基础 ··· 15
  2.1　LabVIEW 概述 ·· 15
  2.2　LabVIEW 编程环境 ·· 16
  模块小结 ··· 20

理论篇

模块 3　连续时间信号与系统的时域分析 ························· 23
  3.1　连续时间基本信号 ·· 23
    3.1.1　奇异信号 ·· 23
    3.1.2　正弦信号 ·· 27
    3.1.3　指数信号 ·· 28
  3.2　卷积积分 ·· 29

- 3.2.1 卷积的定义 29
- 3.2.2 卷积的图解机理 29
- 3.2.3 卷积的性质 31
- 3.2.4 常用信号的卷积公式 33
- 3.3 LTI 系统的微分方程 33
- 3.4 连续时间系统的零输入响应 34
  - 3.4.1 系统初始条件 34
  - 3.4.2 简单系统的零输入响应 35
- 3.5 连续时间系统的零状态响应 36
  - 3.5.1 冲激响应和阶跃响应 36
- 模块小结 37
- 习　题 38

模块 4　连续时间信号与系统的频域分析 39

- 4.1 周期信号的连续时间傅立叶级数 40
  - 4.1.1 三角形式的傅立叶级数 40
  - 4.1.2 指数形式的傅立叶级数 43
- 4.2 周期信号的频谱 44
  - 4.2.1 周期信号频谱的定义 44
  - 4.2.2 周期信号频谱的特点 46
  - 4.2.3 周期信号的功率 47
- 4.3 非周期信号的连续时间傅立叶变换 48
  - 4.3.1 典型信号的傅立叶变换 49
  - 4.3.2 非周期信号的频谱函数 52
- 4.4 傅立叶变换的性质 53
  - 4.4.1 线　性 53
  - 4.4.2 对称性 53
  - 4.4.3 时移性 55
  - 4.4.4 频移性 55
  - 4.4.5 尺度变换 56
  - 4.4.6 卷积定理 57
  - 4.4.7 微分特性 58
  - 4.4.8 积分特性 59
- 4.5 周期信号的傅立叶变换 61
  - 4.5.1 周期信号的傅立叶级数与傅立叶变换的关系 62
  - 4.5.2 周期信号傅立叶系数 F_n 与单脉冲傅立叶变换 $F_0(j\omega)$ 的关系 63
- 4.6 连续时间系统的频域分析 63

4.6.1 基本信号 $e^{j\omega t}$ 激励下的零状态响应 64
4.6.2 一般信号 $f(t)$ 激励下的零状态响应 64
4.7 无失真传输条件 66
4.8 理想低通滤波器的特性 67
4.9 连续时间信号的抽样定理 69
4.9.1 信号的抽样 69
4.9.2 抽样信号的恢复 70
4.9.3 抽样定理的应用 71
模块小结 72
习　题 73

模块 5　连续时间信号与系统的 s 域分析 77
5.1 拉普拉斯变换 78
5.1.1 拉普拉斯变换的概念 78
5.1.2 单边拉普拉斯变换存在的条件 79
5.1.3 常用函数的单边拉普拉斯变换 80
5.2 单边拉普拉斯变换的性质 82
5.2.1 线　性 82
5.2.2 延时性 83
5.2.3 复频移性 85
5.2.4 尺度变换(展缩性质) 85
5.2.5 微分特性 85
5.2.6 积分特性 86
5.3 拉普拉斯逆变换 88
5.3.1 查表法 88
5.3.2 部分分式展开法 88
5.4 LTI 系统的 s 域分析 91
5.4.1 系统微分方程的 s 域解法 92
5.4.2 RLC 系统的 s 域分析 93
5.5 系统函数与系统特性 97
5.5.1 系统函数的定义 97
5.5.2 $H(s)$ 的零点和极点 99
5.5.3 $H(s)$ 的零点、极点与时域响应 101
5.5.4 $H(s)$ 与系统的频率特性 104
5.5.5 $H(s)$ 与系统的稳定性 108
5.6 连续时间系统的表示和模拟 110
5.6.1 连续时间系统的模拟框图表示 110

5.6.2　连续时间系统的信号流图表示 ··· 112
　　5.6.3　梅森公式(Mason's Rule) ··· 114
　　5.6.4　连续时间系统的模拟 ·· 115
模块小结 ·· 118
习　题 ·· 119

模块 6　离散时间信号与系统的时域分析 ·· 121
6.1　离散时间基本信号 ·· 122
　　6.1.1　离散时间信号 ·· 122
　　6.1.2　常用离散时间信号 ·· 123
　　6.1.3　离散时间信号的运算 ··· 125
6.2　卷积和 ·· 129
　　6.2.1　卷积和的定义 ·· 130
　　6.2.2　卷积和的性质 ·· 132
　　6.2.3　常用序列的卷积和公式 ·· 134
6.3　离散时间系统的方程 ·· 134
　　6.3.1　LTI 离散时间系统 ·· 134
　　6.3.2　离散时间系统方程与模拟 ··· 136
　　6.3.3　离散时间系统差分方程的响应 ··· 138
模块小结 ·· 142
习　题 ·· 142

模块 7　离散时间信号与系统的 z 域分析 ·· 144
7.1　z 变换 ·· 145
　　7.1.1　z 变换的定义 ·· 145
　　7.1.2　常用序列的 z 变换 ··· 148
7.2　z 变换的性质 ··· 150
　　7.2.1　线　性 ··· 150
　　7.2.2　移位特性 ·· 150
　　7.2.3　尺度变换 ·· 151
　　7.2.4　卷积(卷积和)定理 ·· 152
7.3　z 逆变换 ··· 153
　　7.3.1　查表法 ··· 153
　　7.3.2　幂级数展开法(长除法) ·· 154
　　7.3.3　部分分式展开法 ··· 154
7.4　离散时间系统差分方程的 z 域解 ·· 157
　　7.4.1　差分方程的 z 域解 ··· 157
　　7.4.2　系统函数 $H(z)$ ··· 158

7.5 离散时间系统的框图表示和模拟 ·· 159
　7.5.1 离散时间系统的框图表示 ·· 159
　7.5.2 离散时间系统的模拟 ·· 160
7.6 系统特性 ·· 161
　7.6.1 $H(z)$ 的零点和极点 ·· 161
　7.6.2 $H(z)$ 的零点、极点与单位响应 ·· 162
　7.6.3 $H(z)$ 与离散时间系统频率响应 ·· 163
　7.6.4 $H(z)$ 与离散时间系统的稳定性 ·· 164
模块小结 ·· 165
习　题 ·· 166

实验篇

实验一　常用连续时间信号的实现 ·· 171
实验二　连续时间信号的基本运算与波形变换 ·· 173
实验三　连续时间信号的卷积运算 ·· 175
实验四　周期信号的分解与合成——傅立叶级数 ······································ 177
实验五　周期信号的频谱 ·· 179
实验六　傅立叶变换的性质——FFT 的线性叠加 ···································· 182
实验七　抽样定理 ·· 184
实验八　滤波器的应用 ·· 185

参考文献 ·· 191
附　录 ·· 192

本书微课资源列表

序 号	名 称	页 码
1	通信中常用的信号	4
2	信号基本运算	8
3	系统的概念及分类	10
4	LabVIEW 软件介绍	16
5	LabVIEW 软件的基本操作	18
6	LabVIEW 三种选板的基本操作	20
7	典型信号	29
8	卷积	31
9	卷积分析零状态响应	37
10	信号的时域与频域	39
11	周期信号的傅立叶级数	43
12	周期信号的傅立叶变换	52
13	傅立叶变换的性质	61

入门篇

模块 1
信号与系统的基本概念

育人目标
在理论教学、讲解信号计算的过程中,理论联系实际,注重细节,严谨细致,培养学生求真务实的态度。

教学目的
能够掌握信号与系统的主要内容、基本概念以及分析方法。

教学要求
本模块主要介绍信号与系统的基本概念和分析方法,有以下基本要求:
(1)掌握信号的概念及其分类。
(2)掌握系统的概念、分类及其连接方式。
(3)掌握线性时不变系统的概念和性质。
(4)了解信号与系统分析的常用方法及软件。

1.1 信号的描述和分类

对于信号与系统的概念,我们来举几个例子说明,比如:我们所熟悉的手电筒电路,其本身就是一个系统,而外加的电源是一个输入信号,产生的电流或电压是响应信号。还有我们开车,车就相当于一个系统,而外加的油门、刹车、方向盘等都可以看成输入信号,对此所产生的加速、减速、转向等都可以看成输出信号也就是响应信号。病人做心电测试时,整部机器就是一个系统,而病人的心跳是一个输入信号,以此绘出的波形是响应信号,如图 1-1 所示。

图 1-1 心电图

相信大家也会由此想到各种有关信号与系统概念的例子,因此分析信号与系统,就具有比较重要的意义。在某些领域中,关注特定的系统,会让我们知道其对于不同信号的响应是什么样的。信号与系统分析的另一层重要意义是,可以针对信号的特点进行系统设计,以实现对信号的处理或提取等,如对噪声信号的去除。在另外一些应用中,重点放在信号的设计上,例如,远距离通信时对信号进行特定频率处理,对股市走势波形的预测等。还有利用信号与系统的分析去控制系统的性能,如楼内走廊里由声光控制的灯,它通过传感器对信号的感知来控制开关。

1.1.1 信号的描述

信号可以由很多方式来描述,但在通常情况下,信号所包含的信息都寄载于某种形式变化的波形中。在数学上,信号可以表达成一个或多个变量的函数。

1.1.2 信号的分类

信号的分类方法很多,可以从不同的角度对信号进行分类。在信号与系统分析中,我们常以信号所具有的时间特性来分类。这样,信号可以分为确定信号与随机信号、连续时间信号与离散时间信号、周期信号与非周期信号等。

1. 确定信号与随机信号

确定信号是指在任意时刻,在其定义域内都有对应的确定的函数值的信号,例如正弦信号。

随机信号是指具有不可预知的不确定性的信号,我们只能知道其统计特性,例如噪声信号。

2. 连续时间信号与离散时间信号

连续时间信号是指在所讨论的时间间隔内,除若干不连续点之外,对任意时间值都可给出确定的函数值的信号,通常用 $f(t)$ 表示,例如声音信号,如图 1-2(a)所示。

离散时间信号是指在时间上是离散的,只在某些不连续的规定的瞬时时刻给出函数值,在其他时间无意义的信号,常用 $f(n)$ 表示,例如股票市场每周的道琼斯指数等,如图 1-2(b)所示。

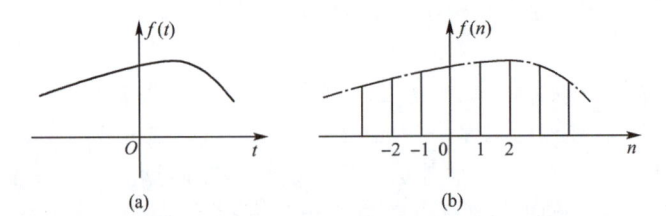

图 1-2 连续时间信号与离散时间信号波形

3. 周期信号与非周期信号

周期信号是指每隔一定时间 T,周而复始且无限的信号。满足

$$f(t)=f(t+nT) \quad n=0,\pm 1,\pm 2,\cdots \tag{1-1}$$

非周期信号在时间上不具有周而复始的特性,可看成 T 趋于无穷大的周期信号。

1.2 信号的基本运算

1.2.1 移位、反转和尺度变换（自变量变换）

1. 移位

$f(t) \to f(t+t_0)$，$f(t+t_0)$ 相当于 $f(t)$ 的波形在 t 轴上整体移动,当 $t_0 > 0$ 时波形左移,当 $t_0 < 0$ 时波形右移。如图 1-3 所示。

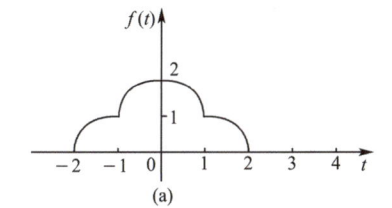

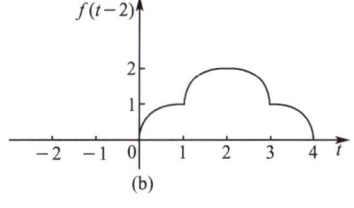

图 1-3 信号移位

2. 反转

$f(t) \to f(-t)$，$f(-t)$ 相当于 $f(t)$ 的波形以 $t=0$ 为轴翻转。如图 1-4 所示。

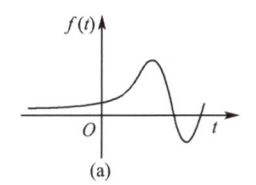

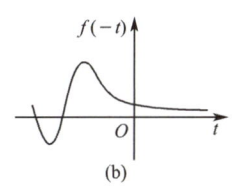

图 1-4 信号反转

3. 尺度变换

$f(t) \to f(at) \begin{cases} f(at) 是将 f(t) 的波形压缩(a>1) \\ f(at) 是将 f(t) 的波形扩展(a<1) \end{cases}$，如图 1-5 所示。

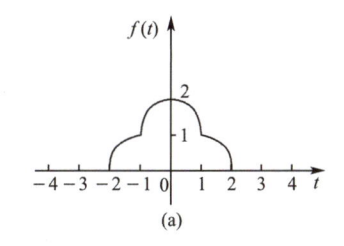

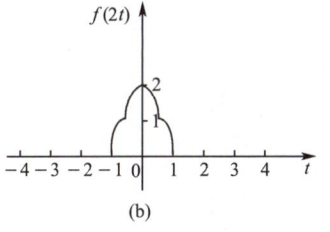

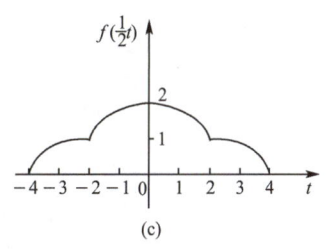

图 1-5 信号的尺度变换

1.2.2 信号的微分和积分

1. 微分

信号的微分是指信号对时间的导数,可表示为

$$y(t)=\frac{\mathrm{d}}{\mathrm{d}t}f(t)=f'(t) \tag{1-2}$$

例如，$f(t)=\mathrm{e}^{2t}$，则其微分为 $f'(t)=2\mathrm{e}^{2t}$。

2. 积分

信号的积分是指信号在区间 $(-\infty,t)$ 上的积分，可表示为

$$y(t)=\int_{-\infty}^{t}f(\tau)\mathrm{d}\tau=f^{(-1)}(t) \tag{1-3}$$

微分与积分互为逆运算。

1.2.3 信号的相加、相乘及综合变换

1. 相加

信号相加后任一瞬时值 $y(t)$，等于同一瞬间相加信号瞬时值的和。即

$$y(t)=f_1(t)+f_2(t)+\cdots \tag{1-4}$$

这类相加运算在信号处理过程中较为常见。在做这类相加运算时，若相加信号函数可以直接运算，则我们可以直接写出运算结果，如 $f_1(t)=\sin 2t$，$f_2(t)=2\sin 2t$，两者之和 $y(t)=f_1(t)+f_2(t)=3\sin 2t$。在多数情况下，对于这类相加运算，我们可以取函数的特殊值相加，再通过描点法绘出相加后的图形。在数学运算时，这种方法我们会经常用到，在这里不再赘述。当然，我们也可以通过一些软件来完成，如 LabVIEW 软件。

LabVIEW 软件是一种虚拟仪器软件，可以进行复杂的信号分析运算，其软件内部有一些常用的信号分析功能模块，我们可以直接调用。LabVIEW 软件是一种图形化的编程软件，我们可以把需要的程序"画"出来。比如，我们可以把信号发生器控件放在面板上，再把示波器控件放在面板上，然后从信号发生器控件引一根线连到示波器控件，运行后，可以看到相应设定下显示的波形。这款软件包括用于显示的前面板及用于编程的后面板，如图 1-6 所示为基于 LabVIEW 的信号发生器。这款软件我们会在后续的模块中给大家做详细介绍。

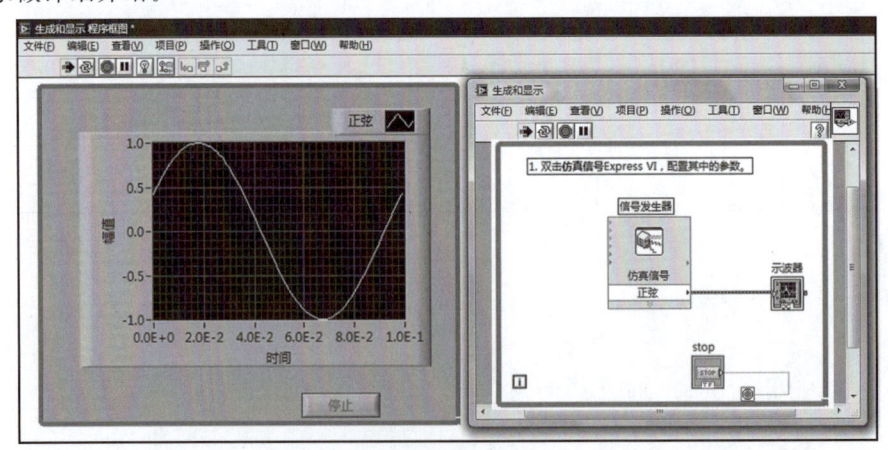

图 1-6 基于 LabVIEW 的信号发生器

当然，利用 LabVIEW 软件进行信号处理也是十分简单的。如图 1-7 所示为基于

LabVIEW 的信号处理菜单栏。

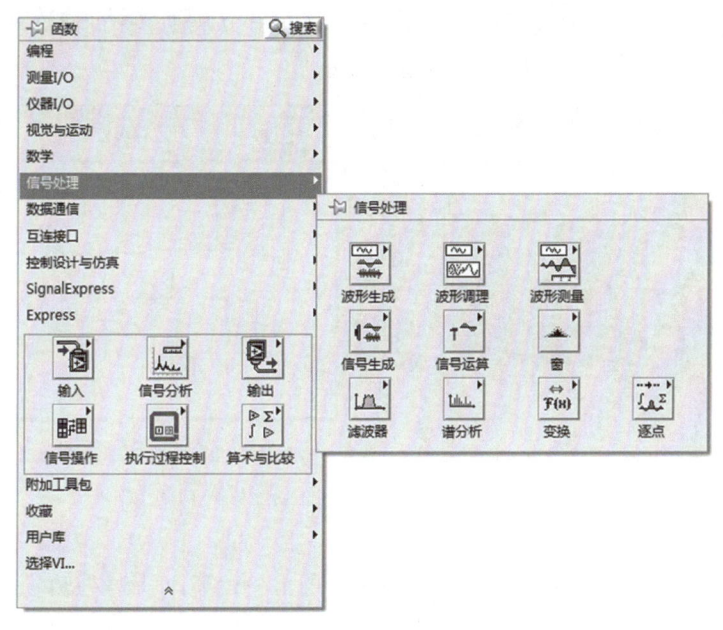

图 1-7　基于 LabVIEW 的信号处理菜单栏

相加运算在 LabVIEW 中就更为简单易行且直观了。基于 LabVIEW 的信号相加如图 1-8 所示,为频率为 10 Hz,幅值为 1 V 的正弦波与三角波的相加运算,在虚拟示波器中同时显示了正弦波、三角波及两者相加后的波形。

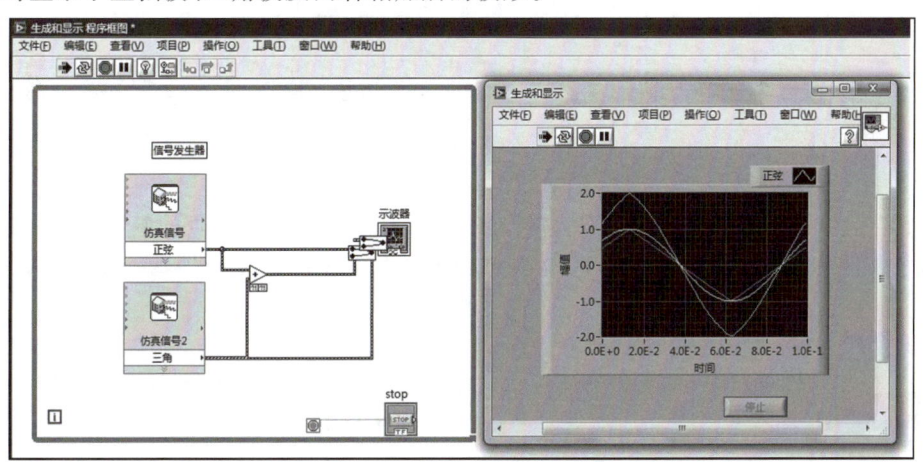

图 1-8　基于 LabVIEW 的信号相加

2.相乘

信号相乘后任一瞬时值 $y(t)$,等于同一瞬间相乘信号瞬时值的积。即

$$y(t)=f_1(t)\times f_2(t)\times \cdots \tag{1-5}$$

当与某一信号 $f(t)$ 相乘的信号为一常数 a 时,相乘运算又叫数乘。即

$$y(t)=a\times f(t)\times \cdots \tag{1-6}$$

信号的相乘运算可以采用与相加运算一样的方式进行处理。我们也以 LabVIEW 仿

真的直观形式展示给大家。基于 LabVIEW 的信号相乘如图 1-9 所示，为频率为 10 Hz，幅值为 1 V 的正弦波与三角波的相乘运算，同样是在虚拟示波器内同时展示了三路波形，我们也可以通过虚拟示波器随时读取任意一点的值。

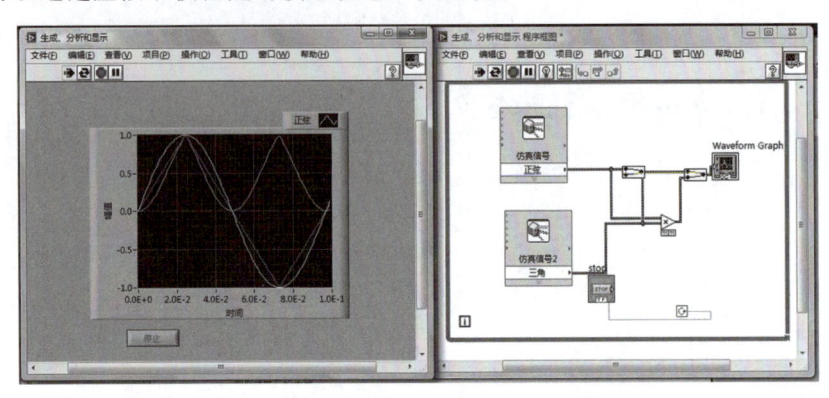

图 1-9　基于 LabVIEW 的信号相乘

3. 综合变换

在信号分析处理的过程中，通常不是某种信号的单一运算，而是一些信号的复合变换，我们称之为综合变换。如图 1-10 所示为信号的综合变换，已知 $f(2t+2)$ 的波形如图 1-10(a)所示，画出 $f(4-2t)$ 的波形如图 1-10(b)所示。

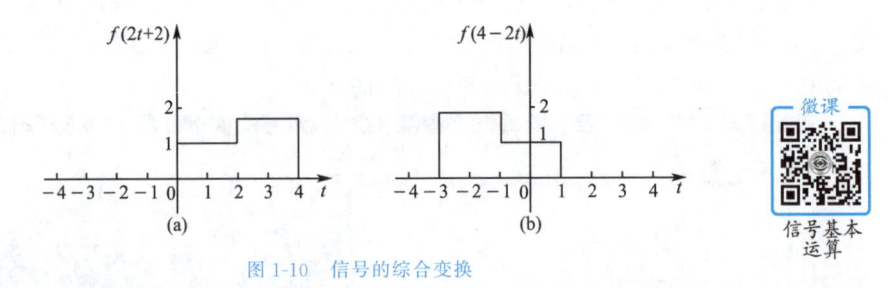

图 1-10　信号的综合变换

描绘信号波形是本课程的一项基本训练。在绘图时应注意信号的基本特征、变化趋势、起始和终点位置，标出信号的初值、终值以及一些关键的点及线，如极大值、极小值、渐近线等进行具体的绘图。

1.3　系　统

1.3.1　系统的定义及其分类

从广义的角度讲，具体的系统都是一些元器件或子系统的互联。从信号处理及通信到机器人、医学影像和污水处理等方面来说，一个系统可以看作一个过程，向其输入的信号被该系统变换，或者说系统以某种方式对信号做出响应。例如，一个通信系统从一个终端采集信号并将其处理成适于远距离传输的信号，传输至另一终端再恢复成原始信号，从而完成通信功能。

从狭义的角度讲,系统是由若干相互作用和相互依存的事物组合而成的具有特定功能的整体。

系统可按多种方法进行分类。不同类型的系统其系统分析的过程是一样的,但系统的数学模型不同,因而其分析方法也就不同,这里有以下几种分类方式。

1. 连续时间系统与离散时间系统

连续时间系统是指输入系统的信号是连续时间信号,产生的响应即输出也是连续时间信号的系统,简称连续系统。如图1-11(a)所示为连续时间系统。

离散时间系统是指输入系统的信号是离散时间信号,输出也是离散时间信号的系统,简称离散系统。如图1-11(b)所示为离散时间系统。

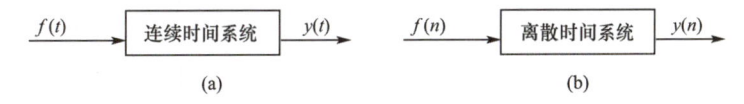

图1-11 连续时间系统与离散时间系统

连续时间信号输入用 $f(t)$ 表示,输出用 $y(t)$ 表示;离散时间信号输入用 $f(n)$ 表示,输出用 $y(n)$ 表示。

2. 线性系统与非线性系统

线性系统是指具有线性特性的系统,线性特性包括齐次性与叠加性。线性系统的数学模型是线性微分方程和线性差分方程。

系统具有齐次性是指当系统的输入信号增加 k 倍,输出响应也增加 k 倍。即:

$$若 f(t) \rightarrow y(t), 则 kf(t) \rightarrow ky(t) \tag{1-7}$$

系统具有叠加性是指当若干个输入激励同时作用于系统时,系统的输出响应是每个输入激励单独作用时(此时其余输入激励为零)相应输出响应的叠加。即:

$$若 f_1(t) \rightarrow y_1(t), f_2(t) \rightarrow y_2(t), 则 f_1(t) + f_2(t) \rightarrow y_1(t) + y_2(t) \tag{1-8}$$

线性特性要求系统同时具有齐次性和叠加性。线性特性可表示为:

$$若 f_1(t) \rightarrow y_1(t), f_2(t) \rightarrow y_2(t), 则 af_1(t) + bf_2(t) \rightarrow ay_1(t) + by_2(t) \tag{1-9}$$

式中 a、b 为任意常数,系统的线性特性示意图如图1-12所示。

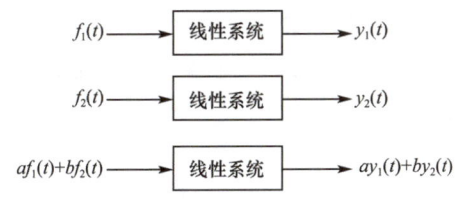

图1-12 系统的线性特性示意图

在这里不满足线性特性的系统统称为非线性系统。

3. 时不变系统与时变系统

一个系统,如果其元件参数是不随时间变化的,则称其为时不变系统或非时变系统,可表示为:

$$若 f(t) \rightarrow y(t), 则 f(t-t_0) \rightarrow y(t-t_0) \tag{1-10}$$

判断一个系统是否是时不变系统,在电路分析上,可以看元件的参数值是否随时间而变。从描述系统的方程来看,可以看系数是否随时间而变。

4. 即时系统与记忆系统

如果系统在任意时刻的响应仅由该时刻的激励决定,而与它过去的历史无关,则称之为即时系统(或无记忆系统)。全部由无记忆元件(如电阻)组成的系统是即时系统。即时系统可用代数方程来描述。如果系统在任意时刻的响应不仅与该时刻的激励有关,而且与它过去的历史有关,则称之为记忆系统(或动态系统)。含有动态元件(如电容、电感)的系统是记忆系统,记忆系统可用微分方程来描述。

5. 因果系统与非因果系统

因果系统是指当且仅当输入信号作用于系统时才产生输出响应的系统。这就是说,因果系统的输出响应不会出现在输入信号激励之前。如图 1-13(a)所示为因果系统示意图。反之,不具有因果特性的系统称为非因果系统。如图 1-13(b)所示为非因果系统示意图。本书若无特别说明,研究的均为因果系统。

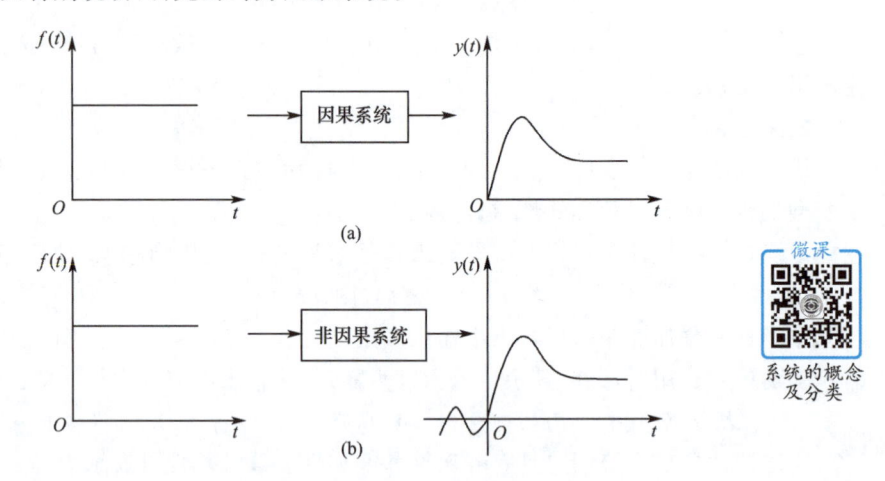

图 1-13 因果系统与非因果系统示意图

1.3.2 线性时不变系统

讲到系统的分析,在理论层面上,不能微缩实际系统进行实验分析,多数是建立系统模型。所谓系统模型,就是系统物理特性的数学抽象,以数学表达式也就是数学模型或具有理想特性的符号组合图形表征系统特性。

一个系统,可以通过对系统物理特性的数学抽象,也就是数学表达式来描述;也可以通过能形象地说明其功能的系统图来表示。

分析与设计系统有两点重要依据:

1. 对于同一物理系统,在不同的条件下可以得到不同形式的数学模型。对于不同的物理系统,经抽象和近似,可以得到形式上完全相同的数学模型。

2. 许多应用场合不同的系统,都有非常相似的系统模型,对应到理论层面也就是相似的数学模型。

这类具有相似数学模型的系统,为在信号与系统分析中建立更加广泛适用的方法起到了巨大的作用。这类系统具有两个重要的特性:

1. 属于这一类的系统,都具有一些性质和结构,通过这些性质和结构我们可以十分清晰地了解这个系统,并能对分析此系统建立起有效的方法。

2. 实际上很多重要的系统,都可以利用这类系统进行准确地建模。

这类系统,就是线性时不变系统(Linear Time Invariant),简记为 LTI 系统,我们常用线性常系数微分方程或是线性常系数差分方程来描述,这是本书重点研究的系统。

> **注意**:十分重要的一点是,我们所建立的系统模型都是实际系统的理想化情况,由此所得出的分析结果都只是理想化的模型本身的结果。实际工程中的一个基本问题就是在使用理想化模型对实际系统进行分析时,加在这个模型上的假设适用该范围,并保证基于这个模型的任何分析或设计都没有违反这些假设。这一点本书虽不做讨论,但仍希望大家能够牢记。

线性系统有三个重要特性:微分特性、积分特性、频率保持性。

1. 微分特性

如果线性系统的输入信号变为原信号的微分形式,则其产生的响应也变为原响应的导数形式。可表示为:

$$若\ f(t) \rightarrow y(t), 则\ f'(t) \rightarrow y'(t), 也就是\ \frac{\mathrm{d}f(t)}{\mathrm{d}t} \rightarrow \frac{\mathrm{d}y(t)}{\mathrm{d}t} \tag{1-11}$$

2. 积分特性

如果线性系统的输入信号变为原信号的积分形式,则其产生的响应也变为原响应的积分形式。可表示为:

$$若\ f(t) \rightarrow y(t), 则\ \int_0^t f(\tau)\mathrm{d}\tau \rightarrow \int_0^t y(\tau)\mathrm{d}\tau \tag{1-12}$$

3. 频率保持性

信号通过线性系统不会产生新的频率分量。即如果线性系统的输入信号含有角频率 $\omega_1, \omega_2, \omega_3, \cdots, \omega_n$ 的成分,则系统的稳态响应也只含有 $\omega_1, \omega_2, \omega_3, \cdots, \omega_n$。

1.3.3 系统模拟及系统互联

系统的模拟可以通过建立系统模型来实现。我们所分析的线性时不变系统,若通过数学表达式来描述,可以用线性常系数微分方程或线性常系数差分方程来表示。

系统的模拟若通过理想符号组合图形表示,通常由以下几种功能部件组成:积分器,加法器,标量乘法器(数乘器、比例器),乘法器,微分器,延时器等。它们的时域表示符号如图 1-14 所示。

例如,某个线性时不变连续时间系统的数学表达式描述为二阶线性常系数微分方程 $y''(t) + a_1 y'(t) + a_0 y(t) = f(t)$,其系统模拟框图如图 1-15 所示。

积分器 $f(t) \to \boxed{\int} \to \int_{-\infty}^{t} f(\tau)d\tau$

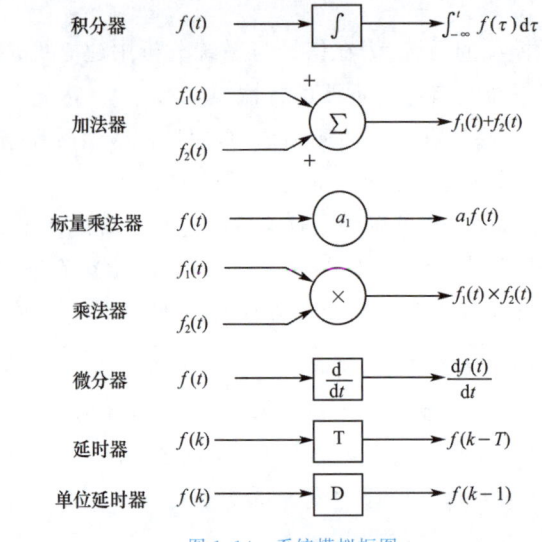

加法器 $f_1(t), f_2(t) \to \sum \to f_1(t)+f_2(t)$

标量乘法器 $f(t) \to \boxed{a_1} \to a_1 f(t)$

乘法器 $f_1(t), f_2(t) \to \times \to f_1(t) \times f_2(t)$

微分器 $f(t) \to \boxed{\dfrac{d}{dt}} \to \dfrac{df(t)}{dt}$

延时器 $f(k) \to \boxed{T} \to f(k-T)$

单位延时器 $f(k) \to \boxed{D} \to f(k-1)$

图 1-14　系统模拟框图

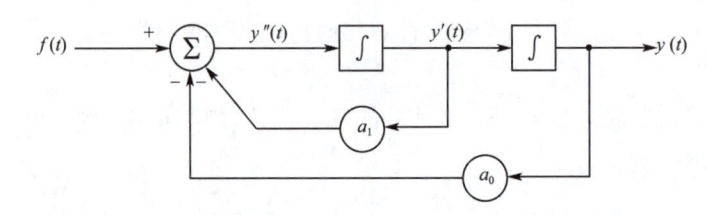

图 1-15　二阶连续时间系统模拟框图

又如，某线性时不变离散时间系统的数学表达式描述为二阶线性常系数差分方程 $y(k)+3y(k-1)+2y(k-2)=f(k)+3f(k-1)+f(k-2)$，其系统模拟框图如图 1-16 所示。

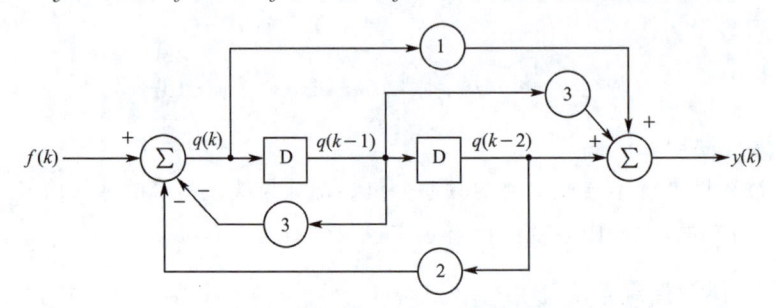

图 1-16　二阶离散时间系统模拟框图

实际系统通常由许多子系统组合而成，其连接形式也是多样的。有几种子系统的相互连接的形式是经常遇到的，比如，串联、并联、混联与反馈连接等，如图 1-17 所示。

在如图 1-17 所示的系统互联模拟框图中，图(a)的两个系统是串联形式，整个系统信号先由系统 1 处理，再送入系统 2 处理，系统 1 的输出作为系统 2 的输入。这种系统比较常见，如音响系统，播放器输出的声音信号通过功率放大器进行放大。图 1-17(b)是系统并联形式的示意图，输入信号同时送入系统 1 和系统 2 进行处理，处理的结果叠加后送到输出端。反馈互联是系统级联的另一种重要形式，如图 1-17(c)所示。系统 2 的输出反馈给系统 3 后再重新输入给系统 1,如恒温饮水机。温度测量系统检测到输出的水温信号,将其与某个恒定温度进行比较,比较结果再反馈给加热端。当温度高于恒定温度时,停止加热;当温度低于恒定温度时,进行加热。

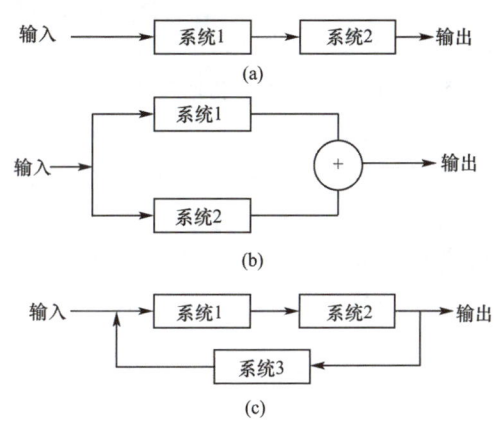

图 1-17 系统互联模拟框图

1.3.4 信号与系统分析概述

信号与系统是相互依存的整体。信号必定由系统产生、发送、传输与接收,没有离开系统能孤立存在的信号;同样,系统也离不开信号,系统的重要功能就是对信号进行加工、变换与处理。没有信号,系统就没有存在的意义。因此在实际应用中,信号与系统必须成为相互协调的整体,才能实现信号与系统各自的功能。

信号与系统的分析方法有许多种。目前最常用的信号分析方法是时域法和频域法。时域法是研究信号在时间域上的一些特性,如波形的变化趋势、持续时间、周期、信号的分解与合成等。频域法是将信号变换为另一种形式后研究其频域特性,如分析信号的频率成分、各频率分量的相对大小及主要频率分量占有的范围等。

系统分析对于研究系统的性质和信号的传输能力具有重要的意义。比如,系统的稳定性、因果性等。系统的分析方法也有时域法和频域法两种。在时域变换中,对于连续时间系统主要应用卷积法,对于离散时间系统主要应用卷和法。在本书中,频域法对于连续时间系统主要介绍傅立叶变换、拉普拉斯变换,对于离散时间系统主要介绍 z 变换。它们是系统分析的基本数学方法,也是进一步学习专业知识的重要基础。

模块小结

本模块概述了信号与系统分析的应用场合、基本分析方法和相关概念。

1. 在数学分析中,信号可以表示成一个或多个变量的函数。

2. 信号有多种分类方法,在信号与系统分析中常把信号分为连续时间信号和离散时间信号。

3.信号的移位、反转、尺度变换、微分、积分、相加、相乘等基本运算是信号分析中常用的信息处理方法。

4.LabVIEW 是信号与系统分析中的常用软件。

5.系统是由若干相互作用、相互依存的事物组合而成的具有特定功能的整体,可以分为连续时间系统、离散时间系统和混合系统。

6.线性时不变系统具有微分特性、积分特性和频率保持性。其特殊的齐次性、叠加性以及时不变特性是信号与系统分析的基本依据。

7.系统之间可以通过串联、并联、混联和反馈连接等方式连接到一起。

8.信号与系统的分析方法,主要有时域法和频域法。

习题

1-1 系统的数学模型如下,试判断其线性、时不变性和因果性。
(1) $y(t) = e^{2f(t)}$ 　　(2) $y(t) = f(t)\cos 2t$ 　　(3) $y(t) = f(2t)$

1-2 已知信号 $f(t)$ 如题 1-2 图所示,试分别画出下列信号的波形。
(1) $f(1-t)$ 　　(2) $f(2t+2)$

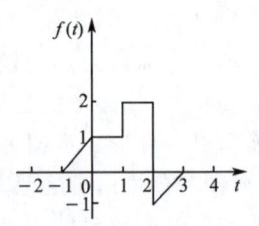

题 1-2 图

1-3 若有线性时不变系统的方程为 $y'(t) + ay(t) = f(t)$,在非零 $f(t)$ 作用下其响应为 $y(t) = e^{3t}$,试求方程 $y'(t) + ay(t) = 3f(t) + f'(t)$ 的响应。

模块 2　LabVIEW 使用基础

> **育人目标**
> 　　在软件仿真操作过程中,严格要求操作规范,培养学生的责任意识和职业素养。

> **教学目的**
> 　　LabVIEW 是一种图形化的汇编语言,在测试、测量和自动化等领域具有较大的优势。LabVIEW 软件是学习"信号与系统"这门专业课的辅助软件,了解并掌握 LabVIEW 软件使人们能够解决在信号处理过程中遇到的很多实际问题。通过本模块的学习,希望同学们能够了解如下内容:LabVIEW 语言特点、LabVIEW 编程环境与选板、LabVIEW 软件基本使用方法等。

> **教学要求**
> 　　(1)通过本模块的学习,学生了解并掌握 LabVIEW 语言及其特点;LabVIEW 软件的安装;LabVIEW 软件的基本操作;通过实例了解 LabVIEW 软件在"信号与系统"课程中的应用等相关知识点。
> 　　(2)通过对 LabVIEW 软件的介绍,提高学生的学习兴趣,开阔学生的眼界,使学生具备在信号与系统领域中理论联系实际的能力,能够熟练运用已知函数解决简单问题的能力。

2.1　LabVIEW 概述

1. 虚拟仪器

　　LabVIEW 的程序被称为 VI(Virtual Instrument),即虚拟仪器。虚拟仪器系统是由计算机、应用软件和仪器硬件三大要素构成的。计算机与仪器硬件又称为 VI 的通用仪器硬件平台。应用软件技术是虚拟仪器的核心技术。常用的仪器用开发软件有LabVIEW、LabWindows/CVI 等,其中 LabVIEW 应用最为广泛。

2. LabVIEW 的概念

　　LabVIEW(Laboratory Virtual Instrument Engineering Workbench)是一种用图标

代替文本行创建应用程序的图形化编程语言。由美国国家仪器(NI)公司研制开发,拥有类似于 C 语言的开发环境,但是 LabVIEW 与其他计算机语言的显著区别是:大多数计算机语言采用基于文本的语言产生代码,传统文本编程语言根据语句和指令的先后顺序决定程序执行顺序,而 LabVIEW 是一种图形化的汇编语言,框图即程序,LabVIEW 采用数据流编程方式,程序框图中节点之间的数据流向决定了程序的执行顺序,用图标表示函数,用连线表示数据流向。

LabVIEW 的核心是"软件即仪器",它包含了大量的工具与函数,用于数据采集、分析、显示与存储等。

3.LabVIEW 软件的应用

LabVIEW 软件被广泛应用在通信、电子设计生产、过程控制、半导体等各个领域。该软件可以在短时间内,如数分钟内完成一套完整的从仪器连接、数据采集到分析、显示和存储的测试测量系统建设。由于它包含了大量的工具与函数,所以在测试、测量和自动化等领域有很大优势。

LabVIEW 软件含有各种各样的数学运算函数,所以适合应用在模拟、仿真、原型设计等方面。在通信理论研究、信号系统处理、算法设计、系统设计、建模仿真和性能分析验证等方面,可以用 LabVIEW 软件搭建仿真原型,验证设计的合理性,找到潜在的问题,使学生对信号与系统有更直观的理解,更好地把所学理论应用到实践中。

2.2 LabVIEW 编程环境

1.启动界面

单击计算机的"开始"菜单,找到已经安装好的 LabVIEW 软件,选择其图标即可启用,如图 2-1 所示。启动界面如图 2-2 所示。

图 2-1 LabVIEW 软件启动图标

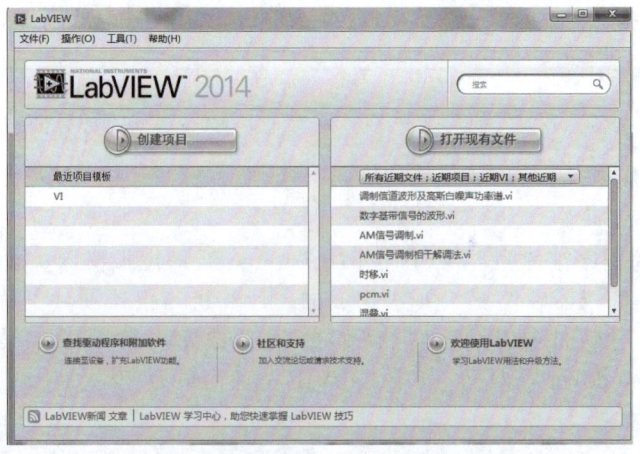

图 2-2 LabVIEW 软件启动界面

2.前面板和程序框图

启动 LabVIEW 软件,在启动窗口可以基于模板或范例创建新项目,或者打开最近的 LabVIEW 文件。通常,我们可以通过菜单栏,在弹出的对话框中选择"新建",这样就创建了一个新的文件。从 LabVIEW 软件的启动界面可以看到,界面中包括两大部分:"创建项目"和"打开现有文件"。"打开现有文件"包含最近打开的工程和 VI 程序列表栏。除此之外,还有帮助资源列表栏。如图 2-3 所示。

图 2-3 新建 VI

VI 都由两个窗口组成:前面板(用户界面)和程序框图(后面板)。前面板相当于界面,如图 2-4 所示;程序框图相当于程序代码,如图 2-5 所示。前面板窗口顶部的菜单是通用的菜单栏,依次为文件、编辑、查看等选项。单击"文件"菜单,主要有新建、打开、保存、关闭等用于执行的文件基本操作。"编辑"菜单可以用来查找或修改 LabVIEW 文件。"查看"菜单可以选择我们常用的选板,显示 LabVIEW 软件开发环境窗口的选项等。"项目"菜单用来创建项目、打开项目、保存、关闭等。"操作"菜单控制 VI 操作的各类选项,调试 VI。"工具"菜单可以配置 LabVIEW 项目或 VI。"窗口"菜单可以设置当前窗口的外观等。"帮助"菜单用来介绍 LabVIEW 功能和组件,包括一些技术支持网站的链接等。

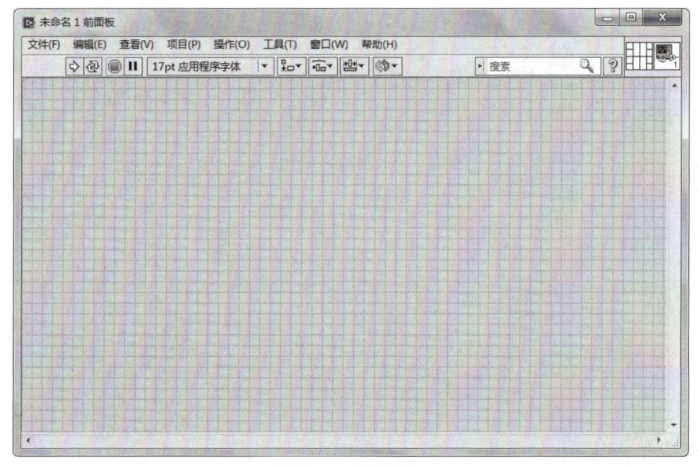

图 2-4 前面板

图 2-5　程序框图

菜单栏的下一行是工具栏，用于程序的运行操作，比如程序的运行、中止、暂停、修改字体、对齐、组合、分布对象等。

如前所述，LabVIEW 的程序包括前面板和程序框图，而常用的选板有三种：控件选板、函数选板和工具选板。控件选板为前面板添加控件使用。我们在前面板空白处单击鼠标右键，控件选板即可在界面中显示，可以选择相应的控件。控件选板只能在前面板打开。我们可以直接单击窗口进行选板切换，或者在键盘上找到 Ctrl 和 E 键同时按住，也可以采用快捷键在前后两个选板之间随意切换。新建 VI 后启动窗口就不再显示了，可以在菜单栏中选择"查看"菜单项显示启动窗口。利用组合键 Ctrl 和 T 可以使前面板和程序框图左右两栏显示，在编写程序时更加方便。

微课
LabVIEW软件
的基本操作

3. 控件选板

在前面板中，单击鼠标右键，显示函数选板，或者在前面板的菜单栏中单击"查看"菜单，在弹出的菜单栏中选择"控制选板"，再选择"新式"→"数值"，即可查看数值控件，如图 2-6、图 2-7 所示。

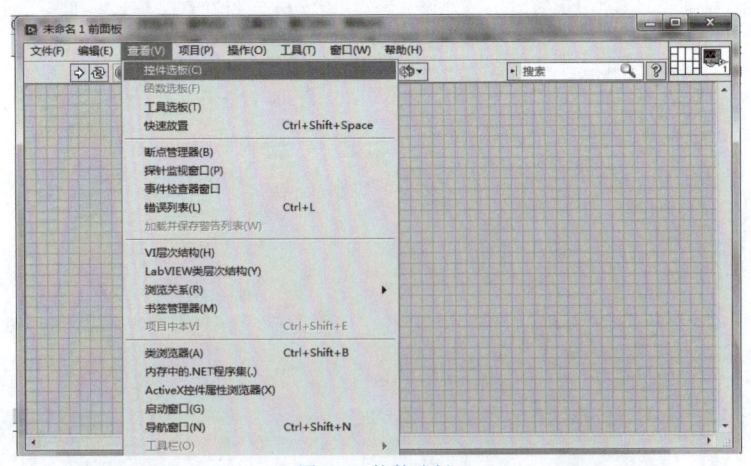

图 2-6　控件选板

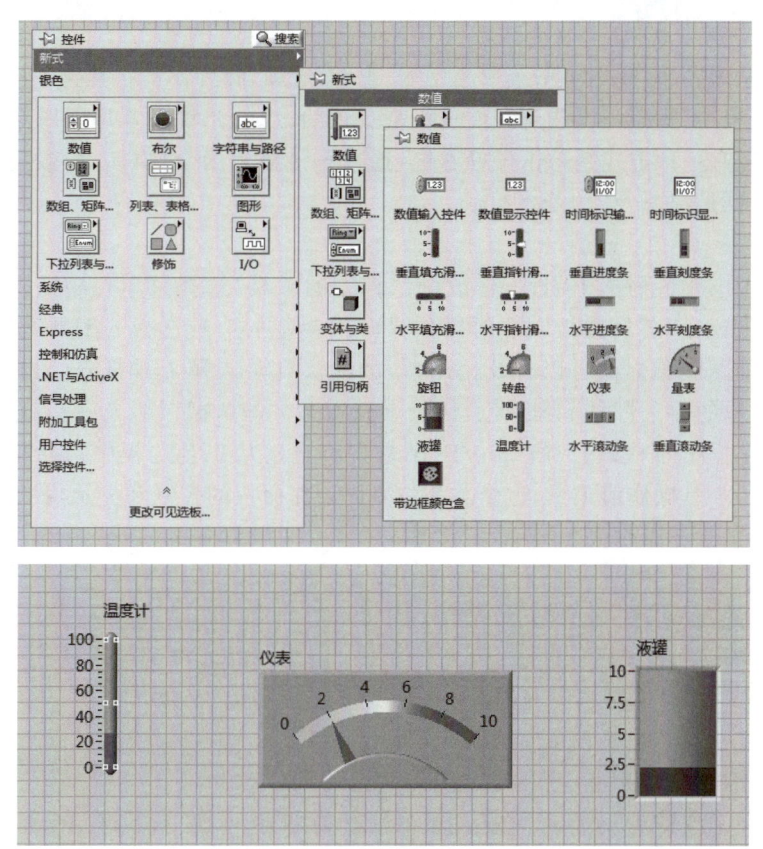

图 2-7　数值控件

4.布尔控件

在前面板中,单击鼠标右键,显示函数选板,选择"新式"→"布尔",即可查看布尔控件。布尔控件代表的是一个布尔值,有 True 或 False 两种。如图 2-8 所示。

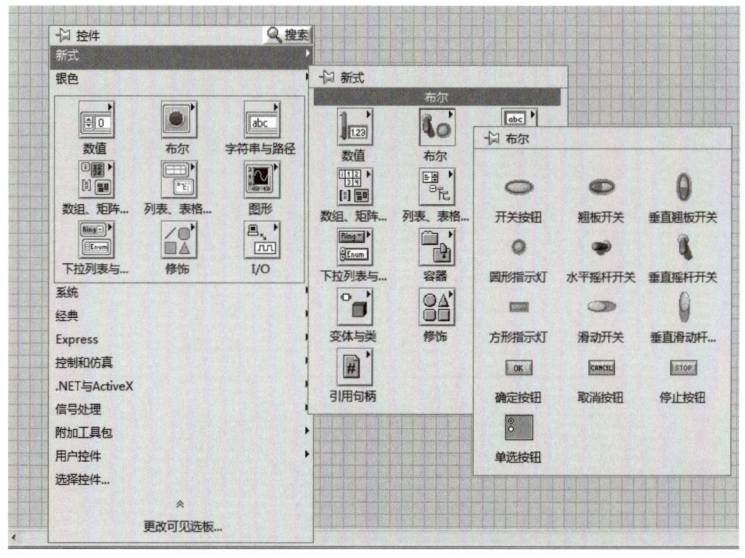

图 2-8　布尔控件

5. 函数选板

在程序框图界面,我们单击菜单栏中的"查看"选项,在弹出的快捷菜单中上数第二个就是"函数选板"。我们可以看到控件选板是灰色的,也就是说在程序框图界面不能打开函数选板。还有一种方式是单击鼠标右键,选择直接显示函数选板。函数选板中包含的结构、数值等都是编写 VI 的基本组成。

6. 工具选板

工具选板中有各种用于创建、修改调试程序的工具,选择菜单栏中的"查看"选项,单击选择"工具选板",这时操作界面就会显示工具选板。工具选板在前面板和程序框图中都可以打开使用,一般默认自动选择工具打开。我们可以看到,这里的扳手灯显示为绿色,代表点亮状态,这时,把鼠标光标移动到前面板或程序框图的对象上时,LabVIEW 软件将自动从工具选板中选择相应的工具进行操作。第一个是操作值工具,这个工具主要用于前面板的控制和显示,我们可以选择布尔开关,它可以改变布尔值。

模块小结

本模块主要对"信号与系统"课程的辅助软件 LabVIEW 做了简要介绍。通过本模块的学习,希望同学们学会使用 LabVIEW 软件并进行较熟练的操作,能利用其解决在信号处理过程中遇到的很多实际问题。

  1. 了解 LabVIEW 的特点,熟悉 LabVIEW 的程序,掌握 LabVIEW 软件的基本使用方法。

  2. 掌握 LabVIEW 软件中三个函数选板的基本操作、建模仿真的一般过程和步骤。其他方面的应用实例将在后续模块中给同学们进行详细介绍。

理论篇

模块 3 连续时间信号与系统的时域分析

> **育人目标**
> 培养学生理论联系实际分析问题的能力。通过对 LTI 系统响应知识的讲解,告诫学生要全面地分析问题,秉持深度专研的学习态度,培养学生的辩证思维。

> **教学目的**
> 能够利用时域分析法求 LTI 连续时间系统的零输入响应和零状态响应。

> **教学要求**
> 本模块讨论连续时间信号与系统的时域分析法,有以下基本要求:
> (1) 掌握信号与系统分析中常用的信号。
> (2) 掌握卷积的定义及计算方法。
> (3) 掌握微分方程的建立方法。
> (4) 掌握 LTI 系统零输入响应定义及求解方法。
> (5) 掌握 LTI 系统零状态响应定义及求解方法。

3.1 连续时间基本信号

连续时间系统是指当输入信号为连续时间信号时,输出信号也为连续时间信号的系统。已知连续时间系统的描述方程,就可以根据不同的输入信号求出系统的响应。这一过程称为系统的分析。若分析的整个过程是在时间域进行的,则称之为系统的时域分析。

连续时间信号是指在信号的定义域内,任意时刻都有确定的函数值的信号,通常用 $f(t)$ 表示。连续时间信号最明显的特点是自变量 t 在其定义域上除有限个间断点外,其余点是连续可变的。例如,图 3-1 所示的信号均为连续时间信号。

3.1.1 奇异信号

在我们学习范围内的奇异信号,主要是阶跃信号与冲激信号。这两种信号比较重要,

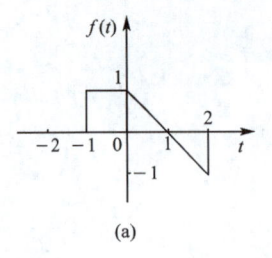

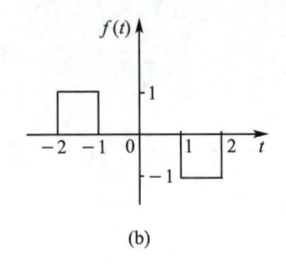

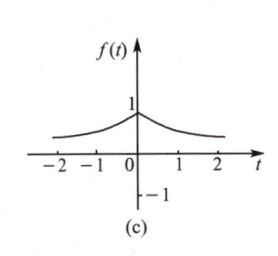

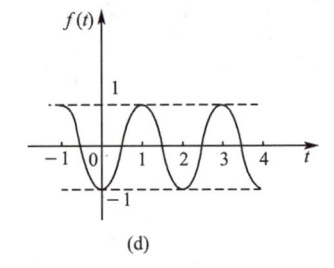

图 3-1 连续时间信号

在本书的几类典型分析中会广泛应用,所以在这里我们首先进行介绍。

从定义上讲,奇异信号是指信号本身包含不连续点(幅值上的),或者其导数与积分存在不连续点,而且不能以普通函数的概念来定义,只能以"分布函数"或"广义函数"的概念来研究的信号。

1. 单位阶跃信号

单位阶跃信号以符号 $\varepsilon(t)$ 表示,其一般定义式为

$$\varepsilon(t) = \begin{cases} 1 & t>0 \\ 0 & t<0 \end{cases} \tag{3-1}$$

单位阶跃信号 $\varepsilon(t)$ 在 $t=0$ 处存在间断点,在此点 $\varepsilon(t)$ 没有定义。其波形如图 3-2 所示。

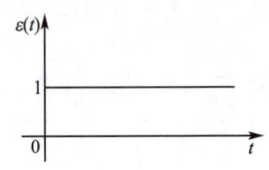

图 3-2 单位阶跃信号

在我们经常分析的一些信号中,有些为阶跃信号的组合。如图 3-3 所示,即单位阶跃信号及其延时信号叠加的结果。

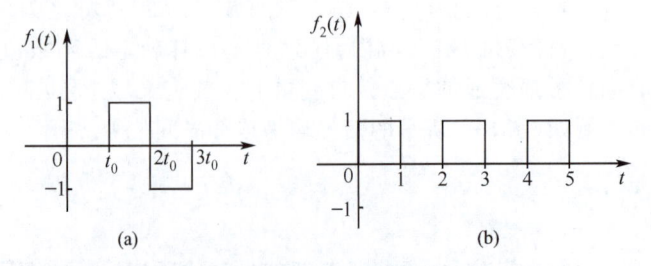

图 3-3 阶跃信号的组合

因此,在这里我们介绍一下延时阶跃信号。单位阶跃信号可以延时任意时刻 t_0,以符号 $\varepsilon(t-t_0)$ 表示,对应的表示式为

$$\varepsilon(t-t_0)=\begin{cases} 1 & t>t_0 \\ 0 & t<t_0 \end{cases} \tag{3-2}$$

其波形如图 3-4 所示。

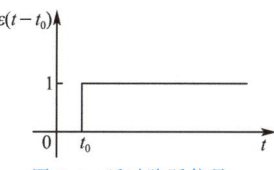

图 3-4 延时阶跃信号

> **例 3-1** 试用阶跃函数表示图 3-5 所示的信号。

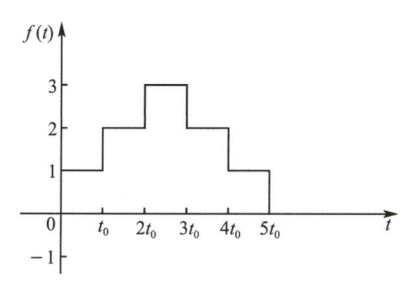

图 3-5 例 3-1 图

解:$f(t)=\varepsilon(t)+\varepsilon(t-t_0)+\varepsilon(t-2t_0)-\varepsilon(t-3t_0)-\varepsilon(t-4t_0)-\varepsilon(t-5t_0)$ (3-3)

> **注意**:对于此类题的计算,可通过画此图形的上下方向来确定叠加信号的加减号,如在 t_0 时刻画图形的话是上阶梯的,所以加上 $\varepsilon(t-t_0)$,而在 $3t_0$ 时刻画图形的话是下阶梯的,所以减去 $\varepsilon(t-3t_0)$。

阶跃信号可以实现信号的加窗或取单边。例如,函数 $f(t)=\mathrm{e}^{-t}[\varepsilon(t)-\varepsilon(t-t_0)]$,如图 3-6 所示。

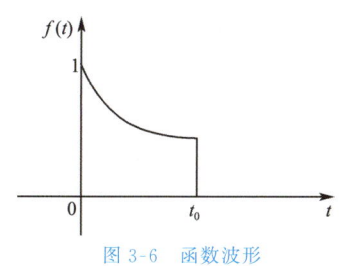

图 3-6 函数波形

2. 单位冲激信号

(1) 定义

单位冲激信号记为 $\delta(t)$,其一般定义式为

$$\begin{aligned} & \delta(t)=0, t\neq 0 \\ & \delta(t)\to \infty, t=0 \\ & \int_{-\infty}^{\infty}\delta(t)\mathrm{d}t=1 \end{aligned} \tag{3-4}$$

其波形如图 3-7(a)所示。

我们如何理解这一信号呢,它又有什么现实意义呢?在数学层面上,我们可以将其理解为是由矩形脉冲演变而成的。当矩形面积不变,宽度趋于 0 时的极限即冲激信号。在现实生活中,我们可以用它来描述突然接通又马上断开的电源,锤子瞬间的敲击力等。

冲激信号不一定仅在 $t=0$ 时刻作用,可以延时至任意时刻 t_0。以符号 $\delta(t-t_0)$ 表示,其波形如图 3-7(b)所示。$\delta(t-t_0)$ 的定义式为

$$\begin{aligned} &\delta(t-t_0)=0, t\neq t_0 \\ &\delta(t-t_0)\rightarrow\infty, t=t_0 \\ &\int_{-\infty}^{\infty}\delta(t-t_0)\mathrm{d}t=1 \end{aligned} \tag{3-5}$$

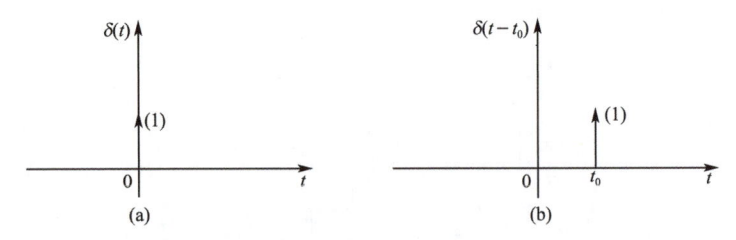

图 3-7 单位冲激信号及延时冲激信号

(2)性质

冲激信号具有重要的抽样特性,以下四个重要公式在后续的学习中会经常用到。

$$\begin{aligned} &\int_{-\infty}^{\infty}\delta(t)f(t)\mathrm{d}t=f(0) \\ &\int_{-\infty}^{\infty}\delta(t-t_0)f(t)\mathrm{d}t=f(t_0) \\ &f(t)\delta(t)=f(0)\delta(t) \\ &f(t)\delta(t-t_0)=f(t_0)\delta(t) \end{aligned} \tag{3-6}$$

尺度变换特性:

$$\delta(at)=\frac{1}{|a|}\delta(t) \tag{3-7}$$

偶函数特性:

$$\delta(t)=\delta(-t) \tag{3-8}$$

> **例 3-2** 求下列函数的计算结果。

1. $\int_{-\infty}^{\infty}\sin\omega t\delta(-t)\mathrm{d}t$
2. $\mathrm{e}^{-2(t-1)}\delta(t-1)$
3. $\int_{-\infty}^{\infty}\cos\omega t\delta(t-5)\mathrm{d}t$
4. $\mathrm{e}^{-6t}\delta(3t)$

解:

1. $\int_{-\infty}^{\infty}\sin\omega t\delta(-t)\mathrm{d}t=\sin\omega t=0$
2. $\mathrm{e}^{-2(t-1)}\delta(t-1)=\delta(t-1)$

3. $\int_{-\infty}^{\infty} \cos\omega t \delta(t-5) \mathrm{d}t = \cos 5\omega$

4. $\mathrm{e}^{-6t}\delta(3t) = \dfrac{1}{3}\delta(t)$

(3) δ 函数导数的性质

δ 函数的一阶导数为 $\delta'(t) = \dfrac{\mathrm{d}\delta(t)}{\mathrm{d}t}$，又叫冲激偶，且冲激偶为奇函数：

$$\delta'(-t) = -\delta'(t)$$
$$\int_{-\infty}^{\infty} \delta'(t) \mathrm{d}t = 0 \tag{3-9}$$

冲激偶的重要性质：

$$\int_{-\infty}^{\infty} \delta'(t) f(t) \mathrm{d}t = -\int_{-\infty}^{\infty} \delta(t) f'(t) \mathrm{d}t = -f'(0)$$
$$f(t)\delta'(t) = f(0)\delta'(t) - f'(0)\delta(t) \tag{3-10}$$

(4) 冲激函数与阶跃函数的关系

$$\int_{-\infty}^{t} \delta(\tau) \mathrm{d}\tau = \varepsilon(t) \qquad \dfrac{\mathrm{d}\varepsilon(t)}{\mathrm{d}t} = \delta(t) \tag{3-11}$$

例 3-3 信号 $f(t)$ 如图 3-8 所示，求其导数 $f'(t)$。

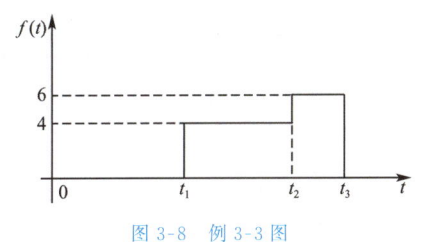

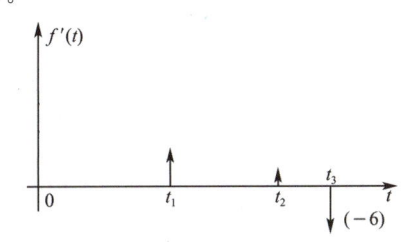

图 3-8 例 3-3 图

解： $f'(t)$ 如图 3-9 所示。

图 3-9 例 3-3 解答图

3.1.2 正弦信号

1. 定义

正弦信号，其一般定义式为

$$f(t) = K\sin(\omega t + \theta)$$

其中 K 为振幅，ω 为角频率，θ 为初始相位。振幅、角频率、初始相位为正弦信号的三要素。其波形如图 3-10 所示。

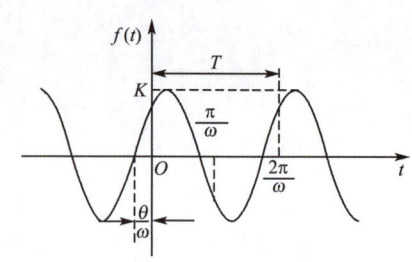

图 3-10 正弦函数

2. 欧拉(Euler)公式

$$e^{j\omega t} = \cos(\omega t) + j\sin(\omega t)$$

$$e^{-j\omega t} = \cos(\omega t) - j\sin(\omega t)$$

$$\cos(\omega t) = \frac{1}{2}(e^{j\omega t} + e^{-j\omega t}) \tag{3-12}$$

$$\sin(\omega t) = \frac{1}{2j}(e^{j\omega t} - e^{-j\omega t})$$

3.1.3 指数信号

1. 定义

指数信号，其一般定义式为 $f(t) = Ke^{\alpha t}$。当 $\alpha = 0$ 时，$f(t) = K$，为直流信号；当 $\alpha > 0$ 时，$f(t)$ 是递增函数，即发散信号；当 $\alpha < 0$ 时，$f(t)$ 是递减函数，即收敛信号。当 t 趋于无穷时，信号无限接近于零。其波形如图 3-11 所示。

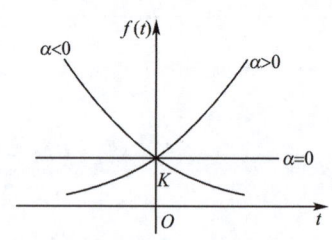

图 3-11 指数信号

2. 单边指数信号

$$f(t) = \begin{cases} 0 & t < 0 \\ e^{-\frac{t}{\tau}} & t \geq 0, \tau > 0 \end{cases} \tag{3-13}$$

其波形如图 3-12 所示。

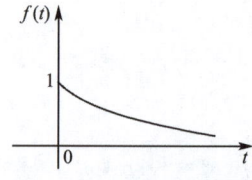

图 3-12 单边指数信号

这里 $\tau = \dfrac{1}{|\alpha|}$ 称为指数信号的时间常数,代表信号变化速度,具有时间的量纲。

3. 特性

指数信号对时间的微分和积分仍然是指数形式。

3.2 卷积积分

卷积积分是现代电路与系统分析的重要工具,也是研究系统中信号传递规律的关键所在。如图 3-13 所示为图像经过卷积变换后的效果。

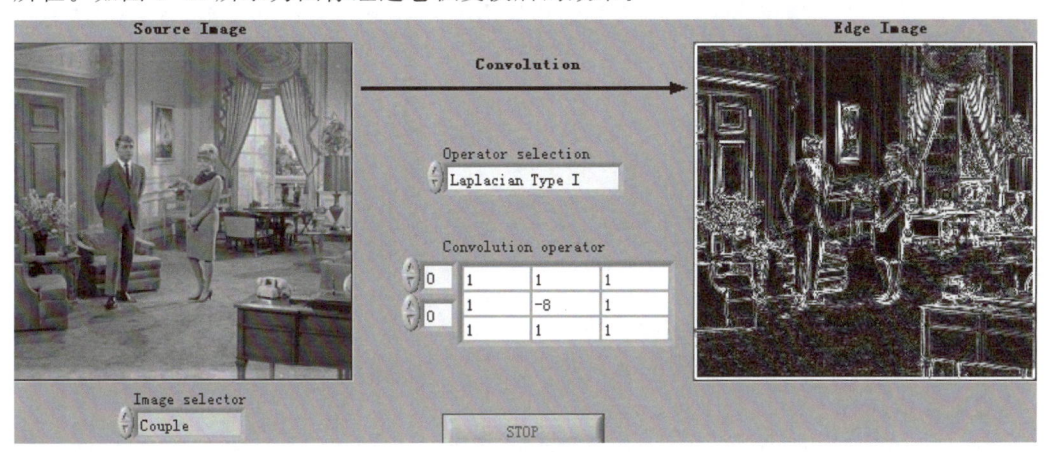

图 3-13 图像的卷积处理

3.2.1 卷积的定义

设有定义在 $(-\infty, +\infty)$ 的两个函数 $f_1(t)$ 和 $f_2(t)$,则积分

$$y(t) = \int_{-\infty}^{\infty} f_1(\tau) f_2(t-\tau) \mathrm{d}\tau \tag{3-14}$$

定义为 $f_1(t)$ 和 $f_2(t)$ 的卷积积分,简称卷积,简记为

$$y(t) = f_1(t) * f_2(t) \tag{3-15}$$

定义式中的 τ 为积分变量,积分结果一般是关于参数变量 t 的函数 $y(t)$。

3.2.2 卷积的图解机理

为了更直观地认识卷积,尤其是当函数式复杂时,用图解法求解卷积更为方便准确。下面通过例题来介绍图解卷积的具体步骤。

> **例 3-4** 已知信号 $f(t)$ 与 $h(t)$ 的波形如图 3-14 所示,试计算其卷积 $y(t) = f(t) * h(t)$。

图 3-14 $f(t)$与$h(t)$波形

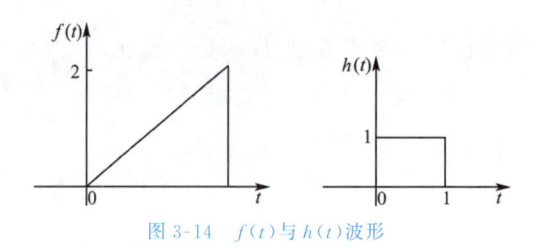

解题步骤如下：

1. 对于图 3-14 所示的 $f(t)$ 和 $h(t)$ 的波形，把 t 变为 τ，得到 $f(\tau)$ 和 $h(\tau)$ 的波形。如图 3-15(a)所示。

2. 以纵轴为基准反褶 $h(\tau)$ 得到 $h(-\tau)$，如图 3-15(b)所示。

3. 把 $h(-\tau)$ 的图形沿 τ 轴平移 t，得到 $h(t-\tau)$，如图 3-15(c)所示。

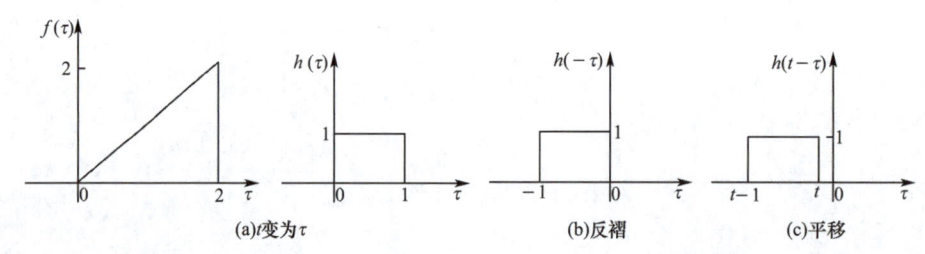

(a) t 变为 τ (b) 反褶   (c) 平移

图 3-15 波形变换

4. 将 $f(\tau)$ 与 $h(t-\tau)$ 相乘，求其面积。t 是连续变量，$h(t-\tau)$ 相当于 $h(-\tau)$ 的图形从左向右连续扫描，从而 $f(\tau)h(t-\tau)$ 的"面积"是随着 t 的变化而变化的。将 t 分成不同的区间，分别计算其卷积的结果，从而得到卷积波形，如图 3-16 所示。

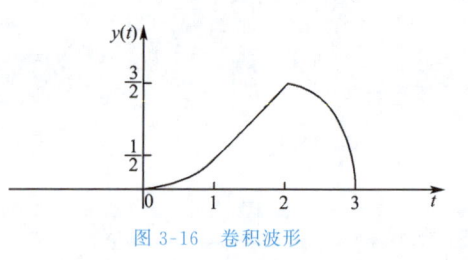

图 3-16 卷积波形

对照图 3-17，计算卷积的步骤如下：

(1) 当 $t<0$ 时，$h(t-\tau)$ 尚在纵轴左边，故 $f(\tau)h(t-\tau)=0$，所以 $y(t)=f(t)*h(t)=0$。

(2) 波形向右移，当 $\begin{cases} 0\leqslant t\leqslant 1 \\ t-2<0 \end{cases}$ 即 $0\leqslant t\leqslant 1$ 时，$f(\tau)h(t-\tau)=\tau$，$h(t-\tau)$ 已进入 $f(\tau)$ 内。但 $h(t-\tau)$ 的左边界并没有进入 $f(\tau)$ 内，积分范围从 0 到 t。所以

$$y(t)=f(t)*h(t)=\int_{-\infty}^{\infty}\tau\,\mathrm{d}\tau=\int_{0}^{t}\tau\,\mathrm{d}t=\frac{1}{2}t^2$$

(3) 波形继续向右移，当 $\begin{cases} t>1 \\ t-2<0 \end{cases}$ 即 $1<t<2$ 时，仍有 $f(\tau)h(t-\tau)=\tau$，$h(t-\tau)$ 已完全进入 $f(\tau)$ 内，积分范围则从 $t-1$ 到 t，所以

$$y(t)=f(t)*h(t)=\int_{-\infty}^{\infty}\tau\,\mathrm{d}\tau=\int_{t-1}^{t}\tau\,\mathrm{d}\tau=t-\frac{1}{2}$$

(4)波形继续向右移,当 $\begin{cases}0 \leqslant t-2 \leqslant 1 \\ t > 1\end{cases}$ 即 $2 \leqslant t \leqslant 3$ 时,仍有 $f(\tau)h(t-\tau)=\tau$,$h(t-\tau)$ 的波形已部分跨出 $f(\tau)$ 的右边界,但仍有一部分落在 $f(\tau)$ 内,积分范围从 $t-1$ 到 2,所以

$$y(t)=f(t)*h(t)=\int_{-\infty}^{\infty}\tau\mathrm{d}\tau=\int_{t-1}^{2}\tau\mathrm{d}\tau=-\frac{1}{2}t^2+t+\frac{3}{2}$$

(5)波形继续向右移,当 $t > 3$ 时,$f(\tau)h(t-\tau)=0$,$y(t)=f(t)*h(t)=0$。

图 3-17 画出了 t 在五个不同区段内计算卷积的示意图。由上可知,虽然结合图形计算卷积在确定积分限时比较直观,但波形较复杂时通常是不方便的,在这种时候一般利用卷积的一些性质来简化计算。

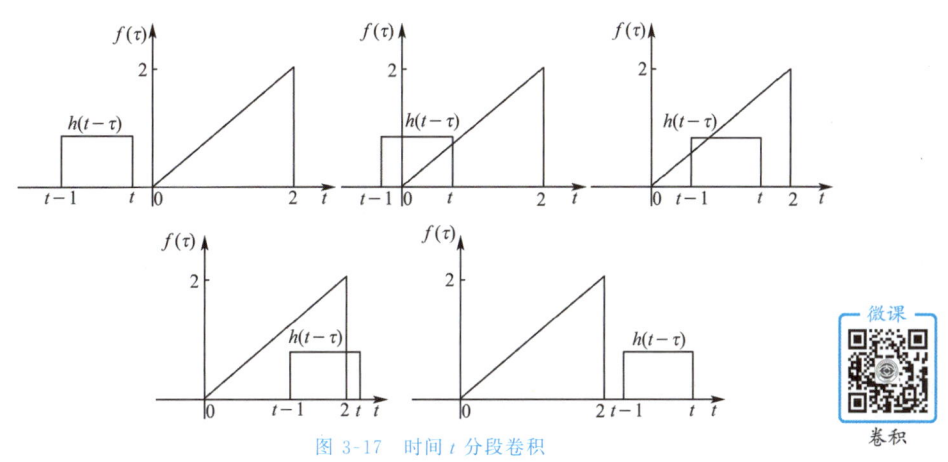

图 3-17　时间 t 分段卷积

3.2.3　卷积的性质

1. 代数性质

卷积积分是一种线性运算,它具有以下基本特征。

交换律: $$f_1(t)*f_2(t)=f_2(t)*f_1(t) \tag{3-16}$$

说明两信号的卷积积分与次序无关,也就是说系统输入信号 $f(t)$ 与系统的冲激响应 $h(t)$ 可以互相调换,其零状态响应不变。

结合律: $$f_1(t)*[f_2(t)*f_3(t)]=[f_1(t)*f_2(t)]*f_3(t) \tag{3-17}$$

结合律在系统分析中,相当于计算级联系统的冲激响应,该响应等于各子系统冲激响应的卷积,如图 3-18 所示。

图 3-18　级联系统

分配律: $$[f_1(t)+f_2(t)]*f_3(t)=f_1(t)*f_3(t)+f_2(t)*f_3(t) \tag{3-18}$$

分配律在系统分析中,相当于计算并联系统的冲激响应,该响应等于各子系统的冲激

响应之和,如图 3-19 所示。

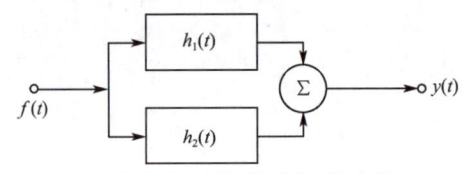

$$y(t)=f(t)*[h_1(t)+h_2(t)]=f(t)*h_1(t)+f(t)*h_2(t)$$

图 3-19 并联系统

2. 微积分性质

微分性质:

若
$$y(t)=f_1(t)*f_2(t)$$

则
$$y'(t)=f_1(t)*f_2'(t)=f_1'(t)*f_2(t) \tag{3-19}$$

任意信号 $f(t)$ 与冲激信号 $\delta(t)$ 卷积恢复 $f(t)$ 本身,即

$$f(t)*\delta(t)=f(t)$$

由微分性质,有

$$f(t)*\delta'(t)=f'(t) \tag{3-20}$$

即信号 $f(t)$ 与冲激信号导数的卷积等于 $f(t)$ 的导数。

积分性质:

若
$$y(t)=f_1(t)*f_2(t)$$

则
$$y^{(-1)}(t)=f_1(t)*f_2^{(-1)}(t)=f_1^{(-1)}(t)*f_2(t) \tag{3-21}$$

任意信号 $f(t)$ 与单位阶跃信号的卷积等于 $f(t)$ 的积分,即

$$f(t)*\varepsilon(t)=\int_{-\infty}^{t}f(\tau)\mathrm{d}\tau \tag{3-22}$$

3. 延时性质

若
$$y(t)=f_1(t)*f_2(t)$$

则
$$f(t-t_1)\varepsilon(t-t_1)*f(t-t_2)\varepsilon(t-t_2)=y(t-t_1-t_2)\varepsilon(t-t_1-t_2) \tag{3-23}$$

> **例 3-5** 试求下列卷积。

1. $e^{-2t}\varepsilon(t)*\delta(t)$
2. $e^{-2t}\varepsilon(t)*\delta(t-3)$
3. $te^{-t}\varepsilon(t)*\delta'(t)$

解:

1. $e^{-2t}\varepsilon(t)*\delta(t)=e^{-2t}\varepsilon(t)$
2. $e^{-2t}\varepsilon(t)*\delta(t-3)=e^{-2(t-3)}\varepsilon(t-3)$
3. $te^{-t}\varepsilon(t)*\delta'(t)=[te^{-t}\varepsilon(t)]'$
   $=e^{-t}\varepsilon(t)-te^{-t}\varepsilon(t)+te^{-t}\delta(t)$
   $=e^{-t}\varepsilon(t)-te^{-t}\varepsilon(t)=(1-t)e^{-t}\varepsilon(t)$

3.2.4 常用信号的卷积公式

1. $f(t) * \delta(t - t_0) = f(t - t_0)$ (3-24)
2. $f(t - t_1) * \delta(t - t_2) = f(t - t_1 - t_2)$ (3-25)
3. $f(t) * \delta'(t) = f'(t)$ (3-26)
4. $f(t) * \varepsilon(t) = \int_{-\infty}^{t} f(\tau) \mathrm{d}\tau$ (3-27)
5. $f(t) * \delta^{(k)}(t) = f^{(k)}(t)$ (3-28)
6. $f(t) * \delta^{(k)}(t - t_0) = f^{(k)}(t - t_0)$ (3-29)

3.3 LTI 系统的微分方程

前面曾讲过,描述线性时不变连续时间系统的数学模型是线性常系数微分方程。对于电路系统,列写数学模型的基本依据有如下两个方面。

1. 元件约束条件 VCR

在电流、电压取关联参考方向的条件下,有如下依据:

(1) 电阻 R, $u(t) = Ri(t)$; (3-30)

(2) 电感 L, $u_L(t) = L\dfrac{\mathrm{d}i_L(t)}{\mathrm{d}t}$, $i_L(t) = i_L(t_0) + \dfrac{1}{L}\int_{t_0}^{t} u_L(\tau)\mathrm{d}\tau$; (3-31)

(3) 电容 C, $i_C(t) = C\dfrac{\mathrm{d}u_C(t)}{\mathrm{d}t}$, $u_C(t) = u_C(t_0) + \dfrac{1}{C}\int_{t_0}^{t} i_C(\tau)\mathrm{d}\tau$; (3-32)

(4) 互感(同、异名端连接),理想变压器的原、副边电压,电流关系等。

2. 电路结构约束条件 KCL 与 KVL

例 3-6 如图 3-20 所示的电路,输入激励是电流源 $i_S(t)$,试列出以电流 $i_L(t)$ 为输出响应变量的方程式。

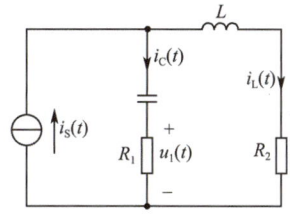

图 3-20 例 3-6 图

解:由 KVL,列出电压方程

$$u_C(t) + u_1(t) = u_L(t) + R_2 i_L(t) = L\frac{\mathrm{d}i_L(t)}{\mathrm{d}t} + R_2 i_L(t)$$

对上式求导,考虑到 $i_C(t) = C\dfrac{\mathrm{d}u_C(t)}{\mathrm{d}t}$, $R_1 i_C(t) = u_1(t)$,得

$$\frac{1}{R_1 C}u_1(t) + \frac{\mathrm{d}u_1(t)}{\mathrm{d}t} = L\frac{\mathrm{d}^2 i_L(t)}{\mathrm{d}t^2} + R_2 \frac{\mathrm{d}i_L(t)}{\mathrm{d}t}$$

根据 KCL，有
$$i_C(t) = i_S(t) - i_L(t)$$
故
$$R_1 i_C(t) = R_1[i_S(t) - i_L(t)]$$
又因
$$i_1(t) = i_C(t), u_1(t) = R_1 i_1(t), u_1(t) = R_1 i_C(t)$$
故
$$\frac{1}{C}[i_S(t) - i_L(t)] + R_1\left(\frac{di_S(t)}{dt} - \frac{di_L(t)}{dt}\right) = L\frac{d^2 i_L(t)}{dt^2} + R_2\frac{di_L(t)}{dt}$$

整理上式后，可得

$$\frac{d^2 i_L(t)}{dt^2} + \frac{R_1 + R_2}{L}\frac{di_L(t)}{dt} + \frac{1}{LC}i_L(t) = \frac{R_1}{L}\frac{di_S(t)}{dt} + \frac{1}{LC}i_S(t)$$

> **注意**：对于初学者来说，列写微分方程总是觉得无从下手。大家可以参考下面的说明试着从一阶方程开始列写。在未特别说明的前提下，都是以电源（电压源或电流源）为输入信号也就是激励信号，若想列写以某电流为输出响应变量的方程，需要找出反映电路中电压对应关系的等式。同样的，若想列写以某电压为输出响应变量的方程，需要找出反映电路中电流对应关系的等式。

从上面的例子可以看出，列得的数学模型即微分方程，其阶数与独立动态元件（电容、电感）的个数是一致的。例如，图 3-20 中有一个电容和一个电感共两个独立动态元件，其微分方程为二阶，也就是说方程中最高阶导数为二阶导数。

3.4 连续时间系统的零输入响应

线性时不变系统的全响应可分解为零输入响应和零状态响应。零输入响应是输入信号为零时仅由系统的初始状态引起的响应，用 $y_{zi}(t)$ 表示；零状态响应是系统的初始状态为零（即系统的初始储能为零）时，仅由输入信号引起的响应，用 $y_{zs}(t)$ 表示。这样，线性时不变系统的全响应将是零输入响应和零状态响应之和，即

$$y(t) = y_{zi}(t) + y_{zs}(t) \tag{3-33}$$

经微分方程的经典求解过程，导出其零输入响应的通式为

$$y_{zi}(t) = \sum_{i=1}^{n} c_i e^{\lambda_i t} \tag{3-34}$$

其中，n 为微分方程阶数；c_i 为待定常数，可根据方程的初始条件求得；λ_i 为特征根。

3.4.1 系统初始条件

前面提到了求解系统零输入响应的通式，若想求得某系统的零输入响应就需要确定响应中的各参数，即 c_i（待定常数）和 λ_i（特征根）。

c_i 由微分方程的初始条件，也就是系统的初始条件求得。在动态电路中，系统的初始条件是指，系统换路后瞬间各元件包括储能元件（电容、电感）上的电压值和电流值。为了说明这个问题，我们回顾一下经典的换路定律，若换路发生在 $t=0$ 时刻，则有

$$\left. \begin{array}{l} u_C(0_+) = u_C(0_-) \\ i_L(0_+) = i_L(0_-) \end{array} \right\} \tag{3-35}$$

此定律的主要依据是储能元件的能量在换路前后不能突变,对于电容来说其能量反映在电容的电压值上,对于电感来说其能量反映在电感的电流值上。

本书所研究的电路都是换路后的电路,储能元件的能量转换情况需特别注意。

3.4.2 简单系统的零输入响应

下面,在具体例题中理解一下系统的零输入响应。

例 3-7 如图 3-21(a)所示的电路,已知 $L=2$ H,$C=0.25$ F,$R_1=1$ Ω,$R_2=5$ Ω;电容的初始电压 $u_C(0_-)=3$ V,电感的初始电流 $i_L(0_-)=1$ A;激励电流源 $i_S(t)$ 是单位阶跃函数,即 $i_S(t)=\varepsilon(t)$。试求出电感电流 $i_L(t)$ 的零输入响应。

解:

若以 $i_L(t)$ 为输出变量,其微分方程为

$$\frac{d^2 i_L(t)}{dt^2} + \frac{(R_1+R_2)}{L}\frac{di_L(t)}{dt} + \frac{1}{LC}i_L(t) = \frac{R_1}{L}\frac{di_S(t)}{dt} + \frac{1}{LC}i_S(t) \quad (t \geqslant 0)$$

将各元件数值代入得

$$i_L''(t) + 3i_L'(t) + 2i_L(t) = \frac{1}{2}i_S'(t) + 2i_S(t) \quad (t \geqslant 0)$$

如图 3-21 所示,将全响应按定义分解为零输入响应和零状态响应。图 3-21(b)为输入信号为零时的零输入响应电路,该响应是电路换路后瞬间储能元件的初始储能所引起的响应,由换路定律得出其初始条件,储能元件的电流值、电压值的瞬时值等效为相应的电压源和电流源。图 3-21(c)为电感及电容的初始储能为零时的零状态响应电路。电感元件的初始储能为零时,$i_L(0_+)=i_L(0_-)=0$ A;电容元件的初始储能为零时,$u_C(0_+)=u_C(0_-)=0$ V。

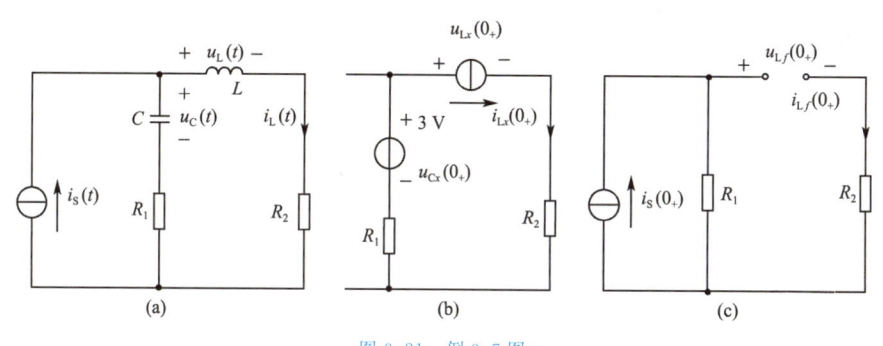

图 3-21 例 3-7 图

当输入信号为零时,电感电流应满足齐次方程

$$i_{Lx}''(t) + 3i_{Lx}'(t) + 2i_{Lx}(t) = 0 \quad (t \geqslant 0)$$

列出其特征方程为

$$\lambda^2 + 3\lambda + 2 = 0$$

解得其特征根 $\lambda_1=-1$,$\lambda_2=-2$,因此零输入响应为

$$i_{Lzi}(t) = c_1 e^{-t} + c_2 e^{-2t} \quad (t \geqslant 0)$$

已知 $i_{Lx}(0_+)=i_L(0_-)=1$ A,由 KVL 得

$$u_{Lx}(0_+) = -(R_1+R_2)i_{Lx}(0_+)+3 = -6\times1+3 = -3 \text{ V}$$

再由

$$\frac{di_{Lx}(0_+)}{dt} = \frac{u_{Lx}(0_+)}{L}$$

可得

$$i'_{Lx}(0_+) = \frac{1}{L}u_{Lx}(0_+) = \frac{-3}{2} = -\frac{3}{2} \text{ A}$$

$$i_{Lx}(0_+) = c_1 + c_2 = 1 \text{ A}$$

$$i'_{Lx}(0_+) = -c_1 - 2c_2 = -\frac{3}{2} \text{ A}$$

解得 $c_1 = \frac{1}{2}, c_2 = \frac{1}{2}$，故零输入响应为

$$i_{Lzi}(t) = \frac{1}{2}e^{-t} + \frac{1}{2}e^{-2t} \quad (t \geqslant 0)$$

注意：在进行数学运算时，无论是 $t=0_+$ 还是 $t=0_-$ 都是代入 $t=0$ 进行计算的。

3.5 连续时间系统的零状态响应

前面介绍了零输入响应的求解，那么初始状态为零（即系统的初始储能为零）时，仅由输入信号所引起的零状态响应是如何求解的呢？

在系统的时域中求解系统的零状态响应的主要方法是利用微分方程的经典法，或者利用公式 $y_{zs}(t) = f(t) * h(t) = \int_{-\infty}^{\infty} f(\tau)h(t-\tau)d\tau$。由于这两种方法相对比较烦琐，而在后续的学习中，我们用更简单、更有效的方法来求解系统的零状态响应，所以在这里不具体阐述，只需理解概念即可。

冲激响应和阶跃响应

线性时不变系统，当其初始状态为零，输入信号为单位冲激信号时引起的响应称为单位冲激响应，简称冲激响应，用 $h(t)$ 表示。即冲激响应是激励信号为单位冲激信号 $\delta(t)$ 时系统的零状态响应，如图 3-22 所示。

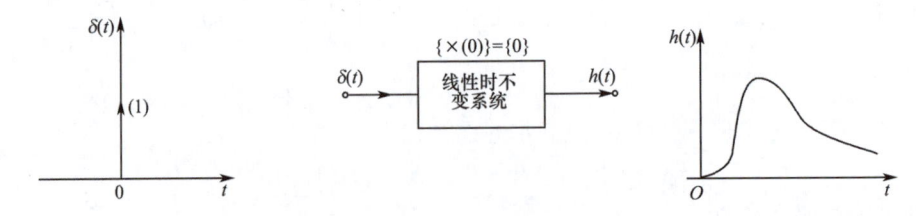

图 3-22 冲激响应示意图

线性时不变系统，当其初始状态为零，输入信号为单位阶跃信号时引起的响应称为单位阶跃响应，简称阶跃响应，用 $s(t)$ 表示。即阶跃响应是激励信号为单位阶跃信号 $\varepsilon(t)$ 时系统的零状态响应，如图 3-23 所示。

模块 3　连续时间信号与系统的时域分析

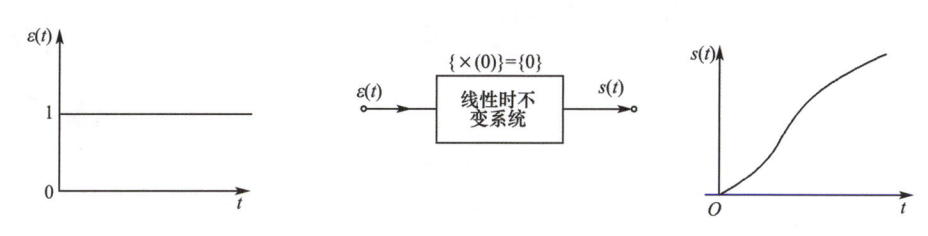

图 3-23　阶跃响应示意图

冲激响应 $h(t)$ 和阶跃响应 $s(t)$ 是两个重要的零状态响应。它们的关系是：

$$h(t) = s'(t)$$
$$s(t) = \int_{-\infty}^{t} h(\tau) d\tau \tag{3-36}$$

微课
卷积分析
零状态响应

模块小结

1. 连续时间信号是指在函数的定义域内，任意时刻都有确定的函数值的信号。

2. 常用函数有冲激函数、阶跃函数、正弦函数、指数函数等。

3. 设有定义在 $(-\infty, +\infty)$ 的两个函数 $f_1(t)$ 和 $f_2(t)$，则积分

$$y(t) = \int_{-\infty}^{\infty} f_1(\tau) f_2(t-\tau) d\tau$$

为 $f_1(t)$ 和 $f_2(t)$ 的卷积积分，简称卷积。简记为

$$y(t) = f_1(t) * f_2(t)$$

4. 用图解法计算卷积比较直观，它分为换元、反褶、平移和积分四个过程。

5. 根据基尔霍夫电压定律（KVL）、基尔霍夫电流定律（KCL）和由它们导出的各种电路定理，以及各种元件的电压、电流关系（VCR），建立系统的微分方程。

6. 连续时间系统时域分析的过程可以分成三个阶段：首先，建立系统的微分方程；其次，求解微分方程；最后，对所得的数学解进行物理解释。

7. 冲激响应 $h(t)$ 和阶跃响应 $s(t)$ 是两个重要的零状态响应。它们的关系是：

$$h(t) = s'(t)$$
$$s(t) = \int_{-\infty}^{t} h(\tau) d\tau$$

8. 解微分方程的过程实质上是求解系统的响应的过程。求解微分方程的方法较多，本模块只用经典的方法求解了二阶系统的零输入响应，而对于一阶系统的零状态响应，用公式

$$y_{zs}(t) = f(t) * h(t) = \int_{-\infty}^{\infty} f(\tau) h(t-\tau) d\tau$$

可以进行求解。在后面的模块中，可以用拉普拉斯变换法等更为简便的方法进行求解。

习题

3-1 已知信号 $f_1(t)=e^{-3t}\varepsilon(t)$,$f_2(t)=e^{-5t}\varepsilon(t)$,试计算两个信号的卷积 $f_1(t)*f_2(t)$。

3-2 已知信号 $f_1(t)=e^{-3(t-1)}\varepsilon(t-1)$ 与 $f_2(t)=e^{-5(t-2)}\varepsilon(t-2)$,试计算两个信号的卷积 $f_1(t)*f_2(t)$。

3-3 已知某线性时不变(LTI)系统的数学模型为
$$y''(t)+7y'(t)+12y(t)=2f'(t)+3f(t) \quad (t\geqslant 0)$$
激励信号 $f(t)=2e^{-2t}\varepsilon(t)$,初始状态 $y(0_-)=1, y'(0_-)=2$。

试求:

(1)系统的零输入响应;

(2)系统的冲激响应;

(3)系统的零状态响应;

(4)系统的全响应。

3-4 利用冲激信号及其各阶导数的性质,计算下列各式:

(1) $f(t)=\dfrac{\mathrm{d}}{\mathrm{d}t}[e^{-3t}\delta(t)]$

(2) $f(t)=\displaystyle\int_{-\infty}^{\infty}2(t^3+4)\delta(1-t)\mathrm{d}t$

(3) $f(t)=\displaystyle\int_{-\infty}^{\infty}e^{-t}[\delta(t)+\delta'(t)]\mathrm{d}t$

(4) $f(t)=\displaystyle\int_{-\frac{3}{2}}^{\frac{1}{2}}e^{-|t|}\sum_{n=-\infty}^{\infty}(t-n)\mathrm{d}t$

3-5 已知激励信号在零时刻加入,求下列系统的零输入响应。

(1) $y''(t)+y(t)=f'(t), y(0_-)=2, y'(0_-)=0$

(2) $y''(t)+3y'(t)+2y(t)=f(t), y(0_-)=1, y'(0_-)=0$

3-6 已知LTI连续时间系统的框图如题3-6图所示,三个子系统的冲激响应分别为 $h_1(t)=\varepsilon(t)-\varepsilon(t-1)$,$h_2(t)=\varepsilon(t)$,$h_3(t)=\delta(t)$,求总系统的冲激响应 $h(t)$。

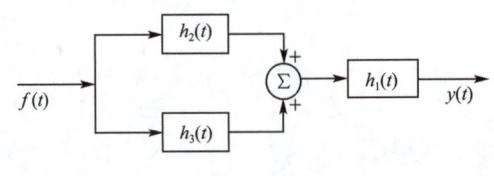

题 3-6 图

模块 4 连续时间信号与系统的频域分析

育人目标

在教学过程中，分析行业需求、行业动态，讲解通信热点事件，例如华为微站世界领先、5G芯片全球首款。激发学生的民族自豪感，学习华为精神、中国精神，自强自立，树立科技创新意识。

教学目的

能够利用频域分析法求LTI连续时间系统的零状态响应，会求抽样脉冲序列的奈奎斯特频率。

教学要求

本模块讨论以傅立叶变换为基础的频域分析法，有以下基本要求：
(1) 掌握周期信号的傅立叶级数展开。
(2) 掌握信号频谱的概念及其特点。
(3) 掌握傅立叶变换及其性质。
(4) 掌握LTI连续时间系统的频域分析法。
(5) 掌握系统频率响应函数的概念。
(6) 掌握理想低通滤波器的特性。
(7) 掌握线性系统无失真传输的条件。
(8) 掌握连续时间信号的理想抽样模型及抽样定理。

模块三讨论了连续时间系统的时域分析。以冲激函数为基本信号，任意信号可分解为一系列冲激函数的线性组合，系统的零状态响应就是激励信号 $f(t)$ 与系统冲激响应 $h(t)$ 的卷积。在信号比较复杂的情况下，求卷积比较困难，为此，引入频域分析法。

本模块讨论连续时间信号的傅立叶变换和连续时间系统的频域分析。傅立叶变换将时间信号表示为一系列不同频率的正、余弦函数（$\sin\omega t$ 和 $\cos\omega t$）或指数函数 $e^{j\omega t}$ 之和，用于系统分析的独立变量由时间变量变换为频率变量，故称为频域分析。频域分析揭示了信号内在的频率特性以及信号的时间特性和频率特性之间的密切关系。

本模块从傅立叶级数正交函数展开开始讨论，引出傅立叶变换和信号频谱的概念，通过对典型信号频谱及傅立叶变换性质的研究，掌握频域分析法的应用。

4.1 周期信号的连续时间傅立叶级数

周期信号是定义在$(-\infty,+\infty)$区间，每隔一定时间T，按相同规律重复变化的信号，可以表示为

$$f(t)=f(t+nT) \tag{4-1}$$

其中，n为任意整数。T为该信号的周期，周期的倒数为该信号的频率。

由数学分析课程可知，满足狄利克雷条件的周期信号$f(t)$在(t_0,t_0+T)区间可以展开成完备正交函数空间的无穷级数。三角函数集$\{1,\cos n\omega_1 t,\sin n\omega_1 t|_{n=1,2,3,\cdots}\}$和指数函数集$\{e^{jn\omega_1 t},n$为整数$\}$是两组典型的在区间$(t_0,t_0+T)$上的完备正交函数集。由于完备正交函数集可分为三角函数集和指数函数集，周期信号所展开的无穷级数分为三角形式傅立叶级数和指数形式傅立叶级数。

狄利克雷条件为：
(1)在一个周期内，函数连续或有有限个第一类间断点。
(2)在一个周期内，函数有有限个极大值或极小值。

通常，电子技术中的周期信号大都满足该条件，以后不再特别强调。

4.1.1 三角形式的傅立叶级数

对于任何一个周期为T的周期信号$f(t)$，都可将它表示为三角函数集中各函数的线性组合，即

$$\begin{aligned} f(t) &= \frac{a_0}{2}+a_1\cos(\omega_1 t)+a_2\cos(2\omega_1 t)+\cdots+a_n\cos(n\omega_1 t)+\cdots \\ &\quad +b_1\sin(\omega_1 t)+b_2\sin(2\omega_1 t)+\cdots+b_n\sin(n\omega_1 t)+\cdots \\ &= \frac{a_0}{2}+\sum_{n=1}^{\infty}a_n\cos(n\omega_1 t)+\sum_{n=1}^{\infty}b_n\sin(n\omega_1 t) \end{aligned} \tag{4-2}$$

其中，$\omega_1=\dfrac{2\pi}{T}$，为基波角频率，傅立叶系数

$$a_n=\frac{2}{T}\int_{t_0}^{t_0+T}f(t)\cos(n\omega_1 t)\mathrm{d}t, n=0,1,2,\cdots \tag{4-3}$$

$$b_n=\frac{2}{T}\int_{t_0}^{t_0+T}f(t)\sin(n\omega_1 t)\mathrm{d}t, n=1,2,\cdots \tag{4-4}$$

> **注意**：积分区间只要是一个周期即可，如$(0,T)$或$\left(-\dfrac{T}{2},\dfrac{T}{2}\right)$。

可见，a_n是n（或$n\omega_1$）的偶函数，b_n是n（或$n\omega_1$）的奇函数，即

$$\left.\begin{aligned} a_{-n} &= a_n \\ b_{-n} &= -b_n \end{aligned}\right\} \tag{4-5}$$

将 $a_n\cos n\omega_1 t$ 和 $b_n\sin n\omega_1 t$ 合并成一正弦分量为
$$a_n\cos(n\omega_1 t)+b_n\sin(n\omega_1 t)=A_n\cos(n\omega_1 t+\varphi_n)$$

式(4-2)可以写为
$$f(t)=\frac{A_0}{2}+\sum_{n=1}^{\infty}A_n\cos(n\omega_1 t+\varphi_n) \tag{4-6}$$

式(4-6)表明,周期信号可分解为直流和许多余弦分量。其中,$\frac{A_0}{2}$ 为直流分量;$A_1\cos(\omega_1 t+\varphi_1)$ 称为基波或一次谐波,它的角频率与原周期信号相同;$A_2\cos(2\omega_1 t+\varphi_2)$ 称为二次谐波,它的频率是基波频率的 2 倍;$A_n\cos(n\omega_1 t+\varphi_n)$ 称为 n 次谐波,A_n 是 n 次谐波的振幅,φ_n 是 n 次谐波的初相角。

A_n、φ_n 与 a_n、b_n 的关系是
$$\left.\begin{array}{l}A_0=a_0\\A_n=\sqrt{a_n^2+b_n^2}\\\varphi_n=-\arctan\dfrac{b_n}{a_n}\end{array}\right\} \tag{4-7}$$

$$\left.\begin{array}{l}a_0=A_0\\a_n=A_n\cos\varphi_n\\b_n=A_n\sin\varphi_n\end{array}\right\} \tag{4-8}$$

由式(4-5)和式(4-7)可知,A_n 是 n(或 $n\omega_1$)的偶函数,φ_n 是 n(或 $n\omega_1$)的奇函数,即
$$\left.\begin{array}{l}A_{-n}=A_n\\\varphi_{-n}=-\varphi_n\end{array}\right\} \tag{4-9}$$

▶ **例 4-1** 将图 4-1 所示的方波信号 $f(t)$ 展开为三角形式傅立叶级数。

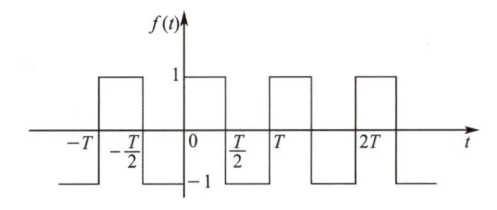

图 4-1 例 4-1 图

解:根据式(4-3)和式(4-4),取积分区间 $\left(-\dfrac{T}{2},\dfrac{T}{2}\right)$,则有

$$a_0=\frac{2}{T}\int_{-\frac{T}{2}}^{\frac{T}{2}}f(t)\mathrm{d}t=\frac{2}{T}\left[-\int_{-\frac{T}{2}}^{0}\mathrm{d}t+\int_{0}^{\frac{T}{2}}\mathrm{d}t\right]=0$$

$$a_n=\frac{2}{T}\int_{-\frac{T}{2}}^{\frac{T}{2}}f(t)\cos(n\omega_1 t)\mathrm{d}t$$

$$=\frac{2}{T}\int_{-\frac{T}{2}}^{0}(-1)\cos(n\omega_1 t)\mathrm{d}t+\frac{2}{T}\int_{0}^{\frac{T}{2}}\cos(n\omega_1 t)\mathrm{d}t$$

$$=\frac{2}{T}\cdot\frac{1}{n\omega_1}\left[-\sin(n\omega_1 t)\right]\Big|_{-\frac{T}{2}}^{0}+\frac{2}{T}\cdot\frac{1}{n\omega_1}\left[\sin(n\omega_1 t)\right]\Big|_{0}^{\frac{T}{2}}$$

$$=0$$

$$b_n = \frac{2}{T}\int_{-\frac{T}{2}}^{\frac{T}{2}} f(t)\sin(n\omega_1 t)\,\mathrm{d}t$$

$$= \frac{2}{T}\int_{-\frac{T}{2}}^{0}(-1)\sin(n\omega_1 t)\,\mathrm{d}t + \frac{2}{T}\int_{0}^{\frac{T}{2}}\sin(n\omega_1 t)\,\mathrm{d}t$$

$$= \frac{2}{T}\cdot\frac{1}{n\omega_1}\cos(n\omega_1 t)\Big|_{-\frac{T}{2}}^{0} + \frac{2}{T}\cdot\frac{1}{n\omega_1}[-\cos(n\omega_1 t)]\Big|_{0}^{\frac{T}{2}}$$

$$= \frac{2}{n\pi}[1-\cos(n\pi)]$$

$$= \begin{cases} 0 & n=2,4,6,\cdots \\ \dfrac{4}{n\pi} & n=1,3,5,\cdots \end{cases}$$

$$f(t) = \frac{4}{\pi}\left[\sin(\omega_1 t) + \frac{1}{3}\sin(3\omega_1 t) + \frac{1}{5}\sin(5\omega_1 t) + \cdots\right]$$

> **注意**:(1) $f(t)$ 是偶函数时,$f(t)\cos(n\omega_1 t)$ 是 t 的偶函数,$f(t)\sin(n\omega_1 t)$ 是 t 的奇函数,有 $a_n = \dfrac{4}{T}\int_{0}^{\frac{T}{2}} f(t)\cos(n\omega_1 t)\,\mathrm{d}t$,$b_n = 0$;
>
> (2) $f(t)$ 是奇函数时,$f(t)\cos(n\omega_1 t)$ 是 t 的奇函数,$f(t)\sin(n\omega_1 t)$ 是 t 的偶函数,有 $a_n = 0$,$b_n = \dfrac{4}{T}\int_{0}^{\frac{T}{2}} f(t)\sin(n\omega_1 t)\,\mathrm{d}t$;
>
> (3) $f(t)$ 是奇谐函数,即 $f(t) = -f(t\pm\dfrac{T}{2})$ 时,$f(t)$ 的傅立叶级数展开式中只含有奇次谐波分量;
>
> (4) $f(t)$ 是偶谐函数,即 $f(t) = f(t\pm\dfrac{T}{2})$ 时,$f(t)$ 的傅立叶级数展开式中只含有偶次谐波分量。

图 4-2 说明了一个周期方波的组成情况。

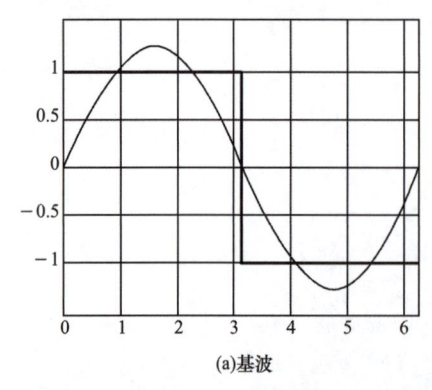

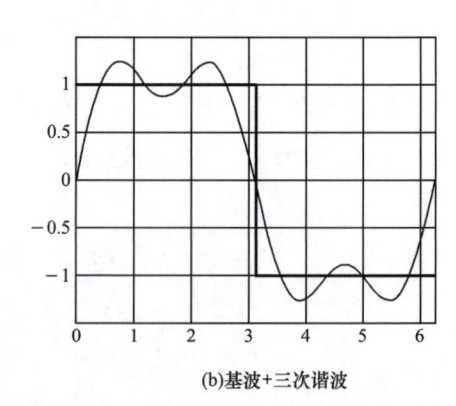

(a) 基波

(b) 基波+三次谐波

图 4-2 一个周期方波的组成

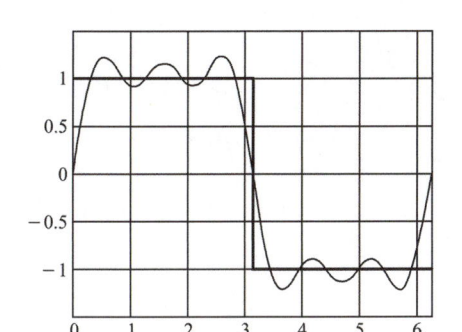

(c)基波+三次谐波+五次谐波　　　　　(d)基波+三次谐波+五次谐波+七次谐波

图 4-2(续)　一个周期方波的组成

由图 4-2 可以看出,波形中包含的谐波分量越多,波形越接近于原来的方波信号;谐波的频率越高,其幅值越小。

4.1.2　指数形式的傅立叶级数

利用 $\cos\theta = \dfrac{e^{j\theta}+e^{-j\theta}}{2}$,考虑到 $A_{-n}=A_n$、$\varphi_{-n}=-\varphi_n$,可由式(4-6)得到指数形式的傅立叶级数。

$$\begin{aligned}f(t) &= \frac{A_0}{2}+\sum_{n=1}^{\infty}A_n\cos(n\omega_1 t+\varphi_n)\\ &= \frac{A_0}{2}+\frac{1}{2}\sum_{n=1}^{\infty}A_n\left[e^{j(n\omega_1 t+\varphi_n)}+e^{-j(n\omega_1 t+\varphi_n)}\right]\\ &= \frac{A_0}{2}+\frac{1}{2}\sum_{n=1}^{\infty}A_n e^{j(n\omega_1 t+\varphi_n)}+\frac{1}{2}\sum_{n=-1}^{-\infty}A_n e^{j(n\omega_1 t+\varphi_n)}\\ &= \frac{1}{2}\sum_{n=-\infty}^{\infty}A_n e^{j\varphi_n}e^{jn\omega_1 t}\end{aligned} \qquad (4\text{-}10)$$

若复数 $\dfrac{1}{2}A_n e^{j\varphi_n} = |F_n|e^{j\varphi_n} = F_n$,则傅立叶级数的指数形式为

$$f(t) = \sum_{n=-\infty}^{\infty}F_n e^{jn\omega_1 t} \qquad (4\text{-}11)$$

其中,F_n 称为复傅立叶系数,简称傅立叶系数。

傅立叶系数

$$\begin{aligned}F_n &= \frac{1}{2}A_n e^{j\varphi_n}\\ &= \frac{1}{2}(A_n\cos\varphi_n+jA_n\sin\varphi_n)\\ &= \frac{1}{2}(a_n+jb_n) = \frac{1}{T}\int_0^T f(t)e^{-jn\omega_1 t}dt \qquad n=0,\pm 1,\pm 2,\cdots\end{aligned} \qquad (4\text{-}12)$$

微课
周期信号的
傅立叶级数

> **注意**：三角形式傅立叶级数与指数形式傅立叶级数虽然形式不同，但都是将信号表示成直流分量和各次谐波分量的和的形式。虽然指数形式的傅立叶级数展开式中 n 可以取负值，即出现 $-n\omega_1$，但并不表示存在负频率，$-n\omega_1$ 是由于使用数学方法将正弦分量表示成两个指数项的和的形式而产生的。

例 4-2 求例 4-1 中周期信号的指数形式傅立叶级数。

解：取积分区间 $\left(-\dfrac{T}{2}, \dfrac{T}{2}\right)$，由式(4-12)，得傅立叶系数

$$F_n = \frac{1}{T}\int_{-\frac{T}{2}}^{\frac{T}{2}} f(t)\mathrm{e}^{-\mathrm{j}n\omega_1 t}\,\mathrm{d}t$$

$$= \frac{1}{T}\int_{-\frac{T}{2}}^{0} -\mathrm{e}^{-\mathrm{j}n\omega_1 t}\,\mathrm{d}t + \frac{1}{T}\int_{0}^{\frac{T}{2}} \mathrm{e}^{-\mathrm{j}n\omega_1 t}\,\mathrm{d}t$$

$$= \frac{1}{T}\cdot\frac{1}{\mathrm{j}n\omega_1}\left[\mathrm{e}^{-\mathrm{j}n\omega_1 t}\right]\Big|_{-\frac{T}{2}}^{0} - \frac{1}{T}\cdot\frac{1}{\mathrm{j}n\omega_1}\left[\mathrm{e}^{-\mathrm{j}n\omega_1 t}\right]\Big|_{0}^{\frac{T}{2}}$$

$$= \frac{1}{\mathrm{j}n\pi}[1-\cos(n\pi)]$$

得

$$f(t) = \sum_{n=-\infty}^{\infty} F_n \mathrm{e}^{\mathrm{j}n\omega_1 t} = \sum_{n=-\infty}^{\infty} \frac{1}{\mathrm{j}n\pi}[1-\cos(n\pi)]\mathrm{e}^{\mathrm{j}n\omega_1 t}$$

4.2 周期信号的频谱

4.2.1 周期信号频谱的定义

如前所述，周期信号可以表示为一系列正弦函数或指数函数之和的形式，即

$$f(t) = \frac{A_0}{2} + \sum_{n=1}^{\infty} A_n \cos(n\omega_1 t + \varphi_n) = \sum_{n=-\infty}^{\infty} F_n \mathrm{e}^{\mathrm{j}n\omega_1 t}$$

它能够直观地表示出信号所含频率分量及其所占比例，显示出振幅 A_n（$|F_n|$）及相位 φ_n 随 ω 变化的曲线，称为信号的频谱图。$A_n \sim \omega$ 和 $\varphi_n \sim \omega$ 的关系图，分别称为振幅频谱(简称幅度谱)和相位频谱(简称相位谱)，因为 $n \geqslant 0$，所以称这种频谱为单边谱。$|F_n| \sim \omega$ 和 $\varphi_n \sim \omega$ 的关系图，由于 $-\infty < n\omega_1 < +\infty$，所以被称为双边幅度谱和双边相位谱。若 F_n 为实数，可用 F_n 的正负表示相位为 0 或相位为 π，这时常将幅度谱和相位谱画在一幅图上。周期信号的频谱如图 4-3 所示。

> **注意**：双边频谱图上出现 $-n\omega_1$，只有把 $-n\omega_1$ 与 $+n\omega_1$ 对应的幅度相加，才能得到频率为 $n\omega_1$ 的正弦分量的幅度。

(a)单边幅度谱 (b)双边幅度谱
(c)单边相位谱 (d)双边相位谱

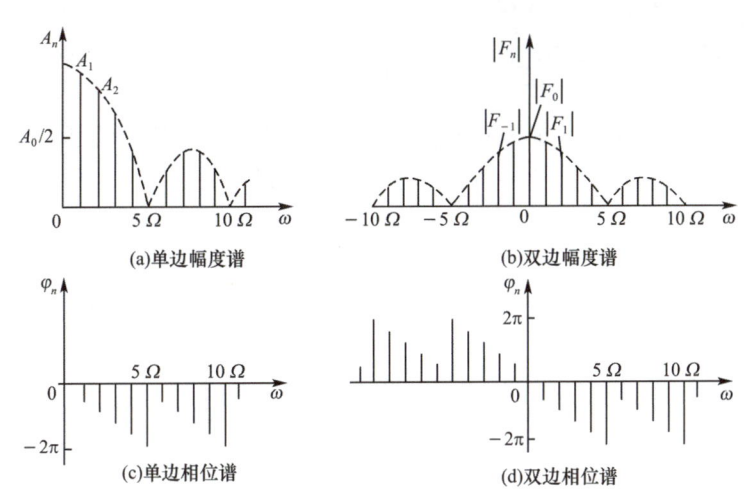

图 4-3 周期信号的频谱

> **例 4-3** $f(t)=1+2\cos(\pi t+5°)+\cos(2\pi t+10°)+4\cos(4\pi t+15°)$，试画出 $f(t)$ 的幅度谱和相位谱。

解：$f(t)$ 为周期信号，基波角频率 $\omega_1=\pi(\text{rad/s})$。题目中给出的 $f(t)$ 的表达式可以看作 $f(t)$ 的指数形式傅立叶级数，故有

$$\frac{A_0}{2}=1, \varphi_0=0 \qquad A_1=2, \varphi_1=5°$$

$$A_2=1, \varphi_2=10° \qquad A_4=4, \varphi_4=15°$$

可以画出 $f(t)$ 的单边频谱图和双边频谱图，如图 4-4 所示。

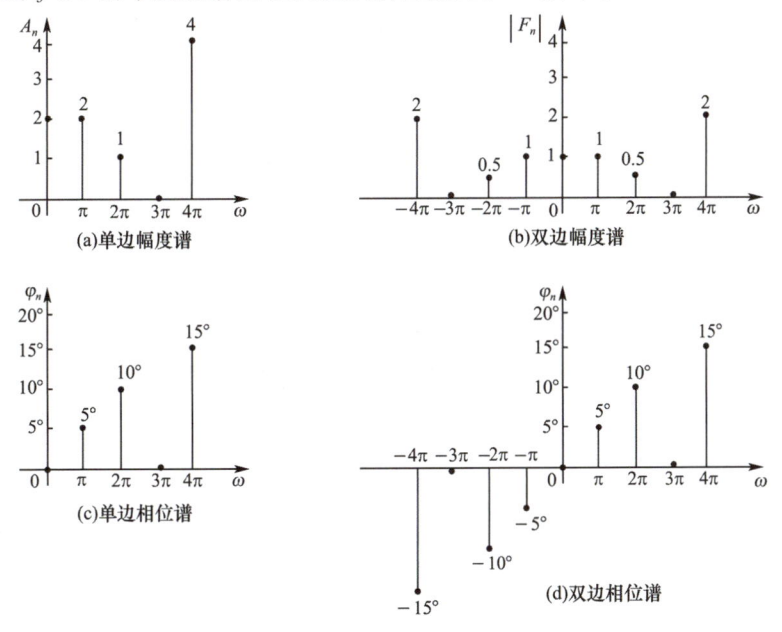

(a)单边幅度谱 (b)双边幅度谱
(c)单边相位谱 (d)双边相位谱

图 4-4 周期矩形脉冲信号的频谱图

4.2.2 周期信号频谱的特点

以周期矩形脉冲信号为例,说明周期信号频谱的特点。如图 4-5 所示为周期矩形脉冲信号 $f(t)$,周期为 T,幅度为 1,脉冲宽度为 τ。

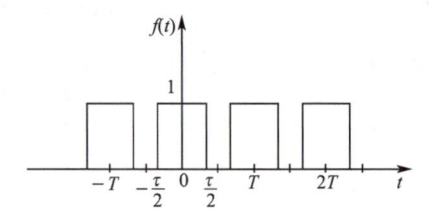

图 4-5 周期矩形脉冲信号

其傅立叶系数为

$$F_n = \frac{1}{T}\int_{-\frac{T}{2}}^{\frac{T}{2}} f(t) \mathrm{e}^{-\mathrm{j}n\omega_1 t} \mathrm{d}t = \frac{1}{T}\int_{-\frac{\tau}{2}}^{\frac{\tau}{2}} \mathrm{e}^{-\mathrm{j}n\omega_1 t} \mathrm{d}t = -\frac{1}{\mathrm{j}n\omega_1 t}\mathrm{e}^{-\mathrm{j}n\omega_1 t}\Big|_{-\frac{\tau}{2}}^{\frac{\tau}{2}}$$

$$= -\frac{-2\mathrm{j}}{\mathrm{j}n\omega_1 t}\sin(\frac{n\omega_1 \tau}{2}) = \frac{\tau}{T} \cdot \frac{\sin(\frac{n\omega_1 \tau}{2})}{\frac{n\omega_1 \tau}{2}}, n = 0, \pm 1, \cdots$$

其中

$$\mathrm{Sa}(x) = \frac{\sin x}{x} \tag{4-13}$$

为取样函数,波形如图 4-6 所示。故 $f(t)$ 的指数形式的傅立叶级数展开式为

$$F_n = \frac{\tau}{T}\mathrm{Sa}(\frac{n\omega_1 \tau}{2})$$

得

$$f(t) = \sum_{n=-\infty}^{\infty} F_n \mathrm{e}^{-\mathrm{j}n\omega_1 t} = \frac{\tau}{T}\sum_{n=-\infty}^{\infty} \mathrm{Sa}(\frac{n\omega_1 \tau}{2})\mathrm{e}^{-\mathrm{j}n\omega_1 t}$$

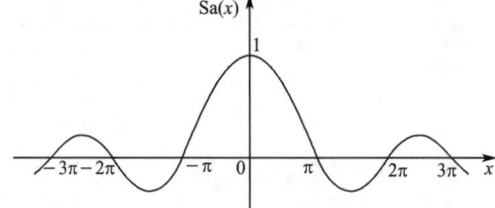

图 4-6 Sa(x) 的波形

F_n 的变化规律应符合 $\mathrm{Sa}(x)$ 的变化规律,即 $x \to 0$ 时,$F_n = \frac{\tau}{T}$;频率 $\omega = n\omega_1 = \frac{2m\pi}{\tau}(m = \pm 1, \pm 2, \cdots)$ 的谱线为零。$\frac{\tau}{T} = \frac{1}{4}$ 时,$f(t)$ 的频谱如图 4-7 所示。

由图 4-7 可知,周期矩形脉冲信号的频谱具有如下特点:
(1) 离散性。频谱由代表正弦分量的不连续的谱线组成。

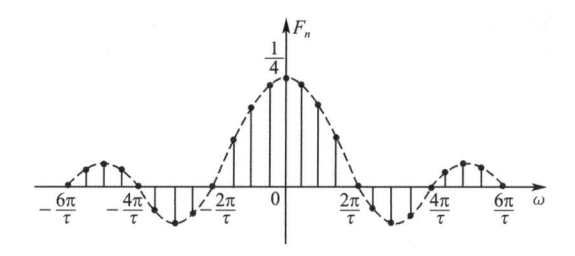

图 4-7　$f(t)$ 的频谱图

(2) 谐波性。频谱只包含频率 $\omega = n\omega_1$ 的各次谐波分量。

(3) 收敛性。随着频率的增加,各次谐波分量的振幅逐渐减小,$n\omega_1 \to \infty$,$|F_n| \to 0$。

以上周期矩形脉冲信号频谱的特点具有普遍性,其他周期信号的频谱也具有这些特点。

由于谱线只出现在 $\omega = n\omega_1$ 处,$|F_0| = \dfrac{\tau}{T}$,且频谱包络线的第一个零点为 $\omega = \dfrac{2\pi}{\tau}$,所以周期 T 不变时,谱线间距 $\omega_1 = \dfrac{2\pi}{T}$ 不变,此时 τ 减小,第一个零点 $\omega = \dfrac{2\pi}{\tau}$ 增大,在 $\omega = 0 \sim \dfrac{2\pi}{\tau}$ 这段频率范围(称为频带宽度)内包含的谱线数量增多,由于 τ 减小,各次谐波分量的振幅减小;脉冲宽度 τ 不变时,周期 T 变大,则谱线间距 $\omega_1 = \dfrac{2\pi}{T}$ 变小,谱线变密,各次谐波分量的振幅减小。当 $T \to \infty$ 时,周期信号趋于单脉冲非周期信号,各次谐波分量的振幅趋于零,谱线无限密集,离散谱成为连续谱。

说明:信号在时域的波形与在频域的频谱一一对应,对信号的频率分量进行相应处理,可以改变信号在时域的波形。

4.2.3　周期信号的功率

周期信号是功率信号,其在 1 Ω 电阻上消耗的平均功率称为归一化平均功率。如果周期信号是实函数,则平均功率为

$$P = \frac{1}{T}\int_{-\frac{T}{2}}^{\frac{T}{2}} f^2(t)\,dt \tag{4-14}$$

将 $f(t)$ 表示成傅立叶级数代入上式,得

$$P = \frac{1}{T}\int_{-\frac{T}{2}}^{\frac{T}{2}} f^2(t)\,dt$$

$$= \left(\frac{A_0}{2}\right)^2 + \sum_{n=1}^{\infty} \frac{1}{2} A_n^2 = |F_0|^2 + 2\sum_{n=1}^{\infty} |F_n|^2 = \sum_{n=-\infty}^{\infty} |F_n|^2 \tag{4-15}$$

其中,$\dfrac{A_0}{2}$ 为信号的直流分量,$\dfrac{A_n}{\sqrt{2}}$ 为各次谐波分量的有效值,则 $\left(\dfrac{A_0}{2}\right)^2$ 为信号的直流分量功率,$\sum_{n=1}^{\infty} \dfrac{1}{2} A_n^2$ 为各次谐波分量的功率之和。式(4-15)称为帕塞瓦尔恒等式,表明了

周期信号的平均功率等于各频率分量的功率之和,即周期信号在时域和频域的能量是守恒的。

4.3 非周期信号的连续时间傅立叶变换

由本模块第二节周期矩形脉冲信号频谱特点可知,当 $T \to \infty$ 时,周期信号趋于非周期信号,谱线无限密集,离散谱成为连续谱,各次谐波分量的振幅趋于零,故利用傅立叶级数无法分析非周期信号的频谱。为了分析非周期信号的频谱特性,引入频谱密度函数的概念。

> **注意**:虽然各次谐波分量的振幅趋于零,但并不意味着非周期信号不含正弦分量,这些无穷小量之间仍保持一定的比例关系。

已知一周期信号 $f(t)$,则其指数形式傅立叶级数展开式为

$$f(t) = \sum_{n=-\infty}^{\infty} F_n e^{jn\omega_1 t}$$

复振幅为

$$F_n = \frac{1}{T} \int_{-\frac{T}{2}}^{\frac{T}{2}} f(t) e^{-jn\omega_1 t} dt$$

是 $n\omega_1$ 的函数。

当 $T \to \infty$ 时,$|F_n| \to 0$,TF_n 可能趋于一有限值,且有

$$TF_n = \int_{-\frac{T}{2}}^{\frac{T}{2}} f(t) e^{-jn\omega_1 t} dt$$

$$f(t) = \sum_{n=-\infty}^{\infty} TF_n e^{jn\omega_1 t} \frac{1}{T}$$

$T \to \infty$,离散量 $n\omega_1$ 趋于连续量 ω,谱线间隔 $\omega_1 = \frac{2\pi}{T}$ 趋于无穷小量 $d\omega$,TF_n 成为 ω 的函数,一般是复函数,记为 $F(j\omega)$,求和转化为求积分,则有

$$F(j\omega) = \lim_{T \to \infty} TF_n = \lim_{T \to \infty} \frac{2\pi F_n}{\omega_1} = \int_{-\infty}^{\infty} f(t) e^{-j\omega t} dt \tag{4-16}$$

$$f(t) = \frac{1}{2\pi} \int_{-\infty}^{\infty} F(j\omega) e^{j\omega t} d\omega \tag{4-17}$$

复函数 $F(j\omega)$ 可以写为

$$F(j\omega) = |F(j\omega)| e^{j\varphi(\omega)} = R(\omega) + jX(\omega) \tag{4-18}$$

式(4-16)与式(4-17)是非周期信号频谱的表达式,称为傅立叶变换。式(4-16)为傅立叶正变换,式(4-17)为傅立叶逆变换,$F(j\omega)$ 称为 $f(t)$ 的频谱函数,$f(t)$ 称为 $F(j\omega)$ 的原函数。由式(4-16)可知,$F(j\omega)$ 是密度的概念,量纲是单位频率的振幅,故又称其为 $f(t)$ 的频谱密度函数。非周期信号的傅立叶变换和逆变换可以记为

$$\left. \begin{array}{l} F(j\omega) = \mathscr{F}[f(t)] \\ f(t) = \mathscr{F}^{-1}[F(j\omega)] \end{array} \right\} \tag{4-19}$$

注意：频谱函数 $F(j\omega)$ 表明信号的频谱特性，故是 ω 的函数，所以求 $F(j\omega)$ 时的积分变量是 t；$f(t)$ 表明信号在时域的特点，故是 t 的函数，所以求 $f(t)$ 时的积分变量是 ω。注意两式的被积函数中指数函数的不同。

利用傅立叶变换公式可以方便地求出：

(1) $F(0) = \int_{-\infty}^{\infty} f(t) \mathrm{d}t$

(2) $\int_{-\infty}^{\infty} F(j\omega) \mathrm{d}\omega = 2\pi f(0)$

因为信号 $f(t)$ 在时域的波形与信号的频谱函数具有一一对应的关系，故可以简记为

$$f(t) \leftrightarrow F(j\omega) \tag{4-20}$$

$f(t)$ 存在傅立叶变换的充分但非必要条件是 $f(t)$ 绝对可积，即

$$\int_{-\infty}^{\infty} |f(t)| \mathrm{d}t < \infty \tag{4-21}$$

4.3.1 典型信号的傅立叶变换

本节利用傅立叶变换分析几种典型非周期信号的频谱。

1. 矩形脉冲信号（门函数）

如图 4-8(a) 所示为矩形脉冲信号，脉冲宽度为 τ，幅度为 1，用符号 $g_\tau(t)$ 表示。

$$F(j\omega) = \int_{-\infty}^{\infty} f(t) \mathrm{e}^{-j\omega t} \mathrm{d}t = \int_{-\frac{\tau}{2}}^{\frac{\tau}{2}} \mathrm{e}^{-j\omega t} \mathrm{d}t = \tau \mathrm{Sa}(\frac{\omega \tau}{2})$$

$$g_\tau(t) \leftrightarrow \tau \mathrm{Sa}(\frac{\omega \tau}{2}) \tag{4-22}$$

一般情况下，信号的频谱函数需要用幅度谱 $|F(j\omega)|$ 和相位谱 $\varphi(\omega)$ 才能完全表示出来，但当 $F(j\omega)$ 是实函数或虚函数时，可以用一条曲线表示幅度谱和相位谱，如图 4-8(b) 所示。图中，ω 的负值只是一种数学形式，两个对应的基本信号 $\frac{1}{2}\mathrm{e}^{-j\omega t}$ 和 $\frac{1}{2}\mathrm{e}^{j\omega t}$ 才能合成一个余弦分量。

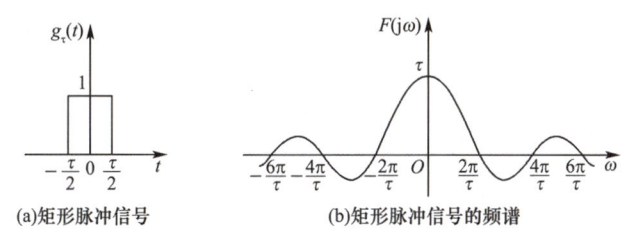

(a) 矩形脉冲信号 (b) 矩形脉冲信号的频谱

图 4-8 矩形脉冲信号及其频谱

2. 单边指数函数

如图 4-9 所示为单边指数函数 $\mathrm{e}^{-\alpha t}\varepsilon(t) (\alpha > 0)$。

$$F(j\omega) = \int_{-\infty}^{\infty} f(t) \mathrm{e}^{-j\omega t} \mathrm{d}t = \int_{0}^{\infty} \mathrm{e}^{-\alpha t} \cdot \mathrm{e}^{-j\omega t} \mathrm{d}t = \frac{1}{\alpha + j\omega}, \alpha > 0$$

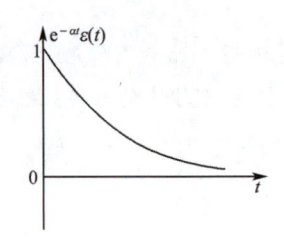

图 4-9　单边指数函数 $e^{-\alpha t}\varepsilon(t)(\alpha>0)$

$$e^{-\alpha t}\varepsilon(t)\leftrightarrow\frac{1}{\alpha+\mathrm{j}\omega},\alpha>0 \tag{4-23}$$

幅度谱和相位谱分别为

$$|F(\mathrm{j}\omega)|=\frac{1}{\sqrt{\alpha^2+\omega^2}},\varphi(\omega)=-\arctan\left(\frac{\omega}{\alpha}\right)$$

$e^{-\alpha t}\varepsilon(t)(\alpha>0)$ 的频谱如图 4-10 所示。

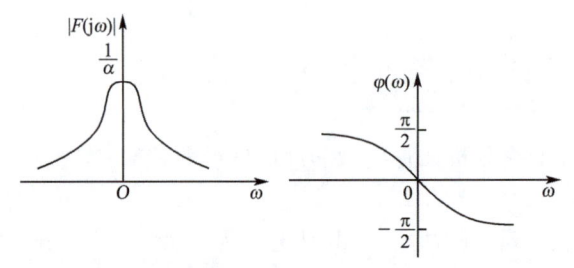

图 4-10　单边指数函数 $e^{-\alpha t}\varepsilon(t)(\alpha>0)$ 的频谱

3.双边指数函数

如图 4-11(a) 所示为双边指数函数 $f(t)=e^{\alpha t}\varepsilon(-t)+e^{-\alpha t}\varepsilon(t)(\alpha>0)$,其频谱如图 4-11(b) 所示。

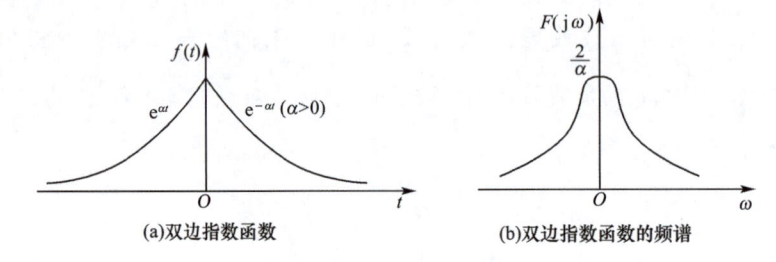

(a)双边指数函数　　　(b)双边指数函数的频谱

图 4-11　双边指数函数及其频谱

$$F(\mathrm{j}\omega)=\int_{-\infty}^{0}e^{\alpha t}\cdot e^{-\mathrm{j}\omega t}\mathrm{d}t+\int_{0}^{\infty}e^{-\alpha t}\cdot e^{-\mathrm{j}\omega t}\mathrm{d}t$$

$$=\frac{1}{\alpha-\mathrm{j}\omega}+\frac{1}{\alpha+\mathrm{j}\omega}=\frac{2\alpha}{\alpha^2+\omega^2}$$

$$e^{\alpha t}\varepsilon(-t)+e^{-\alpha t}\varepsilon(t)\leftrightarrow\frac{2\alpha}{\alpha^2+\omega^2},\alpha>0 \tag{4-24}$$

4. 单位冲激函数及其导数

（1）单位冲激函数

$$F(j\omega) = \int_{-\infty}^{\infty} \delta(t) \cdot e^{-j\omega t} dt = 1$$

所以
$$\delta(t) \leftrightarrow 1 \tag{4-25}$$

单位冲激函数及其频谱如图 4-12 所示。

图 4-12　单位冲激函数及其频谱

（2）单位冲激函数的导数

根据傅立叶变换的定义，有

$$\mathscr{F}[\delta'(t)] = \int_{-\infty}^{\infty} \delta'(t) \cdot e^{-j\omega t} dt = -\left.\frac{d e^{-j\omega t}}{dt}\right|_{t=0} = j\omega \tag{4-26}$$

5. 单位直流信号

由于单位直流信号 $f(t)=1$ 不满足绝对可积条件，故不能直接使用式(4-16)计算其频谱。考虑到双边指数函数 $f_1(t) = e^{at}\varepsilon(-t) + e^{-at}\varepsilon(t)(\alpha>0)$ 当 $\alpha\to 0$ 时，$f_1(t)\to 1$，所以双边指数函数的频谱当 $\alpha\to 0$ 时就是单位直流信号的频谱。

$$F_1(j\omega) = \mathscr{F}[f_1(t)] = \frac{2\alpha}{\alpha^2+\omega^2}, \alpha>0$$

$$\lim_{\alpha\to 0}\frac{2\alpha}{\alpha^2+\omega^2} = \begin{cases} 0 & \omega\neq 0 \\ \infty & \omega=0 \end{cases}$$

由 $F_1(j\omega)$ 可以看出，单位直流信号的频谱是冲激函数，其强度为

$$\lim_{\alpha\to 0}\int_{-\infty}^{\infty}\frac{2\alpha}{\alpha^2+\omega^2}d\omega = \lim_{\alpha\to 0}\int_{-\infty}^{\infty}\frac{2}{1+\left(\frac{\omega}{\alpha}\right)^2}d\left(\frac{\omega}{\alpha}\right) = \lim_{\alpha\to 0}2\arctan\left(\frac{\omega}{\alpha}\right)\bigg|_{-\infty}^{\infty} = 2\pi$$

所以
$$1 \leftrightarrow 2\pi\delta(\omega) \tag{4-27}$$

6. 符号函数

如图 4-13(a)所示为符号函数 $\text{sgn}(t)$，可以看作 $f_1(t) = -e^{at}\varepsilon(-t) + e^{-at}\varepsilon(t)(\alpha>0)$ 当 $\alpha\to 0$ 时的极限。

$$F_1(j\omega) = \mathscr{F}[f_1(t)] = \int_{-\infty}^{0} -e^{at}\cdot e^{-j\omega t}dt + \int_{0}^{\infty} e^{-at}\cdot e^{-j\omega t}dt = -j\frac{2\omega}{\alpha^2+\omega^2}$$

$$\lim_{\alpha\to 0}\left[-j\frac{2\omega}{\alpha^2+\omega^2}\right] = \begin{cases} \dfrac{2}{j\omega} & \omega\neq 0 \\ 0 & \omega=0 \end{cases}$$

所以
$$\text{sgn}(t) \leftrightarrow \frac{2}{j\omega}, F(0)=0 \tag{4-28}$$

其频谱函数的虚部如图 4-13(b)所示。

(a)符号函数　　　　　　　　　(b)符号函数频谱的虚部

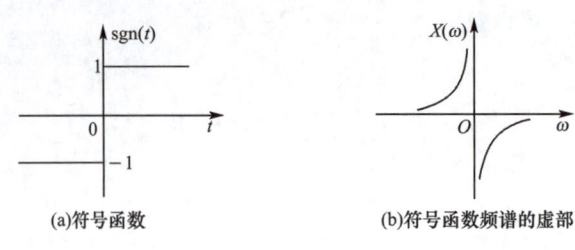

图 4-13　符号函数及其频谱

7.单位阶跃函数

单位阶跃函数不满足绝对可积条件,不能直接用傅立叶变换公式求其频谱函数,但单位阶跃函数可以表示为

$$\varepsilon(t) = \frac{1}{2}[1 + \text{sgn}(t)]$$

所以

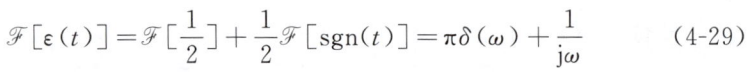

$$\mathscr{F}[\varepsilon(t)] = \mathscr{F}\left[\frac{1}{2}\right] + \frac{1}{2}\mathscr{F}[\text{sgn}(t)] = \pi\delta(\omega) + \frac{1}{j\omega} \quad (4\text{-}29)$$

将常用信号的傅立叶变换对列于表 4-1,供读者查阅。

表 4-1　　常用信号傅立叶变换对

$f(t)$	$F(j\omega)$	$f(t)$	$F(j\omega)$
$\delta(t)$	1	$e^{-\alpha\|t\|}\varepsilon(t), \alpha > 0$	$\dfrac{2\alpha}{\alpha^2 + \omega^2}$
1	$2\pi\delta(\omega)$	$\varepsilon(t)$	$\pi\delta(\omega) + \dfrac{1}{j\omega}$
$\delta(t - t_0)$	$e^{-j\omega t_0}$	$\text{sgn}(t)$	$\dfrac{2}{j\omega}, F(0) = 0$
$\delta'(t)$	$j\omega$	$\sin(\omega_0 t)$	$j\pi[\delta(\omega + \omega_0) - \delta(\omega - \omega_0)]$
$\delta^{(n)}(t)$	$(j\omega)^n$	$\cos(\omega_0 t)$	$\pi[\delta(\omega - \omega_0) + \delta(\omega + \omega_0)]$
$g_\tau(t)$	$\tau\text{Sa}\left(\dfrac{\omega\tau}{2}\right)$	$\dfrac{1}{\pi t}$	$-j\text{sgn}(\omega)$
$\tau\text{Sa}\left(\dfrac{\tau t}{2}\right)$	$2\pi g_\tau(\omega)$	$\delta_T(t)$	$\omega_1\delta_{\omega_1}(\omega), \omega_1 = \dfrac{2\pi}{T}$
$e^{-\alpha t}\varepsilon(t), \alpha > 0$	$\dfrac{1}{\alpha + j\omega}$	$\sum\limits_{n=-\infty}^{\infty} F_n e^{jn\omega_1 t}$	$2\pi \sum\limits_{n=-\infty}^{\infty} F_n \delta(\omega - n\omega_1)$
$te^{-\alpha t}\varepsilon(t), \alpha > 0$	$\dfrac{1}{(\alpha + j\omega)^2}$	$\dfrac{t^{n-1}}{(n-1)!}e^{-\alpha t}\varepsilon(t), \alpha > 0$	$\dfrac{1}{(\alpha + j\omega)^n}$

4.3.2　非周期信号的频谱函数

由 4.3.1 可知,非周期信号的频谱是连续谱,其能量分布在所有的频率中,每一频率分量包含的能量为无穷小量。$f(t)$ 为实函数时,可以推导出

$$F(j\omega) = \int_{-\infty}^{\infty} f(t) \cdot e^{-j\omega t} dt = \int_{-\infty}^{\infty} f(t)\cos(\omega t) dt - j\int_{-\infty}^{\infty} f(t)\sin(\omega t) dt$$

$$= R(\omega) + jX(\omega) = |F(j\omega)|e^{j\varphi(\omega)}$$

所以

$$\left.\begin{array}{l}R(\omega)=\int_{-\infty}^{\infty}f(t)\cos(\omega t)\mathrm{d}t\\X(\omega)=-\int_{-\infty}^{\infty}f(t)\sin(\omega t)\mathrm{d}t\end{array}\right\} \quad (4\text{-}30)$$

可以得到 $|F(\mathrm{j}\omega)|$、$\varphi(\omega)$ 与 $R(\omega)$、$X(\omega)$ 的关系：

$$|F(\mathrm{j}\omega)|=\sqrt{R^2(\omega)+X^2(\omega)},\varphi(\omega)=\arctan\frac{X(\omega)}{R(\omega)} \quad (4\text{-}31)$$

$$R(\omega)=|F(\mathrm{j}\omega)|\cos\varphi(\omega),X(\omega)=|F(\mathrm{j}\omega)|\sin\varphi(\omega) \quad (4\text{-}32)$$

所以，当 $f(t)$ 为实函数时，可以得到以下结论：

(1) $|F(-\mathrm{j}\omega)|=|F(\mathrm{j}\omega)|$，$\varphi(-\omega)=-\varphi(\omega)$，$R(-\omega)=R(\omega)$，$X(-\omega)=-X(\omega)$。

(2) $f(-t)\leftrightarrow F(-\mathrm{j}\omega)=R(\omega)-\mathrm{j}X(\omega)=F^*(\mathrm{j}\omega)$，其中 $F^*(\mathrm{j}\omega)$ 是 $F(\mathrm{j}\omega)$ 的共轭复函数。

(3) 若 $f(-t)=f(t)$，则 $f(t)$ 的频谱函数 $F(\mathrm{j}\omega)$ 是 ω 的实函数，且是 ω 的偶函数，即 $F(\mathrm{j}\omega)=R(\omega)$，$F(-\mathrm{j}\omega)=F(\mathrm{j}\omega)$。

(4) 若 $f(-t)=-f(t)$，则 $f(t)$ 的频谱函数 $F(\mathrm{j}\omega)$ 是 ω 的虚函数，且是 ω 的奇函数，即 $F(\mathrm{j}\omega)=\mathrm{j}X(\omega)$，$F(-\mathrm{j}\omega)=-F(\mathrm{j}\omega)$。

根据以上分析，不难得出 $f(t)$ 为虚函数时的结论，请读者自行推导。

4.4 傅立叶变换的性质

傅立叶变换建立起信号在时域的波形与频域的频谱之间的对应关系，本节将研究在时域（或频域）对信号进行某种运算时，在频域（或时域）引起的效应。

4.4.1 线性

若 $f_i(t)\leftrightarrow F_i(\mathrm{j}\omega)(i=1,2,\cdots,n)$，则对于任意常数 a_i，有

$$\sum_{i=1}^{n}a_if_i(t)\leftrightarrow\sum_{i=1}^{n}a_iF_i(\mathrm{j}\omega) \quad (4\text{-}33)$$

证明：利用傅立叶变换公式，过程略。

4.4.2 对称性

若 $f(t)\leftrightarrow F(\mathrm{j}\omega)$，则

$$F(\mathrm{j}t)\leftrightarrow 2\pi f(-\omega) \quad (4\text{-}34)$$

证明：利用傅立叶逆变换公式(4-17)，将 t 换为 $-t$，得

$$f(-t)=\frac{1}{2\pi}\int_{-\infty}^{\infty}F(\mathrm{j}\omega)\mathrm{e}^{-\mathrm{j}\omega t}\mathrm{d}\omega$$

将上式中的 t 与 ω 互换，得到

$$f(-\omega)=\frac{1}{2\pi}\int_{-\infty}^{\infty}F(\mathrm{j}t)\mathrm{e}^{-\mathrm{j}\omega t}\mathrm{d}t$$

所以有

$$2\pi f(-\omega) = \int_{-\infty}^{\infty} F(\mathrm{j}t) \mathrm{e}^{-\mathrm{j}\omega t} \mathrm{d}t$$

上式表明 $F(\mathrm{j}t)$ 的频谱函数是 $2\pi f(-\omega)$。

▶ **例 4-4** 求 $\mathrm{Sa}(t) = \dfrac{\sin t}{t}$ 和 $f(t) = \dfrac{1}{t}$ 的频谱函数。

解：

（1）直接利用傅立叶变换公式不易求出取样函数的频谱函数，利用对称性求解比较容易。

$$g_\tau(t) \leftrightarrow \tau \mathrm{Sa}\left(\dfrac{\omega\tau}{2}\right)$$

取 $\tau = 2$，门函数的幅度为 $\dfrac{1}{2}$，则由线性性质得

$$\dfrac{1}{2} g_2(t) \leftrightarrow \mathrm{Sa}(\omega)$$

得

$$\mathscr{F}[\mathrm{Sa}(t)] = 2\pi \times \dfrac{1}{2} g_2(-\omega) = \pi g_2(\omega)$$

门函数 $\dfrac{1}{2} g_2(t)$ 及其频谱如图 4-14(a) 所示，取样函数 $\mathrm{Sa}(t)$ 及其频谱如图 4-14(b) 所示。

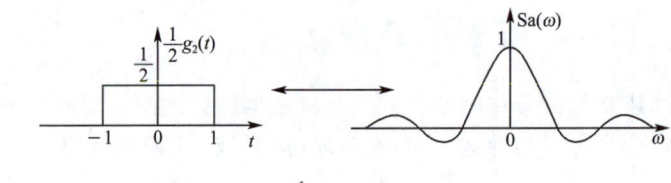

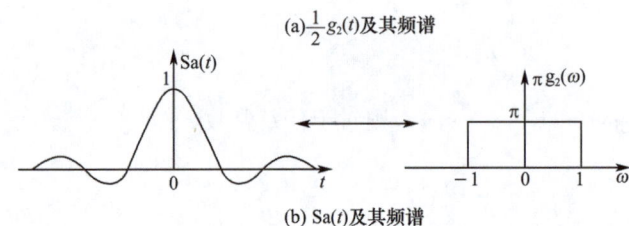

(a) $\dfrac{1}{2} g_2(t)$ 及其频谱

(b) $\mathrm{Sa}(t)$ 及其频谱

图 4-14 门函数和取样函数及它们的频谱

（2）由式(4-28)知

$$\mathrm{sgn}(t) \leftrightarrow \dfrac{2}{\mathrm{j}\omega}$$

根据傅立叶变换的对称性并考虑到符号函数为奇函数，可以得到

$$\dfrac{2}{\mathrm{j}t} \leftrightarrow 2\pi \mathrm{sgn}(-\omega) = -2\pi \mathrm{sgn}(\omega)$$

根据线性性质，可得

$$\dfrac{1}{t} \leftrightarrow -\mathrm{j}\pi \mathrm{sgn}(\omega)$$

> **注意**：由对称性可知，傅立叶变换对的两种函数是固定的，例如，门函数的频谱函数是取样函数，取样函数的频谱函数是门函数。在求信号的频谱函数时，首先考虑给定信号是否为 4.3 节中给出的典型非周期信号，若不是，再考虑给定信号的波形是否与典型非周期信号的频谱函数的波形相同，若相同，则可以利用对称性求解其频谱函数。

4.4.3 时移性

若 $f(t) \leftrightarrow F(j\omega)$，$t_0$ 为实常数，则有

$$f(t-t_0) \leftrightarrow e^{-j\omega t_0} F(j\omega) \tag{4-35}$$

证明：
$$\mathscr{F}[f(t-t_0)] = \int_{-\infty}^{\infty} f(t-t_0) e^{-j\omega t} dt$$

令 $t - t_0 = x$，则有 $\mathscr{F}[f(t-t_0)] = \int_{-\infty}^{\infty} f(x) e^{-j\omega(x+t_0)} dx = e^{-j\omega t_0} F(j\omega)$

> **注意**：信号在时域中的延时和在频域中的移相有相对性，若在时域中信号右移 t_0，则其频谱函数的幅度不变，而各频率分量的相位比 $f(t)$ 各频率分量的相位滞后 ωt_0。在应用中，若要使信号通过系统传输后仅产生延时，则在设计系统时，需要求系统使所有的频率分量都滞后相同的相位。在上述公式中，t_0 可正可负。

例 4-5 求如图 4-15 所示的信号的频谱函数。

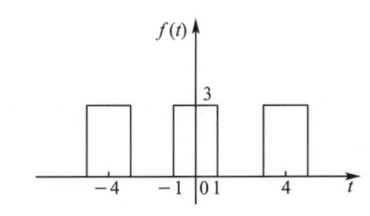

图 4-15 $f(t)$ 的波形

解：
$$f(t) = 3g_2(t) + 3g_2(t-4) + 3g_2(t+4)$$
由于
$$g_2(t) \leftrightarrow 2\text{Sa}(\omega)$$
由时移性可知
$$g_2(t-4) \leftrightarrow 2\text{Sa}(\omega) e^{-j4\omega}$$
$$g_2(t+4) \leftrightarrow 2\text{Sa}(\omega) e^{j4\omega}$$
根据傅立叶变换的线性性质，可得
$$\mathscr{F}[f(t)] = 6\text{Sa}(\omega) + 6\text{Sa}(\omega) e^{-j4\omega} + 6\text{Sa}(\omega) e^{j4\omega} = 6\text{Sa}(\omega)[1 + 2\cos(4\omega)]$$

4.4.4 频移性

若 $f(t) \leftrightarrow F(j\omega)$，$\omega_0$ 为实常数，则有

$$f(t) e^{j\omega_0 t} \leftrightarrow F[j(\omega - \omega_0)] \tag{4-36}$$

证明：

$$\mathscr{F}[f(t)\mathrm{e}^{\mathrm{j}\omega_0 t}] = \int_{-\infty}^{\infty} f(t)\mathrm{e}^{\mathrm{j}\omega_0 t} \cdot \mathrm{e}^{-\mathrm{j}\omega t}\mathrm{d}t = \int_{-\infty}^{\infty} f(t)\mathrm{e}^{-\mathrm{j}(\omega-\omega_0)t}\mathrm{d}t = F[\mathrm{j}(\omega-\omega_0)]$$

> **注意**：求 $f(t)$ 的频谱函数时，式(4-16)中指数函数为 $\mathrm{e}^{-\mathrm{j}\omega t}$，所得结果为 $F(\mathrm{j}\omega)$，上式中，指数函数为 $\mathrm{e}^{-\mathrm{j}(\omega-\omega_0)t}$，故所得结果为 $F[\mathrm{j}(\omega-\omega_0)]$。

在傅立叶变换的时移性中，$f(t)$ 在时域右移 $t_0(t_0>0)$ 得到信号 $f(t-t_0)$，其傅立叶变换为 $\mathrm{e}^{-\mathrm{j}\omega t_0}F(\mathrm{j}\omega)$，即时域上的自变量由 t 变为 $t-t_0$ 时，频域上频谱函数要乘以指数为 $-\mathrm{j}\omega t_0$ 的指数函数 $\mathrm{e}^{-\mathrm{j}\omega t_0}$；在频移性中，频域上的自变量由 ω 变为 $\omega-\omega_0$ 时，时域上 $f(t)$ 要乘以一个指数为 $+\mathrm{j}\omega_0 t$ 的指数函数 $\mathrm{e}^{+\mathrm{j}\omega_0 t}$。

例 4-6 求信号 $f(t)=\mathrm{e}^{\mathrm{j}4t}$ 的频谱函数。

解：因为
$$1 \leftrightarrow 2\pi\delta(\omega)$$
所以
$$\mathrm{e}^{\mathrm{j}4t} \leftrightarrow 2\pi\delta(\omega-4)$$

频移性在通信系统中应用广泛，调制、混频、同步解调等都需要利用频移性进行频谱的搬移。例如，调制信号 $f(t)$ 与高频载波信号 $\cos(\omega_0 t)$ 或 $\sin(\omega_0 t)$ 相乘，得到高频已调信号。因为

$$\cos(\omega_0 t) = \frac{\mathrm{e}^{\mathrm{j}\omega_0 t}+\mathrm{e}^{-\mathrm{j}\omega_0 t}}{2}, \sin(\omega_0 t) = \frac{\mathrm{e}^{\mathrm{j}\omega_0 t}-\mathrm{e}^{-\mathrm{j}\omega_0 t}}{2\mathrm{j}}$$

若 $f(t)$ 的频谱函数为 $F(\mathrm{j}\omega)$，根据频移性，可以得到

$$f(t)\cos(\omega_0 t) \leftrightarrow \frac{1}{2}F[\mathrm{j}(\omega-\omega_0)] + \frac{1}{2}F[\mathrm{j}(\omega+\omega_0)]$$

$$f(t)\sin(\omega_0 t) \leftrightarrow \frac{1}{2\mathrm{j}}F[\mathrm{j}(\omega-\omega_0)] - \frac{1}{2\mathrm{j}}F[\mathrm{j}(\omega+\omega_0)]$$
(4-37)

由式(4-37)可以看出，已调信号的频谱函数是将 $f(t)$ 的频谱函数 $F(\mathrm{j}\omega)$ 一分为二，分别向左、向右搬移 ω_0，故已调信号是高频信号，且在搬移的过程中，幅度谱的形状保持不变。

当 $f(t)=1$ 时，有

$$\cos(\omega_0 t) \leftrightarrow \pi\delta(\omega-\omega_0) + \pi\delta(\omega+\omega_0)$$

$$\sin(\omega_0 t) \leftrightarrow \frac{\pi}{\mathrm{j}}\delta(\omega-\omega_0) - \frac{\pi}{\mathrm{j}}\delta(\omega+\omega_0)$$
(4-38)

4.4.5 尺度变换

若 $f(t) \leftrightarrow F(\mathrm{j}\omega)$，$a$ 为实常数($a \neq 0$)，则有

$$f(at) \leftrightarrow \frac{1}{|a|}F\left(\mathrm{j}\frac{\omega}{a}\right)$$
(4-39)

当 $a=-1$ 时，得到

$$f(-t) \leftrightarrow F(-\mathrm{j}\omega)$$
(4-40)

上式也称为时间倒置定理。

证明：
$$\mathscr{F}[f(at)] = \int_{-\infty}^{\infty} f(at)\mathrm{e}^{-\mathrm{j}\omega t}\mathrm{d}t$$

令 $at = x$,则 $t = x/a$, $dt = \frac{1}{a}dx$

当 $a > 0$ 时,有

$$\mathscr{F}[f(at)] = \int_{-\infty}^{\infty} f(at)e^{-j\omega t}dt = \int_{-\infty}^{\infty} f(x)e^{-j\frac{\omega}{a}x} \cdot \frac{1}{a}dx = \frac{1}{a}F(j\frac{\omega}{a}) = \frac{1}{|a|}F(j\frac{\omega}{a})$$

当 $a < 0$ 时,与上述推导相似,请读者自行证明。

由尺度变换性质可知,当 $|a| > 1$ 时,信号在时域中压缩,其频谱在频域中扩展,各分量的幅度降为原来的 $1/|a|$,信号的持续时间与其频带宽度成反比。在电子技术中,为加快信号的传输速度,有时需要将信号的持续时间缩短,这就不得不在频域内展宽频带。

▶ **例 4-7** 若已知 $f(t) \leftrightarrow F(j\omega)$,求信号 $f(at-b)$ 的频谱函数。

解:根据时移性,得

$$f(t-b) \leftrightarrow e^{-j\omega b}F(j\omega)$$

根据尺度变换性质,得

$$f(at-b) \leftrightarrow \frac{1}{|a|}e^{-j\frac{\omega}{a}b}F(j\frac{\omega}{a})$$

该题也可以先应用尺度变换性质求出 $\mathscr{F}[f(at)]$,再利用时移性求出 $\mathscr{F}[f(at-b)]$。此时需注意,尺度变换与时移都是相对 t 而言的,$f(at-b)$ 与 $f(at)$ 相比较,波形右移 $\frac{b}{a}$ 个单位,所以 $f(at)$ 的频谱函数乘以 $e^{-j\frac{\omega}{a}b}$ 就得到 $f(at-b)$ 的频谱函数。建议在做此类型题时先应用时移性。

4.4.6 卷积定理

1. 时域卷积定理

若 $f_1(t) \leftrightarrow F_1(j\omega)$, $f_2(t) \leftrightarrow F_2(j\omega)$,则有

$$f_1(t) * f_2(t) \leftrightarrow F_1(j\omega) \cdot F_2(j\omega) \tag{4-41}$$

上式表明,时域上两个函数的卷积对应于频域上两个函数的频谱的乘积,由此可以得到一种分析系统的新思路。由模块三可知,连续时间系统的零状态响应 $y_{zs}(t) = f(t) * h(t)$,根据时域卷积定理,则有 $\mathscr{F}[y_{zs}(t)] = \mathscr{F}[f(t)] \cdot \mathscr{F}[h(t)]$,对求出的零状态响应的频谱函数求傅立叶逆变换就可以得出系统的零状态响应。

2. 频域卷积定理

若 $f_1(t) \leftrightarrow F_1(j\omega)$, $f_2(t) \leftrightarrow F_2(j\omega)$,则有

$$f_1(t) \cdot f_2(t) \leftrightarrow \frac{1}{2\pi}[F_1(j\omega) * F_2(j\omega)] \tag{4-42}$$

显然,时域卷积定理与频域卷积定理是对称的,这是由傅立叶变换的对称性决定的。频域卷积定理的典型应用是通信系统中的调制与解调。

▶ **例 4-8** 已知

$$f(t) = \begin{cases} \cos\left(\frac{\pi}{2}t\right) & |t| \leq 1 \\ 0 & |t| > 1 \end{cases}$$

利用卷积定理求该信号的频谱函数。

解：该信号可以看作余弦函数 $\cos(\frac{\pi}{2}t)$ 与门函数 $g_2(t)$ 的乘积，各函数波形及求解过程如图 4-16 所示。

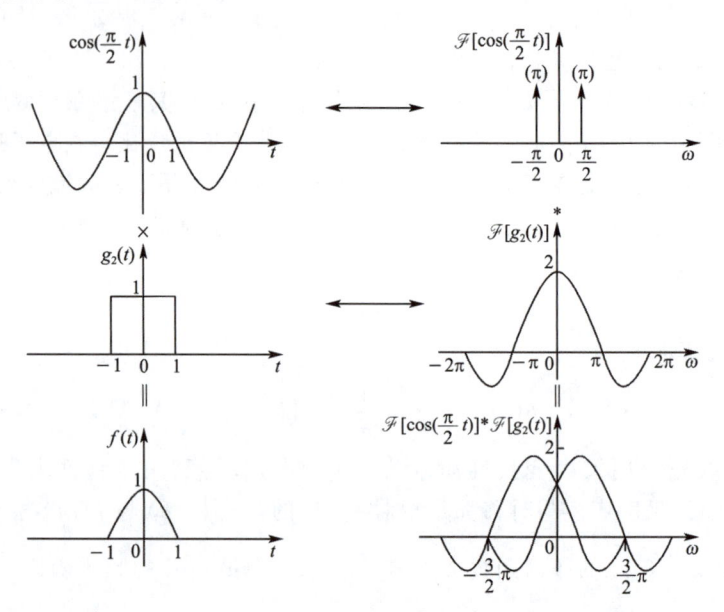

图 4-16 利用卷积定理求信号的频谱

$$\mathscr{F}\left[\cos(\frac{\pi}{2}t)\right] = \pi\delta(\omega + \frac{\pi}{2}) + \pi\delta(\omega - \frac{\pi}{2})$$

$$\mathscr{F}[g_2(t)] = 2\mathrm{Sa}(\omega)$$

因为
$$f(t) = \cos(\frac{\pi}{2}t) \cdot g_2(t)$$

所以
$$F(\mathrm{j}\omega) = \frac{1}{2\pi}\left\{\mathscr{F}\left[\cos(\frac{\pi}{2}t)\right] * \mathscr{F}[g_2(t)]\right\} = \mathrm{Sa}(\omega + \frac{\pi}{2}) + \mathrm{Sa}(\omega - \frac{\pi}{2})$$

4.4.7 微分特性

1. 时域微分特性

若 $f(t) \leftrightarrow F(\mathrm{j}\omega)$，$f^{(n)}(t) = \dfrac{\mathrm{d}^n f(t)}{\mathrm{d}t^n}$，则有

$$f^{(n)}(t) \leftrightarrow (\mathrm{j}\omega)^n F(\mathrm{j}\omega) \tag{4-43}$$

证明：由卷积的性质可知

$$f^{(1)}(t) = f(t) * \delta^{(1)}(t)$$

$$f^{(n)}(t) = f^{(n-1)}(t) * \delta^{(1)}(t) = f^{(n-2)}(t) * \delta^{(2)}(t) = f(t) * \delta^{(n)}(t)$$

由时域卷积定理可知

$$\mathscr{F}[f^{(n)}(t)] = \mathscr{F}[f(t)] \cdot \mathscr{F}[\delta^{(n)}(t)]$$

因为 $\mathscr{F}[\delta^{(n)}(t)] = \mathscr{F}[\delta^{(n-1)}(t) * \delta^{(1)}(t)]$
$= \mathscr{F}[\delta^{(n-2)}(t) * \delta^{(1)}(t) * \delta^{(1)}(t)] = \mathscr{F}[\underbrace{\delta^{(1)}(t) * \cdots * \delta^{(1)}(t)}_{\text{共}n\text{个}}] = (j\omega)^n$

所以
$$f^{(n)}(t) \leftrightarrow (j\omega)^n F(j\omega)$$

该性质将时域中的微分运算用频域中的频谱函数乘以 $j\omega$ 替代。用频域分析法分析由数学模型描述的LTI连续时间系统时,利用此性质将时域的微分方程转化为频域方程,故该性质非常重要。

2. 频域微分特性

若 $f(t) \leftrightarrow F(j\omega)$,$F^{(n)}(j\omega) = \dfrac{d^n F(j\omega)}{d\omega^n}$,则有

$$(-jt)^n f(t) \leftrightarrow F^{(n)}(j\omega) \tag{4-44}$$

也可以写为

$$t^n f(t) \leftrightarrow j^n F^{(n)}(j\omega) \tag{4-45}$$

证明:可用频域卷积定理证明,方法与时域微分特性的证明方法类似,过程略。

▶ **例 4-9** 求图 4-17 中信号 $f(t)$ 的频谱函数。

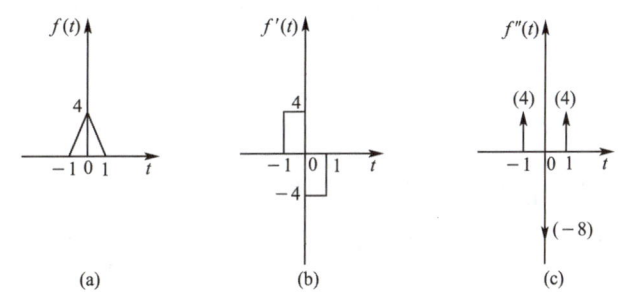

图 4-17 $f(t)$ 及其导数

解:利用时域微分特性求 $f(t)$ 的频谱函数。

因为
$$f''(t) = \frac{df'(t)}{dt} = \frac{d}{dt}\left[\frac{df(t)}{dt}\right]$$

所以
$$\mathscr{F}[f''(t)] = (j\omega)^2 \mathscr{F}[f(t)]$$

由于 $f''(t) = 4\delta(t+1) + 4\delta(t-1) - 8\delta(t)$,$\delta(t) \leftrightarrow 1$,由傅立叶变换的线性性质、时移性,可得

$$f''(t) \leftrightarrow 4e^{j\omega} + 4e^{-j\omega} - 8 = 8[\cos\omega - 1] = -16\sin^2\frac{\omega}{2}$$

所以
$$f(t) \leftrightarrow \frac{1}{(j\omega)^2} \mathscr{F}[f''(t)] = 4\text{Sa}^2\left(\frac{\omega}{2}\right)$$

4.4.8 积分特性

1. 时域积分特性

若 $f(t) \leftrightarrow F(j\omega)$,$f^{(-1)}(t) = \displaystyle\int_{-\infty}^{t} f(x)dx$,则有

$$f^{(-1)}(t) \leftrightarrow \frac{F(j\omega)}{j\omega} + \pi F(0)\delta(\omega) \quad (4\text{-}46)$$

证明：由卷积的性质可知

$$f^{(-1)}(t) = f(t) * \delta^{(-1)}(t) = f(t) * \varepsilon(t)$$

根据时域卷积定理及冲激函数的取样性质，可得

$$\mathscr{F}[f^{(-1)}(t)] = \mathscr{F}[f(t)] \cdot \mathscr{F}[\varepsilon(t)] = F(j\omega)\left[\pi\delta(\omega) + \frac{1}{j\omega}\right] = \pi F(0)\delta(\omega) + \frac{F(j\omega)}{j\omega}$$

此性质多用于 $F(0) = \int_{-\infty}^{\infty} f(t)\mathrm{d}t = 0$ 的情况，即在 $f(t)$ 的频谱密度函数中，直流分量的频谱密度是零，此时

$$f^{(-1)}(t) \leftrightarrow \frac{F(j\omega)}{j\omega} \quad (4\text{-}47)$$

2. 频域积分特性

若 $f(t) \leftrightarrow F(j\omega)$，$F^{(-1)}(j\omega) = \int_{-\infty}^{\omega} F(jx)\mathrm{d}x$，则有

$$\pi f(0)\delta(t) + \frac{f(t)}{-jt} \leftrightarrow F^{(-1)}(j\omega) \quad (4\text{-}48)$$

当 $f(0) = 0$ 时，则有

$$\frac{f(t)}{-jt} \leftrightarrow F^{(-1)}(j\omega) \quad (4\text{-}49)$$

证明：可用频域卷积定理证明，方法与时域积分特性的证明方法类似，过程略。

▶ **例 4-10** 利用时域积分特性求例 4-9 中信号 $f(t)$ 的频谱函数。

解：由例 4-9 知

$$f''(t) \leftrightarrow -16\sin^2\frac{\omega}{2}$$

根据时域积分特性可得

$$f'(t) \leftrightarrow -\frac{16}{j\omega}\sin^2\frac{\omega}{2}$$

$$f(t) \leftrightarrow -\frac{16}{(j\omega)^2}\sin^2\frac{\omega}{2} = 4\mathrm{Sa}^2\left(\frac{\omega}{2}\right)$$

对于较复杂的信号，可以考虑利用求导将其转换成易于求频谱函数的较为简单的信号，然后利用时域微分、积分特性求信号的频谱函数。

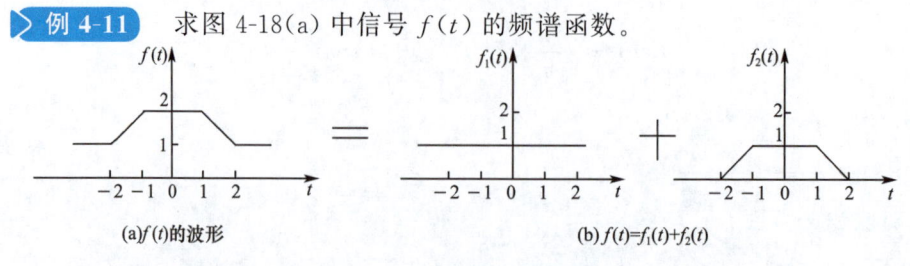

▶ **例 4-11** 求图 4-18(a) 中信号 $f(t)$ 的频谱函数。

(a) $f(t)$ 的波形　　(b) $f(t) = f_1(t) + f_2(t)$

图 4-18　$f(t)$ 的波形及其分解

解:因为
$$f(t) = f_1(t) + f_2(t)$$
所以
$$\mathscr{F}[f(t)] = \mathscr{F}[f_1(t)] + \mathscr{F}[f_2(t)]$$
因为 $f_2''(t) = \delta(t+2) - \delta(t+1) - \delta(t-1) + \delta(t-2), \delta(t) \leftrightarrow 1$

所以
$$f_2''(t) \leftrightarrow e^{2j\omega} - e^{j\omega} - e^{-j\omega} + e^{-2j\omega} = 2[\cos(2\omega) - \cos\omega]$$

考虑到 $f_2''(t)$ 和 $f_2'(t)$ 的频谱函数在 $\omega=0$ 时为 0,根据傅立叶变换的时域积分特性,有

$$f_2(t) \leftrightarrow \frac{2[\cos(2\omega) - \cos\omega]}{(j\omega)^2} = \frac{2}{\omega^2}[\cos\omega - \cos(2\omega)]$$

所以
$$f(t) \leftrightarrow \frac{2}{\omega^2}[\cos\omega - \cos(2\omega)] + 2\pi\delta(\omega)$$

> **注意**:若信号 $f(t)$ 中含有直流分量,应先将 $f(t)$ 的波形分成两个部分,对不含直流分量的部分利用微分特性(或积分特性)求其频谱函数,再利用线性性质求两部分频谱函数之和,即 $f(t)$ 的频谱函数。

将傅立叶变换的性质列于表 4-2,供读者查阅。

表 4-2 傅立叶变换的性质

名称	时域 $f(t)$	频域 $F(j\omega)$
定义	$f(t) = \frac{1}{2\pi}\int_{-\infty}^{\infty} F(j\omega)e^{j\omega t}d\omega$	$F(j\omega) = \int_{-\infty}^{\infty} f(t)e^{-j\omega t}dt$
线性	$af_1(t) + bf_2(t)$	$aF_1(j\omega) + bF_2(j\omega)$
对称性	$F(jt)$	$2\pi f(-\omega)$
时移性	$f(t - t_0)$	$e^{-j\omega t_0} F(j\omega)$
频移性	$f(t)e^{j\omega_0 t}$	$F[j(\omega - \omega_0)]$
尺度变换	$f(at)$	$\frac{1}{|a|}F(j\frac{\omega}{a})$
时域卷积	$f_1(t) * f_2(t)$	$F_1(j\omega) \cdot F_2(j\omega)$
频域卷积	$f_1(t) \cdot f_2(t)$	$\frac{1}{2\pi}[F_1(j\omega) * F_2(j\omega)]$
时域微分	$f^{(n)}(t)$	$(j\omega)^n F(j\omega)$
频域微分	$(-jt)^n f(t)$	$F^{(n)}(j\omega)$
时域积分	$f^{(-1)}(t)$	$\frac{F(j\omega)}{j\omega} + \pi F(0)\delta(\omega)$
频域积分	$\pi f(0)\delta(t) + \frac{f(t)}{-jt}$	$F^{(-1)}(j\omega)$

4.5 周期信号的傅立叶变换

由周期信号的傅立叶级数及非周期信号的傅立叶变换可知,周期信号的频谱是离散

的,非周期信号的频谱是连续的。本节讨论周期信号的傅立叶变换以及傅立叶级数与傅立叶变换之间的关系,以求将周期信号与非周期信号的分析方法统一起来。

第4.3节指出,$f(t)$ 存在傅立叶变换的充分条件是 $f(t)$ 绝对可积。引入冲激函数后,该条件成为不必要条件,式(4-38)给出了正、余弦函数的傅立叶变换。下面,借助傅立叶变换的频移性研究一般周期信号的傅立叶变换。

4.5.1 周期信号的傅立叶级数与傅立叶变换的关系

周期为 T 的信号 $f_T(t)$,基波角频率为 $\omega_1 = \dfrac{2\pi}{T}$,将其展开成指数形式的傅立叶级数为

$$f_T(t) = \sum_{n=-\infty}^{\infty} F_n \mathrm{e}^{\mathrm{j}n\omega_1 t}$$

对上式的两边取傅立叶变换,并利用傅立叶变换的线性性质,得

$$\mathscr{F}[f_T(t)] = \mathscr{F}\left[\sum_{n=-\infty}^{\infty} F_n \mathrm{e}^{\mathrm{j}n\omega_1 t}\right] = \sum_{n=-\infty}^{\infty} F_n \mathscr{F}[\mathrm{e}^{\mathrm{j}n\omega_1 t}]$$

因为
$$1 \leftrightarrow 2\pi\delta(\omega)$$

根据傅立叶变换的频移性,有

$$\mathrm{e}^{\mathrm{j}n\omega_1 t} \leftrightarrow 2\pi\delta(\omega - n\omega_1)$$

所以
$$\mathscr{F}[f_T(t)] = 2\pi \sum_{n=-\infty}^{\infty} F_n \delta(\omega - n\omega_1) \qquad (4\text{-}50)$$

式中,F_n 为傅立叶系数,大小为

$$F_n = \frac{1}{T} \int_{-\frac{T}{2}}^{\frac{T}{2}} f(t) \mathrm{e}^{-\mathrm{j}n\omega_1 t} \mathrm{d}t$$

式(4-50)说明,周期信号的傅立叶变换由无穷多个位于谐波角频率 $n\omega_1$ 处的冲激函数组成,这些冲激函数的强度是相应傅立叶系数的 2π 倍。

> **注意**:周期信号的傅立叶变换与其傅立叶级数一样,仍为离散谱,但其频谱值不是有限值,而是幅度为无限大的冲激函数,即在无穷小的频带范围内(谐波点)取得了无穷大的频谱值。

> **例 4-12** 求图 4-19(a)中周期单位冲激函数序列 $\delta_T(t)$ 的傅立叶变换。

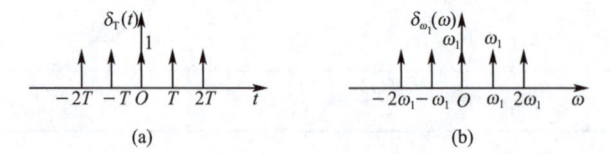

图 4-19 周期单位冲激函数序列及其傅立叶变换

解:
$$F_n = \frac{1}{T}\int_{-\frac{T}{2}}^{\frac{T}{2}} f(t)\mathrm{e}^{-\mathrm{j}n\omega_1 t}\mathrm{d}t = \frac{1}{T}\int_{-\frac{T}{2}}^{\frac{T}{2}} \delta_T(t)\mathrm{e}^{-\mathrm{j}n\omega_1 t}\mathrm{d}t = \frac{1}{T}$$

所以
$$\mathscr{F}[\delta_T(t)] = \frac{2\pi}{T}\sum_{n=-\infty}^{\infty}\delta(\omega-n\omega_1) = \omega_1\delta_{\omega_1}(\omega)$$

4.5.2　周期信号傅立叶系数 F_n 与单脉冲傅立叶变换 $F_0(j\omega)$ 的关系

▶ **例 4-13**　求如图 4-20 所示的周期信号 $f_T(t)$ 的傅立叶变换。

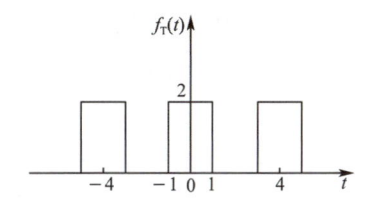

图 4-20　周期信号 $f_T(t)$ 的波形

解：周期信号中一个周期的单脉冲信号表示为 $f_0(t)$，根据冲激函数的卷积性质，有
$$f_T(t) = f_0(t) * \delta_T(t)$$

由 $f_0(t) \leftrightarrow F_0(j\omega)$，根据时域卷积定理，可得

$$\mathscr{F}[f_T(t)] = \mathscr{F}[f_0(t)] \cdot \mathscr{F}[\delta_T(t)] = \omega_1 F_0(jn\omega_1)\sum_{n=-\infty}^{\infty}\delta(\omega-n\omega_1) \quad (4\text{-}51)$$

由 $f_0(t) = 2g_2(t) \leftrightarrow 4\mathrm{Sa}(\omega)$，$\omega_1 = \dfrac{2\pi}{T} = \dfrac{\pi}{2}$，可得

$$\mathscr{F}[f_T(t)] = 2\pi\sum_{n=-\infty}^{\infty}\mathrm{Sa}\left(\frac{n\pi}{2}\right)\delta\left(\omega-\frac{n\pi}{2}\right)$$

结合式(4-50)与式(4-51)，可得周期信号的单脉冲傅立叶变换 $F_0(j\omega)$ 与傅立叶系数 F_n 的关系为

$$\left.\begin{array}{l} F(j\omega) = 2\pi\sum_{n=-\infty}^{\infty}F_n\delta(\omega-n\omega_1) = \omega_1\sum_{n=-\infty}^{\infty}F_0(jn\omega_1)\delta(\omega-n\omega_1) \\[6pt] F_n = \dfrac{\omega_1}{2\pi}F_0(jn\omega_1) = \dfrac{1}{T}F_0(j\omega)\bigg|_{\omega=n\omega_1} \end{array}\right\} \quad (4\text{-}52)$$

4.6　连续时间系统的频域分析

　　模块三介绍了连续时间系统的时域分析法，它是以单位冲激函数 $\delta(t)$ 和单位阶跃函数 $\varepsilon(t)$ 为基本信号，基于系统的线性和时不变性得到的一种系统分析方法。通过本模块前几节的学习可知，可以将信号表示为一系列不同频率的指数函数和的形式，即以指数函数 $e^{j\omega t}$ 为基本信号，根据系统的线性、时不变性导出一种利用频域函数分析系统问题的方法——频域分析法。

　　在时域分析法中，在已知激励信号 $f(t)$ 和系统的冲激响应 $h(t)$ 的情况下，系统的零状态响应 $y_{zs}(t) = f(t) * h(t)$。根据傅立叶变换的时域卷积定理，有

$$Y_{zs}(j\omega) = \mathscr{F}[f(t)] \cdot \mathscr{F}[h(t)] = F(j\omega)H(j\omega) \quad (4\text{-}53)$$

对式(4-53)的两端取傅立叶逆变换就可以得到系统的零状态响应,为

$$y_{zs}(t) = \mathscr{F}^{-1}[Y_{zs}(j\omega)] = \mathscr{F}^{-1}[F(j\omega)H(j\omega)] \tag{4-54}$$

利用式(4-54)求解系统零状态响应的方法实质上就是频域分析法。上式是通过卷积定理得到的结论,为了明确其物理意义,下面从信号的分解和线性叠加的角度,进一步讨论系统的频域分析法。首先讨论基本信号 $e^{j\omega t}$ 作用下的零状态响应。

> **注意**:在频域分析中,信号的定义域为 $(-\infty, \infty)$,而系统在 $t = -\infty$ 时的状态可认为是零,所以频域分析法只能求系统的零状态响应。本节若无特殊说明,所求的响应均为零状态响应。

4.6.1 基本信号 $e^{j\omega t}$ 激励下的零状态响应

由时域分析法得到信号 $f(t) = e^{j\omega t}$ 激励下的零状态响应为

$$y_{zs}(t) = e^{j\omega t} * h(t) = \int_{-\infty}^{\infty} h(\tau) e^{j\omega(t-\tau)} d\tau = e^{j\omega t} \int_{-\infty}^{\infty} h(\tau) e^{-j\omega \tau} d\tau = e^{j\omega t} \mathscr{F}[h(t)] \tag{4-55}$$

$h(t)$ 的傅立叶变换记为 $H(j\omega)$,称为频率响应函数(系统函数)。$h(t)$ 反映了系统的时域特性,$H(j\omega)$ 反映了系统的频域特性。

上式表明:线性时不变系统在 $e^{j\omega t}$ 作用下的零状态响应是基本信号本身乘以一个与 t 无关的常量 $H(j\omega)$,$H(j\omega)$ 是 $h(t)$ 的傅立叶变换,反映了系统的特性。式(4-55)是频域分析的基础。

4.6.2 一般信号 $f(t)$ 激励下的零状态响应

根据信号的分解性、线性叠加性以及系统的线性时不变性,可以推导出任意信号 $f(t)$ ($f(t) = \mathscr{F}^{-1}[F(j\omega)]$)激励下线性时不变(LTI)连续时间系统的零状态响应。

$$f(t) \longrightarrow \boxed{\text{LTI 连续时间系统}} \longrightarrow y_{zs}(t)$$

基本信号 $\quad e^{j\omega t} \Longrightarrow H(j\omega)e^{j\omega t}$

齐次性 $\quad \dfrac{1}{2\pi} F(j\omega) e^{j\omega t} d\omega \Longrightarrow \dfrac{1}{2\pi} F(j\omega) H(j\omega) e^{j\omega t} d\omega$

时不变性 $\dfrac{1}{2\pi} \int_{-\infty}^{\infty} F(j\omega) e^{j\omega t} d\omega \Longrightarrow \dfrac{1}{2\pi} \int_{-\infty}^{\infty} F(j\omega) H(j\omega) e^{j\omega t} d\omega$

$$\| \qquad\qquad\qquad\qquad \|$$

$$\mathscr{F}^{-1}[F(j\omega)] = f(t) \Longrightarrow \mathscr{F}^{-1}[F(j\omega)H(j\omega)] = f(t) * h(t)$$

频域分析法求解零状态响应的步骤如下:

(1) 求 $F(j\omega) = \mathscr{F}[f(t)]$。

(2) 求频率响应函数 $H(j\omega) = \mathscr{F}[h(t)]$。

(3) 求零状态响应的傅立叶变换 $Y_{zs}(j\omega) = H(j\omega)F(j\omega)$。

(4) 求零状态响应 $y_{zs}(t) = \mathscr{F}^{-1}[Y_{zs}(j\omega)]$。

由以上推导过程可知

$$H(j\omega) = \frac{Y_{zs}(j\omega)}{F(j\omega)} \quad (4\text{-}56)$$

利用傅立叶变换求零状态响应的步骤对于周期信号和非周期信号都适用。由于周期信号可用傅立叶级数表示，故对于周期信号，可用傅立叶级数求其响应。由于

$$f_T(t) = \sum_{n=-\infty}^{\infty} F_n e^{jn\omega_1 t}$$

$e^{jn\omega_1 t}$ 激励下的零状态响应为 $y_{zs}(t) = h(t) * e^{jn\omega_1 t} = H(jn\omega_1)e^{jn\omega_1 t}$，故有

$$y_{zs}(t) = h(t) * f_T(t) = \sum_{n=-\infty}^{\infty} F_n[h(t)*e^{jn\omega_1 t}] = \sum_{n=-\infty}^{\infty} F_n H(jn\omega_1)e^{jn\omega_1 t} = \sum_{n=-\infty}^{\infty} Y_n e^{jn\omega_1 t}$$

(4-57)

式中，Y_n 为 $y_{zs}(t)$ 的傅立叶系数，$Y_n = H(j\omega)|_{\omega=n\omega_1} F_n$。利用傅立叶级数求周期信号激励下的零状态响应的步骤如下：

(1) 求 $F_n = \frac{1}{T}\int_0^T f(t)e^{-jn\omega_1 t}dt$。

(2) 求频率响应函数 $H(j\omega) = \mathscr{F}[h(t)]$。

(3) 求零状态响应的傅立叶系数 $Y_n = H(j\omega)|_{\omega=n\omega_1} F_n$。

(4) 求零状态响应 $y_{zs}(t) = \sum_{n=-\infty}^{\infty} Y_n e^{jn\omega_1 t}$。

▷ 例 4-14 描述某系统的微分方程为 $y''(t) + 4y'(t) + 3y(t) = f(t)$，求激励 $f(t) = e^{-2t}\varepsilon(t)$ 时系统的零状态响应。

解： 对微分方程的两端求傅立叶变换，得

$$(j\omega)^2 Y(j\omega) + 4j\omega Y(j\omega) + 3Y(j\omega) = F(j\omega)$$

可以得到系统的频率响应函数，为

$$H(j\omega) = \frac{Y(j\omega)}{F(j\omega)} = \frac{1}{(j\omega)^2 + 4j\omega + 3} = \frac{1}{(j\omega+1)(j\omega+3)}$$

注意： 微分方程与系统频率响应函数之间存在对应的关系。方程左端（与响应有关的项）对应频率响应函数的分母，方程右端（与激励有关的项）对应频率响应函数的分子，n 阶导数对应 $(j\omega)^n$，各项系数不变。

由于 $F(j\omega) = \mathscr{F}[f(t)] = \frac{1}{j\omega+2}$，故零状态响应的傅立叶变换为

$$Y(j\omega) = H(j\omega)F(j\omega) = \frac{1}{(j\omega+1)(j\omega+2)(j\omega+3)} = \frac{1}{2(j\omega+1)} - \frac{1}{j\omega+2} + \frac{1}{2(j\omega+3)}$$

取傅立叶逆变换，得

$$y(t) = \left(\frac{1}{2}e^{-t} - e^{-2t} + \frac{1}{2}e^{-3t}\right)\varepsilon(t)$$

▷ 例 4-15 电路如图 4-21 所示，图中 $R = 1\ \Omega$，$L = 1\ H$，$f(t)$ 为激励，$U_R(t)$ 为响应。

(1) 画出电路的频域模型，并求出系统的冲激响应函数 $h(t)$；

（2）若激励为 $f(t)=2\cos t$，求零状态响应 $U_R(t)$。

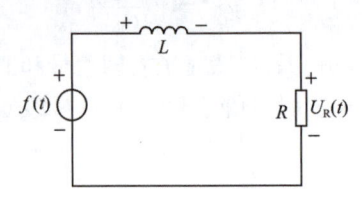

图 4-21　例 4-15 图

解：(1) 电路的频域模型如图 4-22 所示。

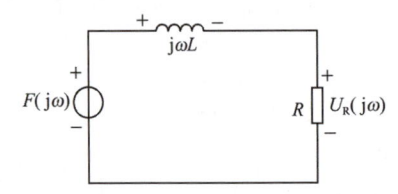

图 4-22　RC 电路频域模型

> **注意**：时域上的 R、C、L 分别对应频域上的 R、$\dfrac{1}{j\omega C}$、$j\omega L$。

根据频域模型，可得

$$H(j\omega)=\frac{R}{R+j\omega L}=\frac{1}{1+j\omega}$$

故

$$h(t)=e^{-t}\varepsilon(t)$$

(2)

$$f(t)=2\cos t\leftrightarrow 2\pi[\delta(\omega-1)+\delta(\omega+1)]$$

$$U_R(j\omega)=F(j\omega)H(j\omega)=\frac{2\pi}{1+j\omega}[\delta(\omega-1)+\delta(\omega+1)]$$

$$=\frac{2\pi\delta(\omega-1)}{1+j}+\frac{2\pi\delta(\omega+1)}{1-j}$$

$$=\frac{1}{\sqrt{2}}e^{-j45°}2\pi\delta(\omega-1)+\frac{1}{\sqrt{2}}e^{j45°}2\pi\delta(\omega+1)$$

根据 $1\leftrightarrow 2\pi\delta(\omega)$ 及傅立叶变换的频移性，可得

$$U_R(t)=\frac{1}{\sqrt{2}}e^{-j45°}e^{jt}+\frac{1}{\sqrt{2}}e^{j45°}e^{-jt}=\sqrt{2}\cos(t-45°)$$

4.7　无失真传输条件

在例 4-14 中，激励 $f(t)=e^{-2t}\varepsilon(t)$，响应 $y(t)=(\dfrac{1}{2}e^{-t}-e^{-2t}+\dfrac{1}{2}e^{-3t})\varepsilon(t)$，系统的输出相对于输入产生了畸变，即信号在传输过程中产生了失真。在实际应用中，经常需要利用系统对信号波形进行变换，这就必然会产生失真。

失真可以分为线性失真和非线性失真。信号通过线性系统所产生的失真称为线性失

真,包括幅度失真(系统使信号的各频率分量的幅度产生不同程度的衰减)和相位失真(系统使信号的各频率分量产生的相移不与频率成正比,导致各频率分量在时间轴上的相对位置产生变化)。线性失真不会产生新的频率分量(激励信号含有组成响应的所有频率分量,但其中的某些频率分量在响应中可能不再存在);信号通过非线性系统所产生的失真称为非线性失真,非线性失真会产生新的频率分量。

在某些情况下,需要信号在传输的过程中尽量不失真。如例4-15,激励$f(t)=2\cos t$,响应$U_R(t)=\sqrt{2}\cos(t-45°)$,系统的输出与输入相比,只有幅度的大小和出现时间的先后不同,而没有波形上的变化,这种传输叫作无失真传输。下面讨论无失真传输的条件。

根据无失真传输的定义,输出与输入在时域中需满足的条件为

$$y(t) = Kf(t - t_d) \tag{4-58}$$

对方程的两端取傅立叶变换,得到输出与输入在频域中需满足的条件为

$$Y(j\omega) = K e^{-j\omega t_d} F(j\omega) \tag{4-59}$$

从而得到无失真传输对系统的要求。

时域:
$$h(t) = K\delta(t - t_d) \tag{4-60}$$

频域:
$$H(j\omega) = K e^{-j\omega t_d} \tag{4-61}$$

系统在频域中的幅频、相频特性分别为

$$\left. \begin{array}{l} |H(j\omega)| = K \\ \varphi(\omega) = -\omega t_d \end{array} \right\} \tag{4-62}$$

式(4-62)表明,信号无失真传输时,在全部频率范围内,系统的幅频特性是一个与频率无关的常数K,相频特性是一条通过原点的直线,如图4-23所示。

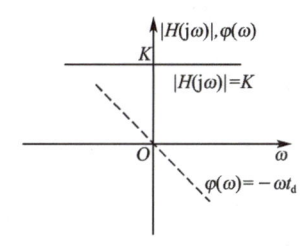

图4-23 无失真传输系统的幅频特性和相频特性

理论上,无失真传输系统的幅频特性应在无限宽的频率范围内保持常量,而这是不可能实现的。实际上,由于所有信号的能量总是随频率的增高而减少,因此,系统只要有足够大的频带宽度来保证包含绝大部分能量的频率分量能够通过,就可以获得比较令人满意的传输质量。

4.8 理想低通滤波器的特性

具有如图4-24所示的幅频、相频特性的系统称为理想低通滤波器。

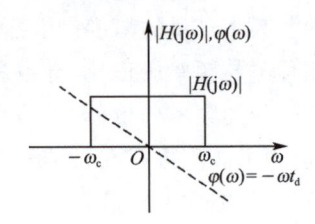

图 4-24 理想低通滤波器的幅频特性和相频特性

由图 4-24 可知,理想低通滤波器对角频率低于 ω_c 的信号进行无失真传输,对角频率高于 ω_c 的信号进行抑制。ω_c 称为截止角频率,能使信号通过的频率范围称为通带($|\omega|<\omega_c$),阻止信号通过的频率范围称为阻带或止带($|\omega|>\omega_c$)。理想低通滤波器的频率响应函数为

$$H(j\omega)=\begin{cases}e^{-j\omega t_d} & |\omega|<\omega_c \\ 0 & |\omega|>\omega_c\end{cases} \quad (4\text{-}63)$$

它可以看作一个在频域中门宽为 $2\omega_c$ 的门函数,即 $H(j\omega)=e^{-j\omega t_d}g_{2\omega_c}(\omega)$。根据傅立叶变换的对称性、时移性,结合 $g_\tau(t)\leftrightarrow\tau\text{Sa}(\frac{\omega\tau}{2})$,得到理想低通滤波器的冲激响应为

$$h(t)=\frac{\omega_c}{\pi}\text{Sa}[\omega_c(t-t_d)] \quad (4\text{-}64)$$

其波形如图 4-25 所示。

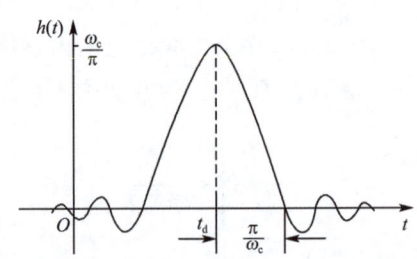

图 4-25 理想低通滤波器的冲激响应

由图 4-25 可以看出,理想低通滤波器在 $t<0$ 时,即没有激励作用时已产生响应,不满足因果关系,这在物理上是不可能实现的。一般来说,可用以下条件判断一个系统是否为物理可实现系统。

(1) 时域上,系统的冲激响应满足因果关系,即 $t<0$ 时,$h(t)=0$;
(2) 频域上,满足"佩利-维纳准则",见式(4-65),它是系统可实现的必要条件。

$$\int_{-\infty}^{\infty}\frac{|\ln|H(j\omega)||}{1+\omega^2}d\omega<\infty \quad (4\text{-}65)$$

其中 $H(j\omega)$ 满足 $\int_{-\infty}^{\infty}|H(j\omega)|^2d\omega<\infty$。

由"佩利-维纳准则"可知,对于物理可实现系统,其幅频特性可以在某些离散点上为零,但不能在某一有限频带内为零。

4.9 连续时间信号的抽样定理

受诸多因素的限制,人们在时间域上对连续时间信号的处理质量不高,而对离散时间信号的处理更为灵活、方便。所以在实际应用中,通常先将连续时间信号转换成相应的离散时间信号,并进行加工处理,然后再将处理后的离散时间信号转换成连续时间信号。在转换过程中,需要考虑的主要问题是,离散时间信号是否包含了连续时间信号的全部信息,即离散时间信号能否恢复成原来的连续时间信号,这就是抽样定理要解决的问题。抽样定理建立起连续时间信号与离散时间信号之间转换的桥梁。

4.9.1 信号的抽样

所谓"抽样",就是利用抽样脉冲序列 $s(t)$ 对连续时间信号 $f(t)$ "抽取"一系列离散样值,如图 4-26 所示。这样得到的离散时间信号通常称为"抽样信号",用 $f_S(t)$ 表示,则有

$$f_S(t) = f(t)s(t) \tag{4-66}$$

若抽样脉冲序列的脉冲间隔相同,均为 T_S,则称为均匀抽样。T_S 为抽样周期;$f_S = \dfrac{1}{T_S}$,为抽样频率;$\omega_S = 2\pi f_S = \dfrac{2\pi}{T_S}$,为抽样角频率。

根据频域卷积定理,对式(4-66)的两端取傅立叶变换,得到 $f_S(t)$ 的频谱函数为

$$F_S(j\omega) = \frac{1}{2\pi} F(j\omega) * S(j\omega) \tag{4-67}$$

如果抽样脉冲序列是周期冲激函数序列,这样的抽样称为"冲激抽样"或"理想抽样"。此时有

$$f_S(t) = f(t)\delta_{T_S}(t) = \sum_{n=-\infty}^{\infty} f(nT_S)\delta(t - nT_S) \tag{4-68}$$

$$F_S(j\omega) = \frac{1}{2\pi} F(j\omega) * \omega_S \sum_{n=-\infty}^{\infty} \delta(\omega - n\omega_S) = \frac{1}{T_S} F[j(\omega - n\omega_S)] \tag{4-69}$$

冲激抽样过程如图 4-26 所示。

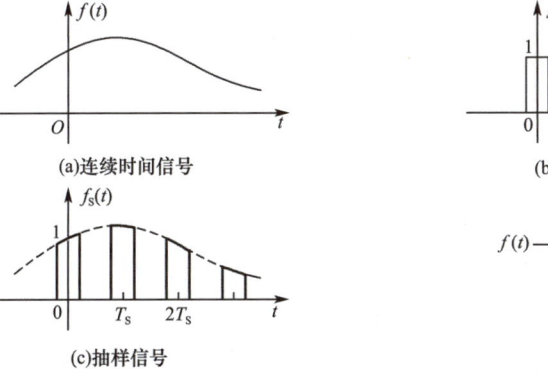

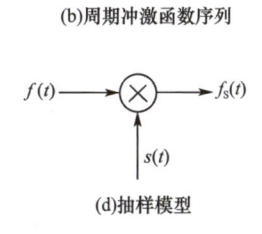

(a)连续时间信号
(b)周期冲激函数序列
(c)抽样信号
(d)抽样模型

图 4-26 信号的冲激抽样

由图 4-26 的冲激抽样过程可以发现,抽样信号 $f_s(t)$ 的频谱是由原信号 $f(t)$ 的频谱 $F(j\omega)$ 的无限个频移项组成的,频移的角频率为 $n\omega_s (n=0,\pm 1,\pm 2,\cdots)$,其幅值为原信号频谱的 $\dfrac{1}{T_s}$,抽样信号包含了原信号的全部信息。假设 $f(t)$ 的频谱在频带 $-\omega_m \leqslant \omega \leqslant \omega_m$ 之外为零,当 $\omega_s < 2\omega_m$ 时,频谱会发生混叠,此时,无法由抽样信号的频谱得到原信号的频谱,即无法由抽样信号恢复成原信号。为了能够从抽样信号恢复成原信号,必须满足抽样定理。

时域抽样定理描述如下:一个频谱受限的信号(带限信号)$f(t)$,如果频谱只占据 $-\omega_m \sim +\omega_m$,则信号 $f(t)$ 可以用等间隔的抽样值唯一地表示,而抽样间隔必须不大于 $\dfrac{1}{2f_m}(f_m = \dfrac{\omega_m}{2\pi})$。通常把最低允许抽样频率 $f_s = 2f_m$ 称为"奈奎斯特频率",把最大允许抽样间隔 $T_s = \dfrac{1}{2f_m}$ 称为"奈奎斯特间隔"。

> **注意:**要恢复成原信号,必须满足两个条件:(1)$f(t)$ 是带限信号;(2)抽样频率不小于 $2f_m$。

冲激抽样在理论上成立,实际上却无法实现。实际中通常采用矩形脉冲抽样,即抽样脉冲序列是矩形脉冲,但为了便于问题的分析,当脉冲宽度 τ 相对较窄时,往往近似为冲激抽样。

4.9.2 抽样信号的恢复

由图 4-26(c)可以看出,在满足抽样定理的情况下,抽样信号经过一个理想低通滤波器,就可以从 $F_s(j\omega)$ 中无失真地选出 $F(j\omega)$,即可以恢复成原信号。理想低通滤波器的频率响应函数为 $H(j\omega)(\omega_m < \omega \leqslant \dfrac{\omega_s}{2})$,截止角频率为 ω_c,$H(j\omega)$ 应满足如下条件:

$$H(j\omega) = \begin{cases} T_s & |\omega| < \omega_c \\ 0 & |\omega| > \omega_c \end{cases} \quad (4\text{-}70)$$

经低通滤波器恢复的连续时间信号为 $f(t)$,其频谱函数为

$$F(j\omega) = F_s(j\omega) H(j\omega)$$

对 $F(j\omega)$ 求傅立叶逆变换就可以得到原信号 $f(t)$ 在时域上的波形。

根据时域卷积定理

$$f(t) = f_s(t) * h(t) \quad (4\text{-}71)$$

由式(4-68)知

$$f_s(t) = \sum_{n=-\infty}^{\infty} f(nT_s) \delta(t - nT_s)$$

利用对称性,求得理想低通滤波器的冲激响应为

$$h(t) = \mathscr{F}^{-1}[H(j\omega)] = \dfrac{T_s \omega_c}{\pi} \mathrm{Sa}(\omega_c t) \quad (4\text{-}72)$$

将 $f_s(t)$ 和 $h(t)$ 代入式(4-71),得

$$f(t) = \sum_{n=-\infty}^{\infty} \frac{T_s \omega_c}{\pi} f(nT_s) \text{Sa}[\omega_c(t-nT_s)] \qquad (4\text{-}73)$$

上式表明,连续时间信号 $f(t)$ 可以由无穷多个位于抽样点的 Sa( ) 函数组成,每个 Sa( ) 函数的幅值就是该点的抽样值 $f(nT_s)$。因此,只要知道各抽样点的抽样值 $f(nT_s)$,就可以唯一地确定 $f(t)$。

> **注意**:实际中,为使信号 $f(t)$ 满足抽样定理的条件(为一个带限信号),在抽样前应使信号先通过低通滤波器,滤除其高频成分。

4.9.3 抽样定理的应用

根据时域与频域的对称性,可以得到频域抽样定理:一个时间受限的信号(时限信号)$f(t)$,集中在 $-t_m \sim +t_m$ 的时间范围内,若在频域中以均匀频率间隔 $f_s(f_s < \frac{1}{2t_m})$ 对 $f(t)$ 的频谱 $F(j\omega)$ 进行抽样,则可以用各抽样点的抽样值 $F(jn\omega_s)$ 唯一地表示原信号的频谱 $F(j\omega)$。

例 4-16 带限信号 $f_1(t)$ 的最高频率为 f_{m1},$f_2(t)$ 的最高频率为 f_{m2},对下列信号进行时域抽样,试求奈奎斯特频率 f_s 与奈奎斯特间隔 T_s。

(1) $f_1(\alpha t), \alpha \neq 0$; (2) $f_1(t) + f_2(t)$; (3) $f_1(t) * f_2(t)$。

解:(1) $\qquad f_1(\alpha t), \alpha \neq 0 \leftrightarrow \frac{1}{|\alpha|} F(j\frac{\omega}{\alpha}), \left|\frac{\omega}{\alpha}\right| \leqslant \omega_{m1}$

所以信号 $f_1(\alpha t)(\alpha \neq 0)$ 的最高频率可求,有

$$\omega_m = |\alpha|\omega_{m1}, \text{故} f_m = |\alpha|f_{m1}$$

所以奈奎斯特频率为 $\qquad f_s = 2f_m = 2|\alpha|f_{m1}$

奈奎斯特间隔为 $\qquad T_s = \frac{1}{f_s} = \frac{1}{2|\alpha|f_{m1}}$

(2) $\qquad f_1(t) + f_2(t) \leftrightarrow F_1(j\omega) + F_2(j\omega)$

$$\omega_m = \max\{\omega_{m1}, \omega_{m2}\}, \text{故} f_m = \max\{f_{m1}, f_{m2}\}$$

所以奈奎斯特频率为 $\qquad f_s = 2f_m = 2\max\{f_{m1}, f_{m2}\}$

奈奎斯特间隔为 $\qquad T_s = \frac{1}{f_s} = \frac{1}{2\max\{f_{m1}, f_{m2}\}}$

(3) $\qquad f_1(t) * f_2(t) \leftrightarrow F_1(j\omega)F_2(j\omega)$

$$\omega_m = \min\{\omega_{m1}, \omega_{m2}\}, \text{故} f_m = \min\{f_{m1}, f_{m2}\}$$

所以奈奎斯特频率为 $\qquad f_s = 2f_m = 2\min\{f_{m1}, f_{m2}\}$

奈奎斯特间隔为 $\qquad T_s = \frac{1}{f_s} = \frac{1}{2\min\{f_{m1}, f_{m2}\}}$

模块小结

本模块主要要求掌握以下内容：

1. 周期信号的傅立叶级数展开。

$$f(t) = \frac{a_0}{2} + \sum_{n=1}^{\infty} a_n \cos(n\omega_1 t) + \sum_{n=1}^{\infty} b_n \sin(n\omega_1 t) = \frac{A_0}{2} + \sum_{n=1}^{\infty} A_n \cos(n\omega_1 t + \varphi_n)$$

$$= \sum_{n=-\infty}^{\infty} F_n e^{jn\omega_1 t}$$

$$a_n = \frac{2}{T} \int_{t_0}^{t_0+T} f(t) \cos(n\omega_1 t) dt, n = 0, 1, 2, \cdots$$

$$b_n = \frac{2}{T} \int_{t_0}^{t_0+T} f(t) \sin(n\omega_1 t) dt, n = 1, 2, \cdots$$

$$F_n = \frac{1}{T} \int_0^T f(t) e^{-jn\omega_1 t} dt, n = 0, \pm 1, \pm 2, \cdots$$

2. 周期信号频谱的概念及特点（离散性、谐波性、收敛性）。

3. 傅立叶变换的定义。

正变换：$F(j\omega) = \int_{-\infty}^{\infty} f(t) e^{-j\omega t} dt$

逆变换：$f(t) = \frac{1}{2\pi} \int_{-\infty}^{\infty} F(j\omega) e^{j\omega t} d\omega$

4. 傅立叶变换的性质，重点掌握线性、对称性、尺度变换、时移性、频移性、卷积定理。

5. LTI连续时间系统的频域分析法：激励信号的傅立叶变换与系统频率响应的乘积即系统在激励作用下的零状态响应的傅立叶变换，通过对其求傅立叶逆变换就可以得到系统的零状态响应。

6. 无失真传输对系统的要求。

时域：$h(t) = K\delta(t - t_d)$

频域：$H(j\omega) = K e^{-j\omega t_d}$

7. 理想低通滤波器特性：通带内满足无失真传输，阻带内 $H(j\omega) = 0$。

8. 时域抽样定理：奈奎斯特频率 $f_S = 2f_m$，奈奎斯特间隔 $T_S = \dfrac{1}{2f_m}$。

习题

4-1 求下列周期信号的基波角频率 ω_1 和周期 T。

(1) $\cos[5(t-1)]$ (2) $\cos(\frac{\pi}{4}t)+\sin(\pi t)$ (3) $\cos(\frac{\pi}{4}t)+\cos(\frac{\pi}{6}t)+\cos(\frac{\pi}{8}t)$

(4) e^{j50t} (5) $\cos(4t)+\sin t$ (6) $\cos(2\pi t)+\cos(3\pi t)+\cos(5\pi t)$

4-2 求题 4-2 图所示周期信号的傅立叶系数(三角形式或指数形式)。

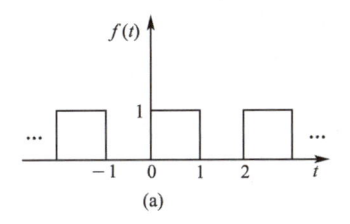

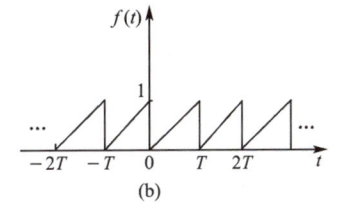

题 4-2 图

4-3 已知周期信号 $f(t)$ 前四分之一周期的波形如题 4-3 图所示,根据下列情况的要求,画出 $f(t)$ 在一个周期($0<t<T$)内的波形。

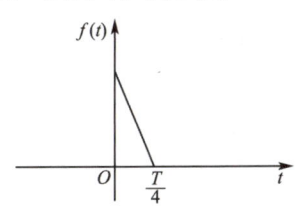

题 4-3 图

(1) $f(t)$ 是偶函数,只含有偶次谐波;

(2) $f(t)$ 是偶函数,只含有奇次谐波;

(3) $f(t)$ 是奇函数,只含有偶次谐波;

(4) $f(t)$ 是奇函数,只含有奇次谐波。

4-4 利用奇偶性判断题 4-4 图所示信号的傅立叶级数中所含有的频率分量。

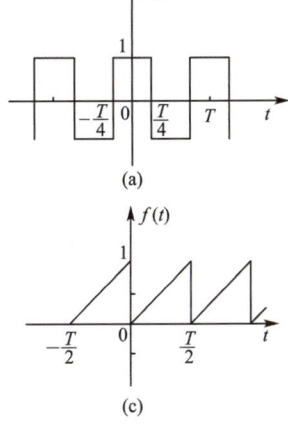

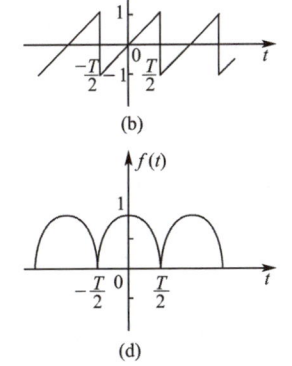

题 4-4 图

4-5 已知周期信号 $f(t)$ 的傅立叶级数展开式为

$f(t) = 1 + 3\cos(2t) + 4\sin(2t) + 2\sin(3t + 45°) - 2\cos(5t + 145°)$

(1) 求周期信号 $f(t)$ 的基波角频率；

(2) 画出周期信号 $f(t)$ 的单边幅度谱和单边相位谱。

4-6 求题 4-6 图所示信号的傅立叶变换。

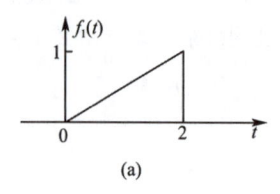

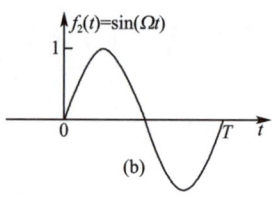

题 4-6 图

4-7 如题 4-7 图所示信号的傅立叶变换为 $F(j\omega)$，求下列各值(不必求出 $F(j\omega)$)。

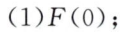

(1) $F(0)$；

(2) $\int_{-\infty}^{\infty} F(j\omega) d\omega$。

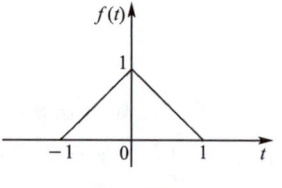

题 4-7 图

4-8 题 4-8 图(a) 所示信号的傅立叶变换为 $F_1(j\omega)$，求图(b)、图(c) 所示信号的傅立叶变换。

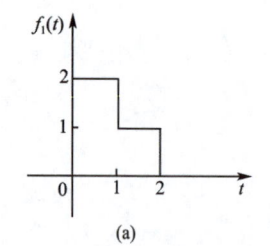

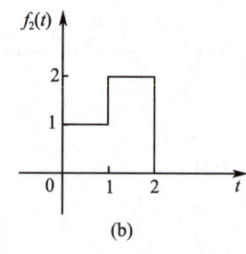

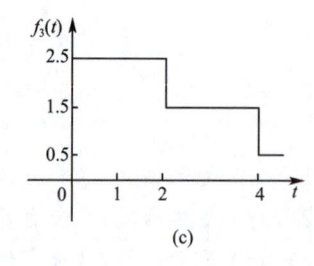

题 4-8 图

4-9 信号 $f(t)$ 的傅立叶变换为 $F(j\omega)$，利用傅立叶变换的性质，求下列信号的频谱。

(1) $f(-\dfrac{t}{2} + 3)$ (2) $e^{j4t} f(t-2)$ (3) $2tf(3t)$

(4) $(2-t)f(2-t)$ (5) $t\dfrac{df(t)}{dt}$ (6) $\dfrac{df(t)}{dt} * \dfrac{1}{\pi t}$

(7) $(t-2)f(-\dfrac{1}{2}t)$ (8) $e^{-jt} f(-2t+1)$

4-10 利用傅立叶变换的时域微、积分性质，求题 4-10 图所示信号的频谱。

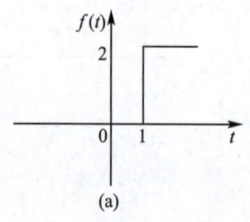

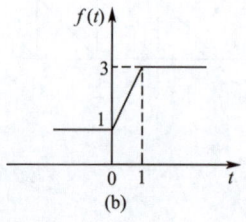

题 4-10 图

4-11 求下列信号的频谱函数。

(1) $e^{j2t}\delta(t-1)$ (2) $e^{-(2+j2)t}\varepsilon(t+1)$ (3) $\text{sgn}(t^2-4)$

(4) $e^{-3(t-1)}\delta'(t-1)$ (5) $\dfrac{\sin 2\pi(t-1)}{\pi(t-1)}$ (6) $\varepsilon(\dfrac{t}{2}-1)$

4-12 求下列微分方程所描述系统的频率响应函数 $H(j\omega)$。

(1) $y''(t)+3y'(t)+5y(t)=f'(t)+2f(t)$

(2) $y''(t)+6y(t)=2f'(t)+5f(t)$

4-13 由频率响应函数 $H(j\omega)$ 写出描述系统的微分方程。

(1) $H(j\omega)=\dfrac{j\omega+2}{(j\omega)^2+3j\omega+2}$ (2) $H(j\omega)=\dfrac{12-\omega^2+4j\omega}{2-\omega^2+3j\omega}$

4-14 电路如题 4-14 图所示，$R=1\ \Omega,C=1\ \text{F},f(t)$ 为激励，$U_R(t)$ 为响应，求：

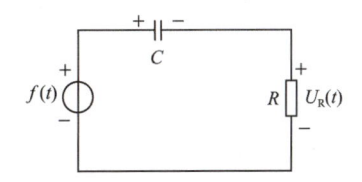

题 4-14 图

(1) 画出电路的频域模型，并求出系统的冲激响应函数 $h(t)$；

(2) 若激励为 $f(t)=e^{-2t}\varepsilon(t)$，求零状态响应 $U_R(t)$。

4-15 系统的幅频特性 $|H(j\omega)|$ 和相频特性 $\varphi(\omega)$ 如题 4-15 图所示，判断下列信号通过该系统时，是否会产生失真。

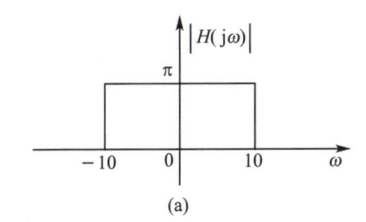

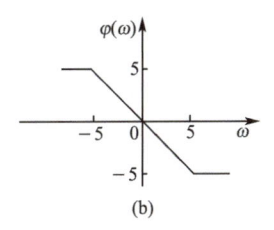

题 4-15 图

(1) $f(t)=\cos t+\cos(8t)$ (2) $f(t)=\sin(2t)+\sin(4t)$

(3) $f(t)=\sin(2t)\sin(4t)$ (4) $f(t)=\cos^2(4t)$

4-16 如题 4-16 图所示为线性时不变连续复合系统，已知 $h_1(t)=\dfrac{d}{dt}\left[\dfrac{\sin(2t)}{2\pi t}\right]$，$H_2(j\omega)=e^{-j\pi\omega},h_3(t)=\varepsilon(t),h_4(t)=\dfrac{\sin(6t)}{\pi t}$。

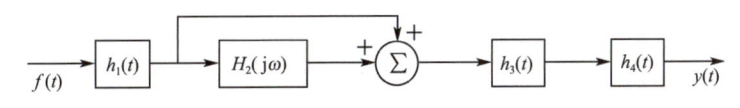

题 4-16 图

(1) 求复合系统的频率响应函数 $H(j\omega)$ 和冲激响应函数 $h(t)$；

(2) 若输入 $f(t) = \sin(4t) + \cos t$，求系统的零状态响应 $y_{zs}(t)$。

4-17 如题 4-17 图所示的电路为由电阻 R_1、R_2 组成的分压器，分布电容并联于 R_1 和 R_2 两端，证明频率响应 $H(j\omega) = \dfrac{U_2(j\omega)}{U_1(j\omega)}$；为了能无失真地传输，$R$ 和 C 应满足何种关系？

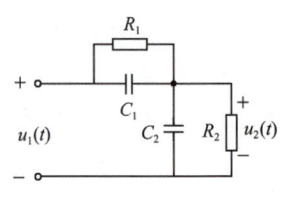

题 4-17 图

4-18 一个因果线性时不变滤波器的频率响应函数是 $H(j\omega) = -2j\omega$。求系统在下列信号激励下的零状态响应 $y_{zs}(t)$。

(1) $f(t) = e^{jt}$ (2) $f(t) = e^{-t}\varepsilon(t)$

(3) $F(j\omega) = \dfrac{1}{j\omega(6+j\omega)}$ (4) $F(j\omega) = \dfrac{1}{2+j\omega}$

4-19 带限信号 $f_1(t)$ 和 $f_2(t)$ 的最高频率分别为 ω_1、ω_2，且 $\omega_1 > \omega_2$。若对下列信号进行时域抽样，求奈奎斯特频率及奈奎斯特间隔。

(1) $f_1(3t)$ (2) $f_1^2(t)$ (3) $f_1(t) * f_2(t)$

(4) $f_1(t) + f_2(t)$ (5) $f_1(t)f_2(t)$

4-20 理想低通滤波器的频率响应函数 $H(j\omega) = g_{2\omega_1}(\omega)e^{-j\omega t_0}$，试证明它对于信号 $f_1(t) = \dfrac{\pi}{\omega_1}\delta(t)$ 和 $f_2(t) = \text{Sa}(\omega_1 t)$ 的响应相同。

4-21 某系统如题 4-21 图所示，其中 $f(t) = 8\cos(100t)\cos(500t)$，$s(t) = \cos(500t)$，理想低通滤波器的频率响应函数 $H(j\omega) = \varepsilon(\omega + 120) - \varepsilon(\omega - 120)$，试求系统响应 $y(t)$。

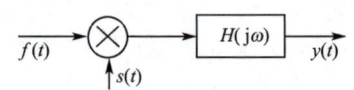

题 4-21 图

模块 5
连续时间信号与系统的 s 域分析

育人目标

在教学过程中,讲解行业事件,例如华为、中兴 5G 基站数量全球领先,我国 5G 技术世界领先,面对困局攻坚克难,走上艰难探索之路,促进学生自强自立。培养学生的忧患意识,使学生满怀爱国热情,勇担民族复兴使命,发扬时代精神。

教学目的

能够对 LTI 系统进行 s 域分析并建立 s 域模型,会求系统函数的零点、极点,会画零、极点分布图并判断连续时间系统的稳定性。

教学要求

本模块讨论以拉普拉斯变换为基础的 s 域分析法及系统函数在 s 域中的表现。学习重点:
1. 理解拉普拉斯变换的定义,熟悉其基本性质。
2. 掌握拉普拉斯逆变换的分解方法。
3. 掌握电路的 s 域模型及其分析方法。
4. 掌握 LTI 系统的 s 域分析法。
5. 理解系统函数的一般概念和作用。
6. 掌握系统函数零点、极点的概念及零、极点分布图的作用。
7. 掌握系统稳定性的概念及判定系统稳定性的基本方法。

从前面所学的傅立叶变换中可知,傅立叶变换经常用于分析 LTI 系统及信号。由于相当广泛的一类信号能用周期复指数函数的线性组合来表示,而复指数函数又是 LTI 系统的特征函数,所以连续时间信号的傅立叶变换可以将信号表示成形如 $e^{-st}(s=j\omega)$ 的复指数函数的线性组合;而由系统的特征函数性质及很多的计算结果可以看出,该变换对任意的 s 值都适用,并不仅限于纯虚数的情况。这就是连续时间信号傅立叶变换的推广,法国数学家拉普拉斯所提出的拉普拉斯变换。

模块三在时域内求解 LTI 系统的响应时,虽然利用卷积可使系统响应的求解简化,但系统较复杂时,时域分析不再方便、适合。拉普拉斯变换是把以时间 t 为变量的时域微分方程变换为以复数 $s=\sigma+\mathrm{j}\omega$ 为变量的代数方程。相对于 ω 而言,s 常称为复频域。在求解 s 域代数方程后,再通过拉普拉斯逆变换即可求得相应的时域解。特别的是,这种方法可以同时考虑初始状态和输入信号,一举求得系统的全响应,在深入研究系统的响应、性质、稳定性、模拟及设计等问题时非常方便。由于拉普拉斯变换采用的独立变量是复频域 s,所以拉普拉斯变换法常被称为 s 域分析法或复频域分析法。

值得一提的是,把拉普拉斯变换法应用于系统分析,其功绩首推英国工程师海维赛德。1899 年,他在解电气工程中出现的微分方程时,首先发明了"算子法",他的方法很快受到实际工作者的欢迎,但是许多数学家认为其缺乏严密的论证而极力反对。海维赛德及其追随者卡尔逊等人始终坚持真理,最后在拉普拉斯的著作中找到了依据。从此,这种方法在理论与工程的众多领域中得到了广泛应用。本模块介绍拉普拉斯变换(简称拉氏变换)的定义、性质、应用及系统函数与系统特性分析等问题。

5.1 拉普拉斯变换

傅立叶变换是将信号表示成形如 $\mathrm{e}^{-\mathrm{j}\omega t}$ 复指数信号的形式,把信号从时域变换到频域,从而得到信号的频谱;而拉普拉斯变换则是傅立叶变换的推广。

5.1.1 拉普拉斯变换的概念

连续时间信号 $f(t)$ 的拉普拉斯变换定义为

$$F(s)=\int_{-\infty}^{\infty}f(t)\mathrm{e}^{-st}\mathrm{d}t \tag{5-1}$$

式中,$s=\sigma+\mathrm{j}\omega$ 称为复频域。将 $s=\sigma+\mathrm{j}\omega$ 代入上式,则有

$$F(s)=\int_{-\infty}^{\infty}f(t)\mathrm{e}^{-(\sigma+\mathrm{j}\omega)t}\mathrm{d}t=\int_{-\infty}^{\infty}[f(t)\mathrm{e}^{-\sigma t}]\mathrm{e}^{-\mathrm{j}\omega t}\mathrm{d}t$$

可见拉普拉斯变换 $F(s)$ 可理解为 $f(t)\mathrm{e}^{-\sigma t}$ 的傅立叶变换。

式(5-1)所定义的函数称为双边拉普拉斯变换。如果积分下限从 0_- 开始,即

$$F(s)=\int_{0_-}^{\infty}f(t)\mathrm{e}^{-st}\mathrm{d}t \tag{5-2}$$

则称其为信号 $f(t)$ 的单边拉普拉斯变换。实际应用中,信号总是在某一时刻(比如 $t=0$ 时)接入系统,因此单边拉普拉斯变换更有应用价值。本书只讨论单边拉普拉斯变换。

式(5-2)的下限之所以取 0_- 是考虑到 $f(t)$ 中可能包含出现在 $t=0$ 瞬间的冲激信号,如果 $f(t)$ 中无此冲激信号,则积分下限为 0。

由于

$$F(s)=\mathscr{F}[f(t)\mathrm{e}^{-\sigma t}]$$

所以 $F(s)$ 的傅立叶逆变换为

$$f(t)\mathrm{e}^{-\sigma t}=\frac{1}{2\pi}\int_{-\infty}^{\infty}F(s)\mathrm{e}^{\mathrm{j}\omega t}\mathrm{d}\omega$$

即

$$f(t) = \frac{1}{2\pi} \int_{-\infty}^{\infty} F(s) e^{(\sigma+j\omega)t} d\omega \tag{5-3}$$

令 $s = \sigma + j\omega$，且在积分过程中 σ 为常量，则 $ds = jd\omega$，从而得 $d\omega = \dfrac{ds}{j}$；当 ω 在 $(-\infty, \infty)$ 区间变化时，s 应该在 $(\sigma - j\infty, \sigma + j\infty)$ 区间变化。所以变量代换后，式(5-3)变为

$$f(t) = \frac{1}{2\pi j} \int_{\sigma-j\infty}^{\sigma+j\infty} F(s) e^{st} ds \tag{5-4}$$

式(5-4)称为 $F(s)$ 的拉普拉斯逆变换。$F(s)$ 称为 $f(t)$ 的象函数，$f(t)$ 称为 $F(s)$ 的原函数。

为了简便，拉普拉斯变换与逆变换通常记为

$$F(s) = \mathscr{L}[f(t)]$$
$$f(t) = \mathscr{L}^{-1}[F(s)]$$

或简记为

$$f(t) \leftrightarrow F(s)$$

5.1.2 单边拉普拉斯变换存在的条件

由 5.1.1 可知，函数 $f(t)$ 乘以因子 $e^{-\sigma t}$ 后，取 $t \to \infty$ 时的极限，若在 $\sigma > \sigma_0$ 的全部范围内 $f(t)e^{-\sigma t}$ 是收敛且绝对可积的，则拉普拉斯变换存在。

即如果有

$$\lim_{t \to \infty} f(t) e^{-\sigma t} = 0 \qquad (\sigma > \sigma_0) \tag{5-5}$$

则信号 $f(t)$ 的拉普拉斯变换 $F(s)$ 必然存在。

根据 σ_0 的值可将 s 平面划分成两个区域，σ_0 称为收敛横坐标。经过 σ_0 的垂直于横坐标轴的线是收敛边界，也称为收敛轴。σ_0 的取值与 $f(t)$ 的性质有关。拉普拉斯变换的收敛域如图 5-1 所示。

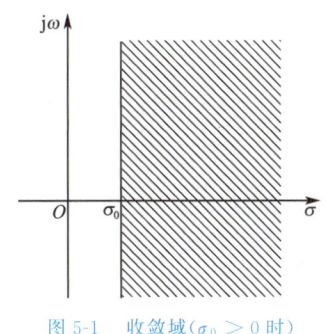

图 5-1 收敛域($\sigma_0 > 0$ 时)

> **例 5-1** 求图 5-2 所示的指数衰减信号 $f(t) = e^{-\alpha t}\varepsilon(t)$ 的收敛域及拉普拉斯变换。式中 $\alpha > 0$。

解：

(1) 收敛域

由

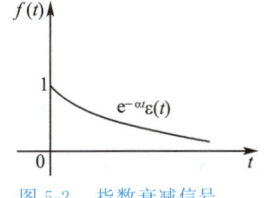

图 5-2 指数衰减信号

$$\lim_{t\to\infty}f(t)\mathrm{e}^{-\sigma t}=\lim_{t\to\infty}\mathrm{e}^{-\alpha t}\mathrm{e}^{-\sigma t}=\lim_{t\to\infty}\mathrm{e}^{-(\alpha+\sigma)t}=0$$

得

$$\alpha+\sigma>0$$

收敛域为

$$\sigma>-\alpha$$

收敛域如图 5-3 所示。

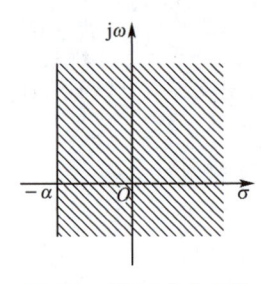

图 5-3 例 5-1 的收敛域

(2) 拉普拉斯变换
由定义得

$$F(s)=\mathscr{L}[\mathrm{e}^{-\alpha t}\varepsilon(t)]=\int_{0}^{\infty}\mathrm{e}^{-\alpha t}\mathrm{e}^{-st}\mathrm{d}t=\int_{0}^{\infty}\mathrm{e}^{-(\alpha+s)t}\mathrm{d}t=-\left.\frac{\mathrm{e}^{-(\alpha+s)t}}{\alpha+s}\right|_{0}^{\infty}$$

当 s 中的 $\sigma>-\alpha$，且 $t\to\infty$ 时，$\mathrm{e}^{-(\alpha+s)t}\to 0$，所以

$$F(s)=\frac{1}{s+\alpha}$$

5.1.3 常用函数的单边拉普拉斯变换

1. 单位冲激信号 $\delta(t)$

$$F(t)=\int_{0_{-}}^{\infty}\delta(t)\mathrm{e}^{-st}\mathrm{d}t=1$$

即

$$\delta(t)\leftrightarrow 1 \tag{5-6}$$

2. 单位阶跃信号 $\varepsilon(t)$

$$F(s)=\int_{0_{-}}^{\infty}\varepsilon(t)\mathrm{e}^{-st}\mathrm{d}t=\int_{0}^{\infty}\mathrm{e}^{-st}\mathrm{d}t=-\left.\frac{1}{s}\mathrm{e}^{-st}\right|_{0}^{\infty}=\frac{1}{s}$$

即

$$\varepsilon(t)\leftrightarrow\frac{1}{s} \tag{5-7}$$

由于 $f(t)$ 的单边拉普拉斯变换的积分区间是 $[0_{-},\infty)$，故对定义在 $(-\infty,\infty)$ 上的函数 $f(t)$ 进行单边拉普拉斯变换相当于对 $f(t)\varepsilon(t)$ 进行变换。所以常数 1 的单边拉普拉斯变换与 $\varepsilon(t)$ 的单边拉普拉斯变换相同，即

$$1\leftrightarrow\frac{1}{s}$$

同理，常数 A 的单边拉普拉斯变换为 $\dfrac{A}{s}$，即

$$A \leftrightarrow \dfrac{A}{s}$$

3.指数函数 $e^{-\alpha t}\varepsilon(t)$

由例 5-1 的计算结果知

$$e^{-\alpha t}\varepsilon(t) \leftrightarrow \dfrac{1}{s+\alpha} \qquad (\alpha > 0) \tag{5-8}$$

类似的有

$$e^{\alpha t}\varepsilon(t) \leftrightarrow \dfrac{1}{s-\alpha} \qquad (\alpha > 0) \tag{5-9}$$

4.正弦函数 $\sin(\omega t)\varepsilon(t)$

由欧拉公式知

$$\sin(\omega t) = \dfrac{1}{2\mathrm{j}}(e^{\mathrm{j}\omega t} - e^{-\mathrm{j}\omega t})$$

所以

$$F(s) = \mathscr{L}\left[\dfrac{1}{2\mathrm{j}}(e^{\mathrm{j}\omega t} - e^{-\mathrm{j}\omega t})\varepsilon(t)\right]$$

利用指数函数的拉普拉斯变换，得

$$F(s) = \dfrac{1}{2\mathrm{j}}\left(\dfrac{1}{s-\mathrm{j}\omega} - \dfrac{1}{s+\mathrm{j}\omega}\right) = \dfrac{\omega}{s^2+\omega^2}$$

即

$$\sin(\omega t)\varepsilon(t) \leftrightarrow \dfrac{\omega}{s^2+\omega^2} \tag{5-10}$$

同理可得余弦函数 $\cos(\omega t)\varepsilon(t)$ 的拉普拉斯变换为

$$\cos(\omega t)\varepsilon(t) \leftrightarrow \dfrac{s}{s^2+\omega^2} \tag{5-11}$$

5.斜坡函数 $t\varepsilon(t)$

由拉普拉斯变换的定义，得

$$F(s) = \mathscr{L}[t\varepsilon(t)] = \int_0^\infty t e^{-st}\mathrm{d}t$$

由部分积分公式，得

$$\int_0^\infty u\mathrm{d}v = uv\Big|_0^\infty - \int_0^\infty v\mathrm{d}u$$

令 $u = t, \mathrm{d}v = e^{-st}\mathrm{d}t$，那么 $\mathrm{d}u = \mathrm{d}t, v = -\dfrac{e^{-st}}{s}$，可得

$$F(s) = -\dfrac{t e^{-st}}{s}\Big|_0^\infty + \int_0^\infty \dfrac{e^{-st}}{s}\mathrm{d}t = \dfrac{1}{s^2}$$

即

$$t\varepsilon(t) \leftrightarrow \dfrac{1}{s^2} \tag{5-12}$$

同理有

$$t^2\varepsilon(t) \leftrightarrow \frac{2}{s^3}$$

$$t^n\varepsilon(t) \leftrightarrow \frac{n!}{s^{n+1}}$$

常用函数的拉普拉斯变换列于表 5-1，供读者查阅。

表 5-1　　　　　　　　　常用函数的拉普拉斯变换

原函数 $f(t)$	象函数 $F(s)$	原函数 $f(t)$	象函数 $F(s)$
$\delta(t)$	1	$\sin(\omega t)\varepsilon(t)$	$\dfrac{\omega}{s^2+\omega^2}$
$\delta'(t)$	s	$\cos(\omega t)\varepsilon(t)$	$\dfrac{s}{s^2+\omega^2}$
$\varepsilon(t)$	$\dfrac{1}{s}$	$e^{-\alpha t}\sin(\omega t)\varepsilon(t)$	$\dfrac{\omega}{(s+\alpha)^2+\omega^2}$
$t^n\varepsilon(t)$	$\dfrac{n!}{s^{n+1}}$	$e^{-\alpha t}\cos(\omega t)\varepsilon(t)$	$\dfrac{s+\alpha}{(s+\alpha)^2+\omega^2}$
$e^{-\alpha t}\varepsilon(t)$	$\dfrac{1}{s+\alpha}$	$2Ae^{-\alpha t}\cos(\omega t+\varphi)\varepsilon(t)$	$\dfrac{Ae^{j\varphi}}{(s+\alpha)+j\omega}+\dfrac{Ae^{-j\varphi}}{(s+\alpha)-j\omega}$
$(1-e^{-\alpha t})\varepsilon(t)$	$\dfrac{\alpha}{s(s+\alpha)}$	$\dfrac{1}{a-b}(e^{at}-e^{bt})\varepsilon(t)$	$\dfrac{1}{(s-a)(s-b)}$
$te^{-\alpha t}\varepsilon(t)$	$\dfrac{1}{(s+\alpha)^2}$	$\dfrac{K}{(m-1)!}t^{m-1}e^{-\alpha t}\varepsilon(t)$	$\dfrac{K}{(s+\alpha)^m}$

5.2 单边拉普拉斯变换的性质

拉普拉斯变换建立起信号在时域和复频域之间的对应关系，故该变换本身的一些重要性质能够反映出两者之间的特征联系。掌握这些性质不但为求解一些较复杂信号的拉普拉斯变换带来方便，而且有助于今后学习拉普拉斯逆变换和分析系统。

5.2.1 线　性

由于拉普拉斯变换是线性积分，所以它必然满足线性性质，即若

$$f_1(t) \leftrightarrow F_1(s)$$
$$f_2(t) \leftrightarrow F_2(s)$$

则有

$$af_1(t)+bf_2(t) \leftrightarrow aF_1(s)+bF_2(s) \tag{5-13}$$

式中 a 和 b 为任意常数。

例如，设

$$f(t)=e^{-3t}\varepsilon(t)+\sin(2t)\varepsilon(t)$$

由于
$$e^{-3t}\varepsilon(t) \leftrightarrow \frac{1}{s+3}$$
$$\sin(2t)\varepsilon(t) \leftrightarrow \frac{2}{s^2+4}$$

由线性性质知 $f(t)$ 的象函数为
$$F(s) = \frac{1}{s+3} + \frac{2}{s^2+4}$$

5.2.2 延时性

若
$$f(t) \leftrightarrow F(s)$$
则有
$$f(t-t_0)\varepsilon(t-t_0) \leftrightarrow F(s)e^{-st_0} \quad (t_0 > 0) \quad (5\text{-}14)$$

式中规定 $t_0 > 0$ 对单边拉普拉斯变换是必要的，它限定了波形沿时间轴向右平移。因为若 $t_0 < 0$，则信号的波形有可能左移越过原点，导致积分对原点左边部分的信号失去意义。

使用这个性质时，要注意区分下列四个不同的时间函数：$f(t-t_0)$，$f(t-t_0)\varepsilon(t)$，$f(t)\varepsilon(t-t_0)$ 和 $f(t-t_0)\varepsilon(t-t_0)$。其中，$f(t-t_0)\varepsilon(t-t_0)$ 才是原信号 $f(t)\varepsilon(t)$ 延时 t_0 时间后所得到的信号，只有它的拉普拉斯变换才能应用延时性来求解。

例 5-2 已知斜坡信号 $t\varepsilon(t)$ 的拉普拉斯变换为 $\frac{1}{s^2}$，试分别求出下列信号的拉普拉斯变换。

(1) $f_1(t) = t - t_0$

(2) $f_2(t) = (t-t_0)\varepsilon(t)$

(3) $f_3(t) = t\varepsilon(t-t_0)$

(4) $f_4(t) = (t-t_0)\varepsilon(t-t_0)$

解：先画出上述信号的波形，如图 5-4 所示。

由图 5-4 可见，$f_1(t)$ 和 $f_2(t)$ 在 $t \geq 0$ 区间上的波形相同，所以它们的单边拉普拉斯变换也相同，即
$$F_1(s) = F_2(s) = \mathscr{L}[f_1(t)] = \mathscr{L}(t-t_0) = \frac{1}{s^2} - \frac{t_0}{s}$$

$$F_3(s) = \mathscr{L}[f_3(t)]$$
$$= \int_0^{\infty} t\varepsilon(t-t_0)e^{-st}dt = \int_{t_0}^{\infty} te^{-st}dt$$
$$= \left(\frac{t_0}{s} + \frac{1}{s^2}\right)e^{-st_0}$$

根据延时性，因 $(t-t_0)\varepsilon(t-t_0)$ 是 $t\varepsilon(t)$ 的延时，所以

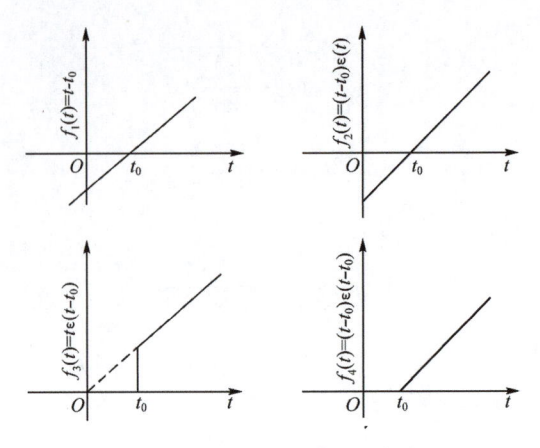

图 5-4 例 5-2 的四种信号的波形图

$$F_4(s)=\mathscr{L}[t\varepsilon(t)]\mathrm{e}^{-st_0}=\frac{1}{s^2}\mathrm{e}^{-st_0}$$

延时性的一个重要应用是求从 $t=0$ 开始的周期脉冲信号的拉普拉斯变换。设 $f(t)$ 为如图 5-5 所示的周期脉冲信号,它可以表示为

$$f(t)=f_1(t)+f_2(t)+f_3(t)+\cdots$$

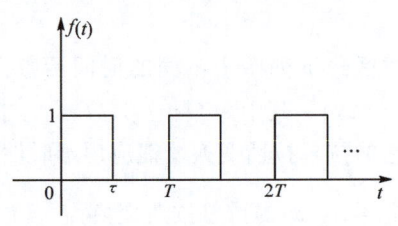

图 5-5 周期脉冲信号

式中 $f_1(t),f_2(t)\cdots\cdots$ 为信号波形的延时叠加分量,它们的间隔时间为 T,因而 $f(t)$ 又可以表示为

$$f(t)=f_1(t)+f_1(t-T)\varepsilon(t-T)+f_1(t-2T)\varepsilon(t-2T)+\cdots$$

若有

$$f_1(t)\leftrightarrow F_1(s)$$

根据延时性,则 $f(t)$ 的象函数为

$$F(s)=F_1(s)+F_1(s)\mathrm{e}^{-sT}+F_1(s)\mathrm{e}^{-2sT}+\cdots$$
$$=F_1(s)(1+\mathrm{e}^{-sT}+\mathrm{e}^{-2sT}+\cdots)$$

所以

$$F(s)=\frac{F_1(s)}{1-\mathrm{e}^{-sT}} \tag{5-15}$$

上式表明,从 $t=0$ 开始的单边周期信号的拉普拉斯变换等于其第一个周期波形函数的拉普拉斯变换乘以 $\dfrac{1}{1-\mathrm{e}^{-sT}}$。

5.2.3 复频移性

若
$$f(t) \leftrightarrow F(s)$$

则有复频移性
$$f(t)e^{\pm s_0 t} \leftrightarrow F(s \mp s_0) \tag{5-16}$$

式中,s_0 为实数或复数。该性质表明,时间函数乘以 $e^{\pm s_0 t}$,则其变换后的 $F(s)$ 在 s 域内移动 $\mp s_0$。

◇ **例 5-3** 求 $e^{-\alpha t}\sin(\omega_0 t)\varepsilon(t)$ 和 $e^{-\alpha t}\cos(\omega_0 t)\varepsilon(t)$ 的拉普拉斯变换。

解:因
$$\sin(\omega t) \leftrightarrow \frac{\omega}{s^2 + \omega^2}$$

$$\cos(\omega t) \leftrightarrow \frac{s}{s^2 + \omega^2}$$

利用复频移性得
$$e^{-\alpha t}\sin(\omega_0 t)\varepsilon(t) \leftrightarrow \frac{\omega_0}{(s+\alpha)^2 + \omega_0^2}$$

$$e^{-\alpha t}\cos(\omega_0 t)\varepsilon(t) \leftrightarrow \frac{s+\alpha}{(s+\alpha)^2 + \omega_0^2}$$

5.2.4 尺度变换(展缩性质)

若
$$f(t) \leftrightarrow F(s)$$

则有尺度变换性质
$$f(at) \leftrightarrow \frac{1}{a} F\left(\frac{s}{a}\right) \quad a > 0 \tag{5-17}$$

5.2.5 微分特性

若
$$f(t) \leftrightarrow F(s)$$

则有微分特性(时域微分定理)
$$f'(t) \leftrightarrow sF(s) - f(0_-)$$
$$f''(t) \leftrightarrow s^2 F(s) - sf(0_-) - f'(0_-) \tag{5-18}$$

如果 $f(t)$ 为因果信号,$f(0_-), f'(0_-), \cdots, f^{(n-1)}(0_-)$ 均为零,则有
$$f'(t) \leftrightarrow sF(s)$$
$$f^{(n)}(t) \leftrightarrow s^n F(s) \tag{5-19}$$

例如 $\delta^{(n)}(t)$ 的拉普拉斯变换为

$$\delta^{(n)}(t) \leftrightarrow s^n$$

应用拉普拉斯变换的时域微分定理可将时域内的微分方程转化为 s 域内的代数方程，并且使系统的初始条件 $f(0_-)$、$f'(0_-)$、$f''(0_-)$……很方便地归并到变换式中去，在对 s 域的代数方程求解后，就可以通过逆变换直接求出系统的全响应。故时域微分定理在系统分析中是十分重要的。

> **例 5-4** 如图 5-6 所示的 RC 电路，设 $u_C(0_-)=0$，$R=1\ \Omega$，$C=1\ \text{F}$。试求冲激响应 $u_C(t)$。

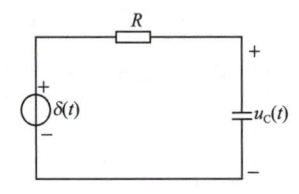

图 5-6 RC 串联电路

解：电路的微分方程为

$$u_C'(t) + \frac{1}{RC} u_C(t) = \frac{1}{RC} \delta(t)$$

对方程的两边取拉普拉斯变换，设 $u_C(t) \leftrightarrow U_C(s)$，得

$$sU_C(s) - u_C(0_-) + \frac{1}{RC} U_C(s) = \frac{1}{RC}$$

因 $u_C(0_-)=0$，所以有

$$U_C(s)\left(s + \frac{1}{RC}\right) = \frac{1}{RC}$$

即

$$U_C(s) = \frac{\dfrac{1}{RC}}{s + \dfrac{1}{RC}}$$

求拉普拉斯逆变换得

$$u_C(t) = \frac{1}{RC} e^{-\frac{t}{RC}} \varepsilon(t)$$

5.2.6 积分特性

若 $f(t)$ 为因果信号，且

$$f(t) \leftrightarrow F(s)$$

则有积分特性（时域积分定理）

$$\int_{0_-}^{t} f(\tau) d\tau \leftrightarrow \frac{F(s)}{s} \tag{5-20}$$

> **例 5-5** 试通过阶跃信号 $\varepsilon(t)$ 的积分求 $t\varepsilon(t)$ 的拉普拉斯变换。

解：因为

$$\varepsilon(t) \leftrightarrow \frac{1}{s}$$

而

$$t\varepsilon(t) = \int_0^t \varepsilon(\tau) \mathrm{d}\tau$$

故

$$t\varepsilon(t) \leftrightarrow \frac{1}{s} \cdot \left(\frac{1}{s}\right) = \frac{1}{s^2}$$

与 5.1.3 中推导的结果一致。

拉普拉斯变换的一些性质列于表 5-2，供读者查阅。

表 5-2　　拉普拉斯变换的性质

名称	时域 $f(t)$	复频域 $F(s)$ $(\sigma > \sigma_0)$
定义	$f(t) = \dfrac{1}{2\pi \mathrm{j}} \int_{\sigma-\mathrm{j}\omega}^{\sigma+\mathrm{j}\omega} F(s)\mathrm{e}^{st}\mathrm{d}s$	$F(s) = \int_{-\infty}^{\infty} f(t)\mathrm{e}^{-st}\mathrm{d}t$
线性	$a_1 f_1(t) + a_2 f_2(t)$	$a_1 F_1(s) + a_2 F_2(s)$
频移性	$f(t)\mathrm{e}^{\pm s_0 t}$	$F(s \mp s_0)$
延时性	$f(t-t_0)\varepsilon(t-t_0)$	$F(s)\mathrm{e}^{-st_0}$
尺度变换	$f(at)\ (a > 0)$ $f(at-b)\varepsilon(at-b)\ (a > 0, b \geqslant 0)$	$\dfrac{1}{a} f\left(\dfrac{s}{a}\right)$ $\dfrac{1}{a} \mathrm{e}^{-(b/a)s} F\left(\dfrac{s}{a}\right)$
时域微分	$f'(t)$ $f^{(n)}(t)$	$sF(s) - f(0_-)$ $s^n F(s) - s^{n-1} f(0_-) - s^{n-2} f'(0_-) - \cdots - f^{(n-1)}(0_-)$
时域积分	$\int_{0_-}^{t} f(x)\mathrm{d}x$ $f^{(-n)}(t), f(0_-) = 0$	$\dfrac{1}{s} F(s)$ $\dfrac{1}{s^n} F(s)$
频域微分	$tf(t)$ $t^n f(t)$	$-\dfrac{\mathrm{d}F(s)}{\mathrm{d}s}$ $(-1)^n \dfrac{\mathrm{d}^n F(s)}{\mathrm{d}s^n}$
频域积分	$\dfrac{f(t)}{t}$	$\int_s^{\infty} F(s)\mathrm{d}s$
时域卷积	$f_1(t) * f_2(t)$	$F_1(s) F_2(s)$
频域卷积	$f_1(t) f_2(t)$	$\dfrac{1}{2\pi\mathrm{j}} F_1(s) * F_2(s)$
初值定理	$f(0_+) = \lim\limits_{s \to \infty} sF(s)$	
终值定理	$\lim\limits_{t \to \infty} f(t) = \lim\limits_{s \to 0} sF(s)$	

5.3 拉普拉斯逆变换

应用拉普拉斯变换法求解系统的时域响应时,不仅要根据已知的激励信号求其象函数,还必须把响应的象函数再变换为时间函数,这就是拉普拉斯逆变换(简称拉氏逆变换)。这节将介绍最简单的方法——查表法和一般方法——部分分式展开法。

5.3.1 查表法

查表法是将象函数 $F(s)$ 表示为常用函数的拉氏变换形式,再利用常用函数拉氏变换(表 5-1)和拉普拉斯变换性质(表 5-2)求其拉氏逆变换。

例 5-6 已知 $F(s)=\dfrac{2s^2+9s+18}{s^2+4s+8}$,求其拉氏逆变换。

解: $F(s)$ 可以表示为

$$F(s)=2+\frac{s+2}{(s+2)^2+2^2}$$

查表得

$$2 \leftrightarrow 2\delta(t)$$

$$\frac{s+2}{(s+2)^2+2^2} \leftrightarrow \mathrm{e}^{-2t}\cos(2t)\varepsilon(t)$$

所以

$$f(t)=\mathscr{L}^{-1}[F(s)]=2\delta(t)+\mathrm{e}^{-2t}\cos(2t)\varepsilon(t)$$

查表法是拉普拉斯逆变换最简单的方法,但它只适用于有限的简单变换式,而从系统求得的象函数一般并非表中所列的形式。为此,这里介绍对 $F(s)$ 进行逆变换的一般方法——部分分式展开法。

5.3.2 部分分式展开法

对线性系统而言,响应的象函数 $F(s)$ 常具有有理分式的形式,它可以表示为两个实系数关于 s 的多项式之比的形式,即

$$F(s)=\frac{N(s)}{D(s)}=\frac{b_m s^m + b_{m-1} s^{m-1} + \cdots + b_1 s + b_0}{a_n s^n + a_{n-1} s^{n-1} + \cdots + a_1 s + a_0} \tag{5-21}$$

式中,m 和 n 为正整数,$a_i(i=0,1,\cdots,n)$,$b_j(j=0,1,\cdots,m)$ 均为实数。若 $m<n$,则 $F(s)$ 为真分式,可以将其分解为简单分式之和的形式(称为部分分式展开),而这些简单分式项的逆变换都可以在拉氏变换表中找到;当 $m \geqslant n$ 时,$F(s)$ 为假分式,利用长除法(多项式除法)可将其分解为多项式与真分式之和,再利用部分分式展开法求其逆变换。现分几种情况讨论。

1. $D(s)=0$ 的根均为单实根($F(s)$ 仅有单极点)

若 $D(s)=0$ 的 n 个单实根分别为 $s_1, s_2, \cdots, s_n$,按照代数的知识,$F(s)$ 可以展开成简单部分分式之和

$$F(s) = \frac{K_1}{s-s_1} + \frac{K_2}{s-s_2} + \cdots + \frac{K_n}{s-s_n}$$
$$= \sum_{i=1}^{n} \frac{K_i}{s-s_i} \tag{5-22}$$

式中的 K_1、K_2、$\cdots$、K_n 为待定系数。

$$K_i = (s-s_i)F(s)\big|_{s=s_i} \tag{5-23}$$

因为
$$\frac{K_i}{s-s_i} \leftrightarrow K_i e^{s_i t}\varepsilon(t)$$

所以原函数
$$f(t) = (K_1 e^{s_1 t} + K_2 e^{s_2 t} + \cdots + K_n e^{s_n t})\varepsilon(t) \tag{5-24}$$

> **例 5-7** 已知 $F(s) = \dfrac{s^2+s+2}{s^3+3s^2+2s}$,求原函数 $f(t)$。

解:
$$F(s) = \frac{s^2+s+2}{s(s+1)(s+2)} = \frac{K_1}{s} + \frac{K_2}{s+1} + \frac{K_3}{s+3}$$

各系数分别为
$$K_1 = sF(s)\big|_{s=0} = \frac{s^2+s+2}{(s+1)(s+2)}\bigg|_{s=0} = 1$$
$$K_2 = (s+1)F(s)\big|_{s=-1} = \frac{s^2+s+2}{s(s+2)}\bigg|_{s=-1} = -2$$
$$K_3 = (s+2)F(s)\big|_{s=-2} = \frac{s^2+s+2}{s(s+1)}\bigg|_{s=-2} = 2$$

所以
$$F(s) = \frac{1}{s} - \frac{2}{s+1} + \frac{2}{s+2}$$

取逆变换得
$$f(t) = (1 - 2e^{-t} + 2e^{-2t})\varepsilon(t)$$

> **例 5-8** 已知 $F(s) = \dfrac{s^3+6s^2+15s+11}{s^2+5s+6}$,求原函数 $f(t)$。

解: 用长除法得
$$F(s) = s+1 + \frac{4s+5}{s^2+5s+6} = s+1 + \frac{4s+5}{(s+2)(s+3)}$$
$$= s+1 + \frac{K_1}{s+2} + \frac{K_2}{s+3}$$

解得系数 $K_1 = -3$,$K_2 = 7$,从而
$$F(s) = s+1 + \frac{-3}{s+2} + \frac{7}{s+3}$$

所以
$$f(t) = \delta'(t) + \delta(t) + (7e^{-3t} - 3e^{-2t})\varepsilon(t)$$

2. $D(s)=0$ 具有共轭复根($F(s)$ 有复极点)

由于 $D(s)$ 是 s 的实系数多项式,若分母 $D(s)=0$ 有复根,则必然共轭成对出现。与前

面只有实根的情形一样，先展开为部分分式，再求逆变换，最后进行整理，简化计算结果。

设 $s_1 = \alpha + j\omega, s_2 = \alpha - j\omega$，则

$$F(s) = \frac{K_1}{s - \alpha - j\omega} + \frac{K_2}{s - \alpha + j\omega}$$

利用单极点展开法得其系数

$$K_1 = |K_1| e^{j\varphi_1}, \quad K_2 = |K_1| e^{-j\varphi_1}$$

则

$$\begin{aligned}
f(t) &= (|K_1| e^{j\varphi_1} e^{(\alpha + j\omega)t} + |K_1| e^{-j\varphi_1} e^{(\alpha - j\omega)t})\varepsilon(t) \\
&= |K_1| e^{\alpha t} [e^{j(\omega t + \varphi_1)} + e^{-j(\omega t + \varphi_1)}]\varepsilon(t) \\
&= 2|K_1| e^{\alpha t} \cos(\omega t + \varphi_1)\varepsilon(t)
\end{aligned} \quad (5-25)$$

例 5-9 已知 $F(s) = \dfrac{s+2}{s^2 + 2s + 2}$，求原函数 $f(t)$。

解： 由 $s^2 + 2s + 2 = 0$ 有共轭复根 $s_{1,2} = -1 \pm j$，得

$$F(s) = \frac{s+2}{(s-s_1)(s-s_2)} = \frac{s+2}{(s+1-j)(s+1+j)} = \frac{K_1}{s+1-j} + \frac{K_2}{s+1+j}$$

利用单极点展开法得

$$K_1 = (s-s_1)F(s)\Big|_{s=s_1} = (s-s_1)F(s)\Big|_{s=-1+j} = \frac{1}{2} - j\frac{1}{2} = \frac{\sqrt{2}}{2} e^{-j45°}$$

$$K_2 = (s-s_2)F(s)\Big|_{s=s_2} = (s-s_2)F(s)\Big|_{s=-1-j} = \frac{1}{2} + j\frac{1}{2} = \frac{\sqrt{2}}{2} e^{j45°}$$

取逆变换得

$$\begin{aligned}
f(t) &= (K_1 e^{s_1 t} + K_2 e^{s_2 t})\varepsilon(t) \\
&= \left[\frac{\sqrt{2}}{2} e^{-j45°} e^{(-1+j)t} + \frac{\sqrt{2}}{2} e^{j45°} e^{(-1-j)t}\right]\varepsilon(t) \\
&= \frac{\sqrt{2}}{2} e^{-t} [e^{j(t-45°)} + e^{-j(t-45°)}]\varepsilon(t) \\
&= \sqrt{2} e^{-t} \cos(t - 45°)\varepsilon(t)
\end{aligned}$$

3. $D(s) = 0$ 有 p 重根（$F(s)$ 有重极点）

设 $D(s) = 0$ 在 $s = s_1$ 时有 p 重根，即

$$F(s) = \frac{N(s)}{(s-s_1)^p}$$

对 $F(s)$ 进行分解时，与 s_1 有关的分式有 p 项，即

$$F(s) = \frac{K_{11}}{(s-s_1)^p} + \frac{K_{12}}{(s-s_1)^{p-1}} + \cdots + \frac{K_{1p}}{s-s_1} \quad (5-26)$$

确定系数 $K_{11}, K_{12}, \cdots, K_{1p}$

$$K_{1i} = \frac{1}{(i-1)!} \cdot \frac{d^{i-1}}{ds^{i-1}}[(s-s_1)^p F(s)]\Big|_{s=s_1} \quad (i = 1, 2, \cdots, p) \quad (5-27)$$

而

$$\frac{1}{(n-1)!} t^{n-1} \varepsilon(t) \leftrightarrow \frac{1}{s^n}$$

再由复频移性得

$$\frac{1}{(n-1)!}t^{n-1}e^{s_1 t}\varepsilon(t) \leftrightarrow \frac{1}{(s-s_1)^n}$$

所以

$$f(t)=\left[\frac{K_{11}}{(p-1)!}t^{p-1}+\frac{K_{12}}{(p-2)!}t^{p-2}+\cdots+K_{1p}\right]e^{s_1 t}\varepsilon(t) \tag{5-28}$$

例 5-10 已知 $F(s)=\dfrac{3s+5}{(s+1)^2(s+3)}$，求原函数 $f(t)$。

解：

$$F(s)=\frac{K_{11}}{(s+1)^2}+\frac{K_{12}}{s+1}+\frac{K_3}{s+3}$$

单极点项：

$$K_3=(s+3)\frac{3s+5}{(s+1)^2(s+3)}\bigg|_{s=-3}=-1$$

重极点项：

$$K_{11}=(s+1)^2\frac{3s+5}{(s+1)^2(s+3)}\bigg|_{s=-1}=1$$

$$K_{12}=\frac{\mathrm{d}}{\mathrm{d}s}\left[(s+1)^2\frac{3s+5}{(s+1)^2(s+3)}\right]\bigg|_{s=-1}=1$$

所以

$$F(s)=\frac{1}{(s+1)^2}+\frac{1}{s+1}-\frac{1}{s+3}$$

取逆变换得

$$f(t)=\mathscr{L}^{-1}[F(s)]=(te^{-t}+e^{-t}-e^{-3t})\varepsilon(t)$$

5.4 LTI 系统的 s 域分析

LTI 系统的 s 域分析主要包括线性电路分析和系统性能分析两方面的内容。线性电路分析时，首先列 s 域方程（可以从两方面入手：①列时域微分方程，用微积分性质求拉氏变换，②直接利用电路的 s 域模型建立代数方程）；其次，求解 s 域方程的解；最后，利用拉氏逆变换得到时域解。

与时域法求解 LTI 系统微分方程相比，拉氏变换分析法求解常系数线性微分方程具有以下特点：

(1) 拉氏变换分析法能将时域中的微分方程变换为复频域中的代数方程，使求解简化。

(2) 微分方程的初始条件可以自动地包含到象函数中，从而可一举求得方程的完全解。

(3) 用拉氏变换分析电网络系统时，甚至不必列写出系统的微分方程，而直接利用电

路的 s 域模型列写其电路方程,就可以解得响应的象函数,再取逆变换得原函数。

5.4.1 系统微分方程的 s 域解法

现以具体例子说明其解法过程。

例 5-11 如图 5-7 所示电路,已知 $e(t)=\begin{cases}-E & t<0\\ E & t>0\end{cases}$,求 $v_C(t)$。

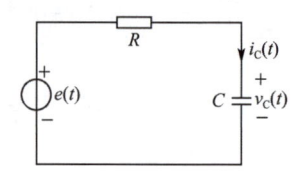

图 5-7 例 5-11 题图

解:(1)起始状态 $v_C(0_-)=-E$。

(2)列 $t>0$ 时的微分方程

$$RC\frac{dv_C(t)}{dt}+v_C(t)=E$$

(3)等式两边取单边拉氏变换

$$RC[sV_C(s)-v_C(0_-)]+V_C(s)=\frac{E}{s}$$

(4)求 s 域解

$$V_C(s)=\frac{\frac{E}{s}+RCv_C(0_-)}{1+RCs}=\frac{E\left(\frac{1}{RC}-s\right)}{s\left(s+\frac{1}{RC}\right)}=E\left(\frac{1}{s}-\frac{2}{s+\frac{1}{RC}}\right)$$

(5)利用逆变换求其时域解为

$$v_C(t)=E(1-2e^{-\frac{t}{RC}})\varepsilon(t)$$

其图像如图 5-8 所示。

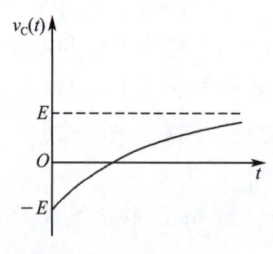

图 5-8 例 5-11 题解图

由本例可见,用拉氏变换法求解时,电路的初始状态已自动包含在 s 域的代数方程中,可由逆变换一举获得电路的全响应,故拉氏变换法比直接在时域内求解要简便。

如将电容电压响应的象函数表达式分开两项列写,即

$$V_C(s) = \frac{\frac{E}{s} + RCv_C(0_-)}{1 + RCs} = \frac{\frac{E}{s}}{1 + RCs} + \frac{RCv_C(0_-)}{1 + RCs}$$

可以看出第一项与外激励信号有关,对应为零状态响应;第二项取决于初始储能,对应为零输入响应。可见拉氏变换法也可方便地分别计算系统的零状态响应和零输入响应。

5.4.2 RLC 系统的 s 域分析

对于一个具体的电网络,也可以不按照例 5-11 的方法先列写时域微分方程再取拉氏变换,而是利用预先导出的电路复频域模型(电路的 s 域模型)直接列写复频域方程,从而求得所需响应的象函数,省略掉列写时域微分方程并求拉氏变换的过程。

下面介绍基本电路元件的 s 域模型。

1. 电阻元件

图 5-9(a)所示的电阻 R 上的时域电压-电流关系为一代数方程

$$u(t) = Ri(t)$$

两边取拉氏变换得到复频域(s 域)的电压-电流象函数关系为

$$U(s) = RI(s) \tag{5-29}$$

相应的 s 域模型如图 5-9(b)所示。

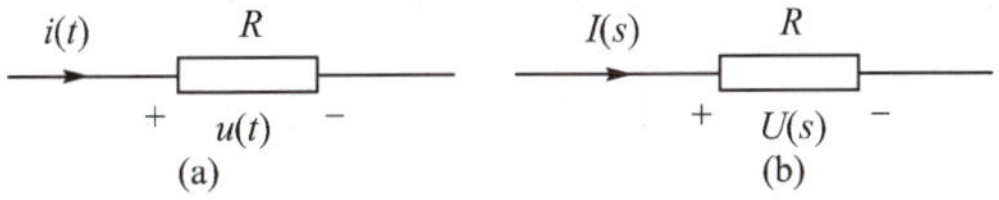

图 5-9 电阻及其 s 域模型

2. 电容元件

图 5-10(a)所示的电容 C 上的时域电压-电流关系为

$$i(t) = C\frac{\mathrm{d}u(t)}{\mathrm{d}t}$$

两边取拉氏变换,利用微分性质得

$$I(s) = sCU(s) - Cu_C(0_-)$$

$$U(s) = \frac{1}{sC}I(s) + \frac{u_C(0_-)}{s} \tag{5-30}$$

由此可得相应的 s 域模型如图 5-10(b)、图 5-10(c)所示。其中 $\frac{1}{sC}$ 和 sC 分别称为电容的 s 域阻抗和 s 域导纳,或者分别称为运算阻抗和运算导纳。而 $\frac{u_C(0_-)}{s}$ 和 $Cu_C(0_-)$ 则分别为与 C 上初始电压 $u_C(0_-)$ 有关的附加电压源和附加电流源的量值。$u_C(0_-)$ 反映了电容 C 上初始储能对响应的影响。

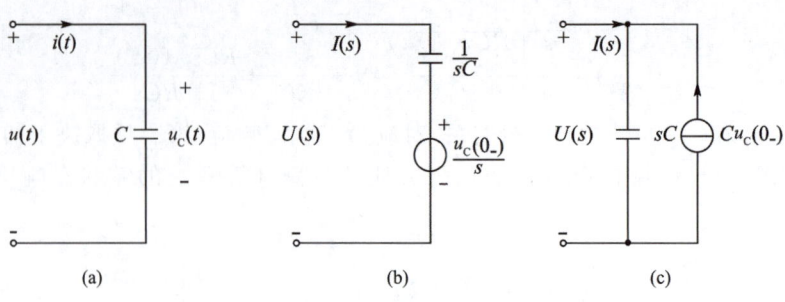

图 5-10　电容及其 s 域模型

3. 电感元件

图 5-11(a)中电感 L 上的时域电压-电流关系为

$$u(t) = L\frac{\mathrm{d}i(t)}{\mathrm{d}t}$$

两边取拉氏变换,用拉氏变换的微分性质可得

$$U(s) = sLI(s) - Li_L(0_-)$$

$$I(s) = \frac{1}{sL}U(s) + \frac{i_L(0_-)}{s} \tag{5-31}$$

由此可得相应的 s 域模型如图 5-11(b)、图 5-11(c)所示。其中 sL 和 $\dfrac{1}{sL}$ 分别称为电感的 s 域阻抗和 s 域导纳,或者分别称为运算阻抗和运算导纳。而 $Li_L(0_-)$ 和 $\dfrac{i_L(0_-)}{s}$ 则分别为与 L 上初始电流 $i_L(0_-)$ 有关的附加电压源和附加电流源的量值。$i_L(0_-)$ 反映了 L 上初始储能对响应的影响。

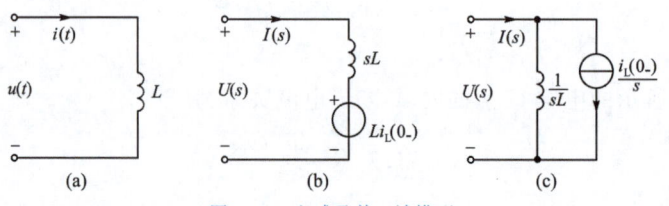

图 5-11　电感及其 s 域模型

> **注意:**(1)对于具体的电路,只有给出的初始状态是电感电流和电容电压时,才可方便地画出 s 域等效电路模型,否则不易直接画出,这时不如先列写微分方程再取拉氏变换较为方便;
> (2)不同形式的等效 s 域模型其电源的方向是不同的,千万不要弄错;
> (3)在作 s 域模型时应画出其所有内部相电源,并特别注意其参考方向。

4. s 域中的电路定律

在 s 域中分析电路,仍然离不开基尔霍夫定律。
由 KCL 和 KVL 知

$$\sum i(t) = 0$$

$$\sum u(t) = 0$$

分别取拉氏变换,可得基尔霍夫定律的 s 域形式

$$\sum I(s) = 0$$
$$\sum U(s) = 0 \tag{5-32}$$

对于图 5-12(a)所示的 RLC 串联电路,可得电路的运算阻抗的一般形式。设初始状态为零,则对应的复频域模型如图 5-12(b)所示。由此可列 KCL 方程

$$RI(s) + sLI(s) + \frac{1}{sC}I(s) = U(s)$$

即

$$(R + sL + \frac{1}{sC})I(s) = U(s)$$

从而

$$\frac{U(s)}{I(s)} = R + sL + \frac{1}{sC} = Z(s) \tag{5-33}$$

式中,$Z(s)$ 称为 RLC 串联电路的运算阻抗。如图 5-12(c)所示,在形式上与正弦稳态电路中阻抗 $Z = R + j\omega L + \frac{1}{j\omega C}$ 的形式相同,只不过这里用 s 代替了阻抗中的 $j\omega$ 而已。式(5-33)称为欧姆定律的 s 域形式。

运算阻抗的倒数称为运算导纳,即

$$Y(s) = \frac{1}{Z(s)} = \frac{I(s)}{U(s)} = \frac{1}{R + sL + \frac{1}{sC}}$$

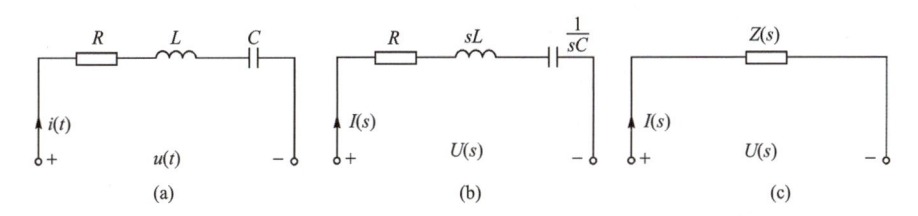

图 5-12 RLC 串联电路及其 s 域模型

由上可知,在电网络系统中,当 KCL、KVL 和元件的 VCR 时域关系由 s 域模型替代后,其定律和阻抗形式完全与正弦稳态时的相量形式一致。因此,用拉氏变换法分析电路时,只要将每个元件用所学的线性电路的各种分析方法和定理(如节点法、网孔法、叠加定理、戴维南定理等)求解 s 域电路模型,得到待求响应的象函数,最后通过逆变换获得响应的时域解即可。此即线性电路的 s 域分析法(亦称运算法)。

> **例 5-12** 如图 5-7 所示电路,已知 $e(t) = \begin{cases} -E & t < 0 \\ E & t > 0 \end{cases}$,通过 s 域电路模型求 $v_C(t)$。

解:
$$e(t) = -E\varepsilon(-t) + E\varepsilon(t)$$

起始状态
$$v_C(0_-) = -E$$

图 5-7 中电路的 s 域电路模型如图 5-13 所示。

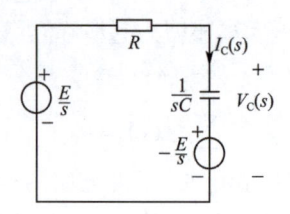

图 5-13 例 5-12 题图

列 s 域方程

$$I_C(s) = \frac{V_C(s) + \frac{E}{s}}{\frac{1}{sC}} = CsV_C(s) + CE$$

$$RI_C(s) + V_C(s) = \frac{E}{s}$$

即

$$RCsV_C(s) + RCE + V_C(s) = \frac{E}{s}$$

$$V_C(s) = \frac{\frac{E}{s} - RCE}{RCs + 1} = E\left(\frac{1}{s} - \frac{2}{s + \frac{1}{RC}}\right)$$

取逆变换得

$$v_C(t) = E\left(1 - 2e^{-\frac{t}{RC}}\right)\varepsilon(t)$$

结果与例 5-11 一样。

例 5-13 图 5-14(a)为某汽车点火系统的电路模型。12 V 电源为汽车蓄电池，L 为点火线圈。当开关在 $t=0$ 断开时，将在电感两端产生高压，由高压电火花点燃汽油而发动汽车。设 $R=2\ \Omega, L=1\ \text{H}, C=1\ \mu\text{F}$，试求 $t \geq 0$ 时的电压 $u_C(t)$ 及其最大值。

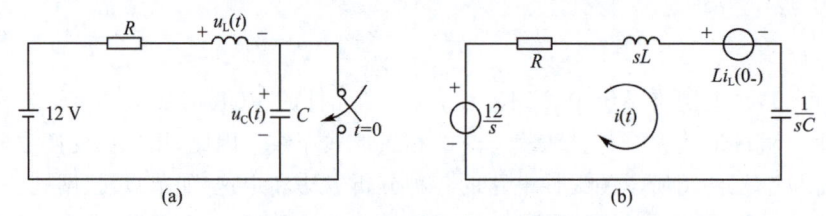

图 5-14 汽车点火系统的电路模型图

解：首先画电路的 s 域模型如图 5-14(b)所示。其中初始状态

$$i_L(0_-) = \frac{12}{2}\ \text{A} = 6\ \text{A}$$

$$u_C(t) = 0$$

列 KVL 方程

$$\left(R + sL + \frac{1}{sC}\right)I(s) = \frac{12}{s} + 6$$

所以
$$I(s) = \frac{\frac{12}{s}+6}{R+sL+\frac{1}{sC}} = \frac{6s+12}{s^2+2s+10^6}$$

$$\approx \frac{6s+12}{(s-\text{j}1000)(s+\text{j}1000)}$$

取逆变换得
$$i(t) \approx 6\cos(1000t) \text{ A} \quad (t \geq 0)$$

故
$$u_L(t) = L\frac{\text{d}i}{\text{d}t} = -6000\sin(1000t) \text{ V}$$

当 $t = \frac{\pi}{2}$ ms 时，电感电压最大值为
$$u_{L\max} = -6000 \text{ V}$$

5.5 系统函数与系统特性

系统函数这个名词大家并不陌生，前面在学习傅立叶变换时就遇到过，系统函数在 s 域中的表现形式在理论和应用中都有重要的价值。

5.5.1 系统函数的定义

对于单输入-单输出的 LTI 系统，设输入信号为 $f(t)$，输出信号为 $y(t)$，则它们之间的关系可由 n 阶常系数线性微分方程描述，即

$$\begin{aligned} &a_n y^{(n)}(t) + a_{n-1} y^{(n-1)}(t) + \cdots + a_1 y^{(1)}(t) + a_0 y(t) \\ &= b_m f^{(m)}(t) + b_{m-1} f^{(m-1)}(t) + \cdots + b_1 f^{(1)}(t) + b_0 f(t) \end{aligned} \tag{5-34}$$

若输入信号 $f(t)$ 是在 $t=0$ 时刻加入的有始信号，且系统为零状态，则有
$$f(0_-) = f^{(1)}(0_-) = f^{(2)}(0_-) = \cdots = f^{(m-1)}(0_-) = 0$$
$$y(0_-) = y^{(1)}(0_-) = y^{(2)}(0_-) = \cdots = y^{(n-1)}(0_-) = 0$$

对式(5-34)两边取拉氏变换，由微分性质可得
$$(a_n s^n + a_{n-1} s^{n-1} + \cdots + a_1 s + a_0) Y_{zs}(s) = (b_m s^m + b_{m-1} s^{m-1} + \cdots + b_1 s + b_0) F(s)$$

系统函数定义为系统零状态响应的象函数与输入信号的象函数之比，用 $H(s)$ 表示。即

$$H(s) = \frac{Y_{zs}(s)}{F(s)} = \frac{b_m s^m + b_{m-1} s^{m-1} + \cdots + b_1 s + b_0}{a_n s^n + a_{n-1} s^{n-1} + \cdots + a_1 s + a_0} \tag{5-35}$$

简记为：$H(s) = \frac{Y(s)}{F(s)}$ 或 $Y(s) = H(s)F(s)$，系统函数 $H(s)$ 也称为网络函数。

可见系统函数 $H(s)$ 是在零状态条件下得到的，是 s 的有理函数，仅由系统特性决定，而与系统的激励和响应的形式无关。一般情况下，$H(s)$ 的分母多项式与系统的特征

多项式对应。

对于给定的系统,根据所取响应变量和激励变量的不同,其系统函数具有不同的意义。

1. 输入阻抗或策动点阻抗

图 5-15(a)所示的单端口系统,若以 $I(s)$ 为激励,$U(s)$ 为响应,则系统函数为输入阻抗或策动点阻抗,即

$$H(s) = \frac{U(s)}{I(s)} = Z_i(s) \tag{5-36}$$

2. 输入导纳或策动点导纳

若以 $I(s)$ 为响应,$U(s)$ 为激励,则系统函数为输入导纳或策动点导纳,即

$$H(s) = \frac{I(s)}{U(s)} = Y_i(s) \tag{5-37}$$

3. 转移函数或传递函数

对于图 5-15(b)所示的二端口系统,若系统的响应与激励不在同一端口,则系统函数称为转移函数或传递函数。例如

$$H(s) = \frac{U_2(s)}{U_1(s)}, \text{转移电压比(电压增益)}$$

$$H(s) = \frac{I_2(s)}{I_1(s)}, \text{转移电流比(电流增益)}$$

$$H(s) = \frac{U_2(s)}{I_1(s)}, \text{转移阻抗}$$

$$H(s) = \frac{I_2(s)}{U_1(s)}, \text{转移导纳}$$

图 5-15 单端口系统函数

根据上述系统函数的定义,对于具体的电网络,系统函数可以由零状态下系统的 s 域模型直接求得。

▶ **例 5-14** 如图 5-16(a)所示电路中,若 $u_S(t)$ 为激励,求响应分别为 $i_1(t)$ 和 $u_C(t)$ 时的系统函数。

解: 图 5-16(b)为电路的 s 域模型,用节点法列写关于 $U_C(s)$ 的方程

$$\left(\frac{1}{sL} + \frac{1}{R} + sC\right)U_C(s) = \frac{U_S(s)}{sL}$$

解得

$$U_C(s) = \frac{R}{LCRs^2 + Ls + R}U_S(s)$$

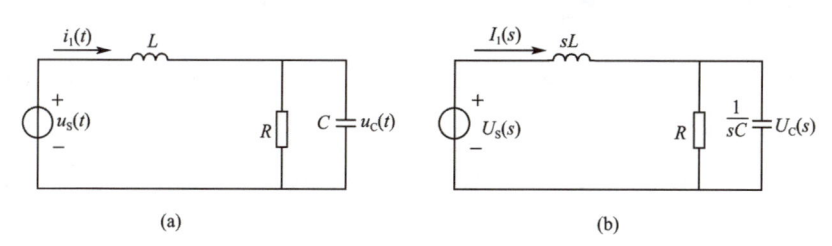

图 5-16 例 5-14 题图

所以
$$H(s) = \frac{U_C(s)}{U_S(s)} = \frac{R}{LCRs^2 + Ls + R}$$

而
$$I_1(s) = \frac{U_S(s)}{sL + \dfrac{1}{\dfrac{1}{R} + sC}}$$

解得
$$I_1(s) = \frac{RCs + 1}{LCRs^2 + Ls + R} U_S(s)$$

所以
$$H(s) = \frac{I_1(s)}{U_S(s)} = \frac{RCs + 1}{LCRs^2 + Ls + R}$$

观察上述的结果可知,各不同输出变量所对应的系统函数的分母多项式均相同,这说明系统的特征根(固有频率)不因响应变量的不同而改变。换言之,系统的不同响应变量其自由响应分量具有相同的模式,只是系数不同而已,这是系统本身的属性。

归纳以上分析,系统函数有如下性质:
(1) $H(s)$ 取决于系统的结构与元件参数,它确定了系统在 s 域的特征。
(2) $H(s)$ 是一个实系数有理分数,其分子、分母多项式的根为实数或共轭复数。
(3) 系统函数 $H(s)$ 为系统拉氏变换,它与系统的初始状态无关。
(4) 一般情况下,$H(s)$ 的分母多项式的根即系统的特征根(或固有频率)。

5.5.2　$H(s)$ 的零点和极点

一个系统在复频域内的输入-输出特性完全由其系统函数 $H(s)$ 唯一确定。线性系统的系统函数是以多项式之比的形式出现的,即
$$H(s) = \frac{b_m s^m + b_{m-1} s^{m-1} + \cdots + b_1 s + b_0}{a_n s^n + a_{n-1} s^{n-1} + \cdots + a_1 s + a_0} = \frac{N(s)}{D(s)}$$
$$D(s) = a_n s^n + a_{n-1} s^{n-1} + \cdots + a_1 s + a_0$$
$$N(s) = b_m s^m + b_{m-1} s^{m-1} + \cdots + b_1 s + b_0$$

系统函数 $H(s)$ 的分母多项式 $D(s) = 0$ 的根称为系统函数的极点,而 $H(s)$ 的分子多项式 $N(s) = 0$ 的根称为系统函数的零点,极点使系统函数取值无穷大,而零点使系统

函数取值为零。

利用系统函数的零、极点,可以把 $H(s)$ 的分子、分母写成线性因子的乘积,即

$$H(s)=\frac{N(s)}{D(s)}=\frac{b_m(s-z_1)(s-z_2)\cdots(s-z_m)}{a_n(s-s_1)(s-s_2)\cdots(s-s_n)}=H_0\frac{\prod_{i=1}^{m}(s-z_i)}{\prod_{p=1}^{n}(s-s_p)} \qquad (5-38)$$

式中,$z_1,z_2,\cdots,z_m$ 为系统函数的零点;$s_1,s_2,\cdots,s_n$ 是系统函数的极点;$H_0=\frac{b_m}{a_n}$ 为常系数。如果 $H(s)$ 的零点 z_i,极点 s_p 和常系数 H_0 已知,系统函数就完全确定了。

若把 $H(s)$ 的零、极点表示在 s 平面上,则称其为系统函数的零、极点分布图。其中零点用"○"表示,极点用"×"表示。若为 n 重零点或极点,可在其旁边注"(n)"。

例如,某系统函数

$$H(s)=\frac{s^3-2s^2+2s}{s^4+2s^3+5s^2+8s+4}$$

$$=\frac{s[(s-1)^2+1]}{(s+1)^2(s^2+4)}=\frac{s(s-1+\mathrm{j})(s-1-\mathrm{j})}{(s+1)^2(s+2\mathrm{j})(s-2\mathrm{j})}$$

极点为

$$s_1=-1,\text{二阶极点}$$

$$\left.\begin{array}{l}s_2=2\mathrm{j}\\s_3=-2\mathrm{j}\end{array}\right\}\text{一阶共轭极点}$$

零点为

$$z_1=0,\text{一阶零点}$$

$$\left.\begin{array}{l}z_2=1-\mathrm{j}\\z_3=1+\mathrm{j}\end{array}\right\}\text{一阶共轭零点}$$

所以该系统函数的零、极点分布图如图 5-17 所示。

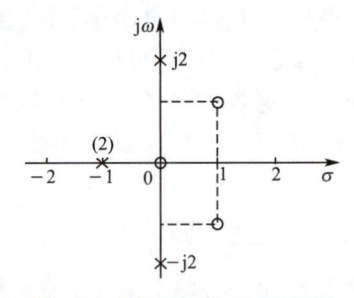

图 5-17 系统函数零、极点分布图

研究系统函数的零、极点有下列两个方面的意义:

(1) 从系统函数的极点分布可以了解系统的固有频率,进而了解系统冲激响应的模式,也就是说,可以知道系统的冲激响应是指数型、衰减振荡型、等幅振荡型,还是几者的组合,从而可以了解系统的响应特性及系统是否稳定。

(2) 从系统的零、极点分布可以求得系统的频率响应特性,从而分析系统的正弦稳态响应特性。系统的时域、频域特性都集中地以其系统函数的零、极点分布表现出来。我们

首先来讨论零、极点分布与时域响应的关系。

5.5.3 $H(s)$ 的零点、极点与时域响应

在 s 域分析中,借助系统函数在 s 平面零点与极点分布的研究,可以简明、直观地给出系统响应的许多规律。

由于复频域内的系统函数 $H(s)$ 对应着时域内系统的冲激响应 $h(t)$,故极点在 s 平面上的位置确定了冲激响应 $h(t)$ 的形式。

1.系统函数仅有一阶极点

系统函数

$$H(s) = H_0 \frac{\prod_{i=1}^{m}(s-z_i)}{\prod_{p=1}^{n}(s-s_p)}$$

可展开为

$$H(s) = \sum_{i=1}^{n} H_i(s) = \sum_{i=1}^{n} \frac{K_i}{s-s_i}$$

取逆变换得

$$h(t) = \mathscr{L}^{-1}\left[\sum_{i=1}^{n} \frac{K_i}{s-s_i}\right] = \sum_{i=1}^{n} K_i e^{s_i t} = \sum_{i=1}^{n} h_i(t)$$

可见 K_i 与零点的分布有关,$h_i(t)$ 由第 i 个极点确定。

(1)极点位于 s 平面坐标原点

若 $H(s) = \dfrac{1}{s}$,则 $h(t) = \varepsilon(t)$。如图 5-18 所示。

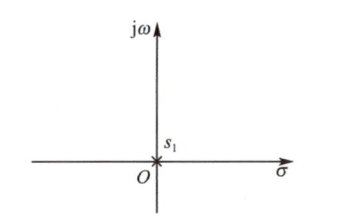

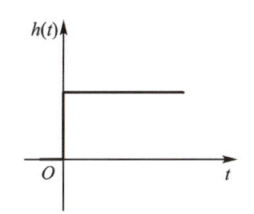

图 5-18 极点位于 s 平面坐标原点与原函数波形图

(2)极点位于 s 平面实轴上

若 $H(s) = \dfrac{1}{s+\alpha}$,则 $h(t) = e^{-\alpha t}\varepsilon(t)$。如图 5-19 所示。

(3)极点位于 s 平面虚轴上(共轭极点)

若 $H(s) = \dfrac{\omega}{s^2+\omega^2}$,则 $h(t) = \sin(\omega t)\varepsilon(t)$。如图 5-20 所示。

(4)极点位于 s 左半平面上(共轭极点)

如 $H(s) = \dfrac{\omega}{(s+\alpha)^2+\omega^2}$,则 $h(t) = e^{-\alpha t}\sin(\omega t)\varepsilon(t)(\alpha>0)$。如图 5-21 所示。

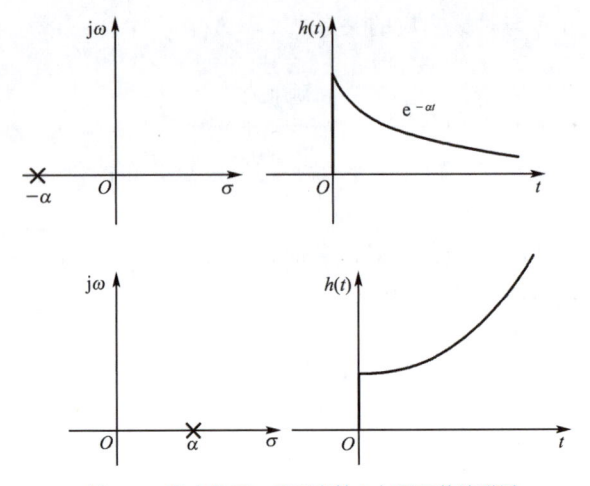

图 5-19　极点位于 s 平面实轴上与原函数波形图

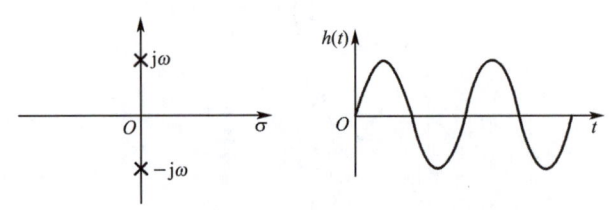

图 5-20　虚轴上的共轭极点与原函数波形图

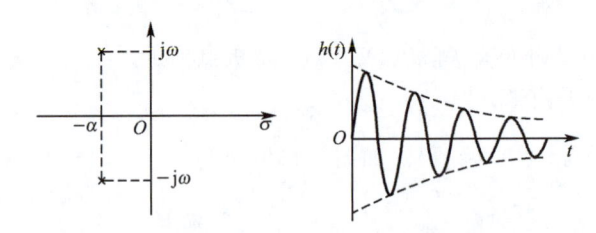

图 5-21　s 左半平面上的共轭极点与原函数波形图

(5)极点位于 s 右半平面上(共轭极点)

若 $H(s)=\dfrac{\omega}{(s-\alpha)^2+\omega^2}$，则 $h(t)=\mathrm{e}^{\alpha t}\sin(\omega t)\varepsilon(t)(\alpha>0)$。如图 5-22 所示。

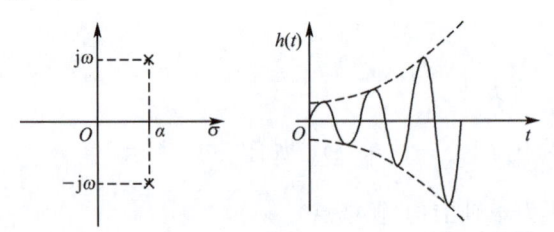

图 5-22　s 右半平面上的共轭极点与原函数波形图

2.系统函数有二阶极点

(1)s 平面坐标原点上的二阶极点

若 $H(s)=\dfrac{1}{s^2}$，则 $h(t)=t\varepsilon(t)$。如图 5-23 所示。

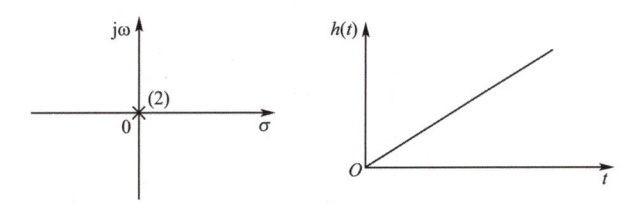

图 5-23 s 平面坐标原点上的二阶极点与原函数波形图

(2) 负实轴上的二阶极点

若 $H(s)=\dfrac{1}{(s+\alpha)^2}$，则 $h(t)=t\mathrm{e}^{-\alpha t}\varepsilon(t)(\alpha>0)$。如图 5-24 所示。

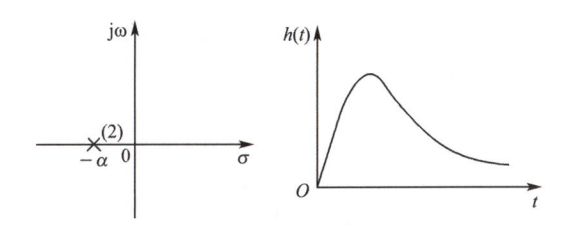

图 5-24 负实轴上的二阶极点与原函数波形图

(3) 虚轴上的二阶共轭极点

若 $H(s)=\dfrac{2\omega s}{(s^2+\omega^2)^2}$，则 $h(t)=t\sin(\omega t)\varepsilon(t)$。如图 5-25 所示。

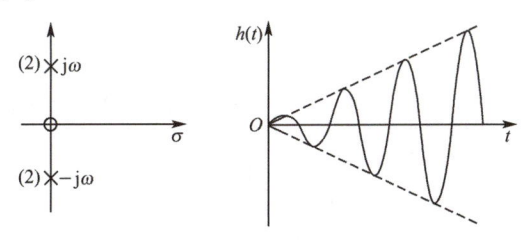

图 5-25 虚轴上的二阶共轭极点与原函数波形图

由此可见，$H(s)$ 的极点位置与冲激响应模式之间有着密切的对应关系，对于一阶极点分述如下：

(1) 极点位于 s 平面坐标原点，其对应的 $h(t)$ 为阶跃函数。

(2) $s=-\alpha$。当 $\alpha>0$ 时，极点位于 s 平面的负实轴上，对应的 $h(t)$ 为衰减指数函数；当 $\alpha<0$ 时，极点位于 s 平面的正实轴上，对应的 $h(t)$ 为增长指数函数。

(3) 共轭极点 $s=-\alpha\pm\mathrm{j}\omega_0$。当 $\alpha>0$ 时，共轭极点位于 s 平面的左半平面上，对应的 $h(t)$ 为减幅正弦振荡函数；当 $\alpha<0$ 时，共轭极点位于 s 平面的右半平面上，对应的 $h(t)$ 为增幅正弦振荡函数；当 $\alpha=0$ 时，极点位于虚轴上，对应的 $h(t)$ 为等幅正弦振荡函数。

图 5-26 给出了 $H(s)$ 的几种典型的单极点对应的时域特性图。

$H(s)$ 的零点位置不会改变 $h(t)$ 的变化模式，而只会影响其幅度和相位。例如，设

$$H(s)=\dfrac{s+3}{(s+3)^2+2^2}$$

其零点 $z_1=-3$，极点 $s_1=-3+\mathrm{j}2$，$s_2=-3-\mathrm{j}2$，对应的冲激响应为

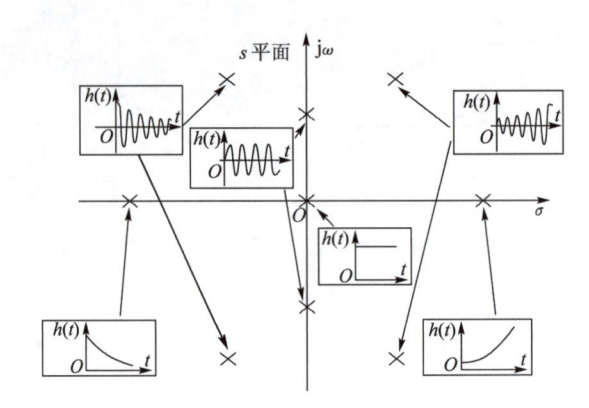

图 5-26　$H(s)$ 的单极点与时域函数关系

$$h(t)=\mathrm{e}^{-3t}\cos(2t)\varepsilon(t)$$

若

$$H(s)=\frac{s+1}{(s+3)^2+2^2}$$

其零点变为 $z_1=-1$，极点不变，则

$$H(s)=\frac{s+3-2}{(s+3)^2+2^2}=\frac{s+3}{(s+3)^2+2^2}-\frac{2}{(s+3)^2+2^2}$$

其逆变换为

$$h(t)=[\mathrm{e}^{-3t}\cos(2t)-\mathrm{e}^{-3t}\sin(2t)]\varepsilon(t)$$
$$=\sqrt{2}\,\mathrm{e}^{-3t}\cos(2t+45°)\varepsilon(t)$$

可见零点位置不会改变 $h(t)$ 的变化模式，只会影响其幅度和相位。

5.5.4　$H(s)$ 与系统的频率特性

系统在正弦信号激励下，稳态响应随信号频率变化而变化的特性，称为系统的频率响应特性（Frequency Response），简称频率特性，记为 $H(\mathrm{j}\omega)$。

如图 5-27 所示为 RLC 串联电路，如果输入为正弦电压 $u_1=\sqrt{2}U_1\cos(\omega t)$，零状态响应为 u_2，则 u_2 必为与 u_1 同频率的正弦信号。

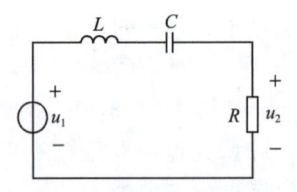

图 5-27　RLC 串联电路

那么其正弦稳态下的输出电压相量 $\dot{U}_2$ 与输入电压相量 $\dot{U}_1$ 之比为

$$H(j\omega) = \frac{\dot{U}_2}{\dot{U}_1} = \frac{R}{R + j\omega L + \dfrac{1}{j\omega C}} = \frac{\dfrac{R}{L}j\omega}{(j\omega)^2 + \dfrac{R}{L}j\omega + \dfrac{1}{LC}} \tag{5-39}$$

而用 s 域分析法可以求得系统函数(电压转移函数)为

$$H(s) = \frac{U_2(s)}{U_1(s)} = \frac{R}{R + sL + \dfrac{1}{sC}} = \frac{\dfrac{R}{L}s}{s^2 + \dfrac{R}{L}s + \dfrac{1}{LC}} \tag{5-40}$$

比较式(5-39)和式(5-40)可知频率特性 $H(j\omega)$ 可由系统函数 $H(s)$ 令表达式中的 $s = j\omega$ 得到,即

$$H(j\omega) = H(s)\big|_{s=j\omega} \tag{5-41}$$

$H(j\omega)$ 一般是复数,可表示为

$$H(j\omega) = |H(j\omega)| e^{j\varphi(\omega)}$$

通常把 $|H(j\omega)|$ 随 ω 变化的关系称为系统的幅频特性,把 $\varphi(\omega)$ 随 ω 变化的关系称为系统的相频特性。

由于 $H(j\omega)$ 是 $H(s)$ 在 $s=j\omega$ 时的一个特例,因此可以推知频率特性与相应 $H(s)$ 的零点、极点有着密切的关系。将式(5-41)中的 s 换为 $j\omega$,有

$$H(j\omega) = H_0 \frac{\prod_{i=1}^{m}(j\omega - z_i)}{\prod_{p=1}^{n}(j\omega - s_p)} \tag{5-42}$$

由此可写出系统的幅频特性为

$$|H(j\omega)| = H_0 \frac{\prod_{i=1}^{m}|j\omega - z_i|}{\prod_{p=1}^{n}|j\omega - s_p|}$$

相频特性为

$$\varphi(\omega) = \sum_{i=1}^{m} \arctan(j\omega - z_i) - \sum_{p=1}^{n} \arctan(j\omega - s_p)$$

为了直观地看出零点、极点对系统频率特性的影响,可以通过在 s 平面上作图的方法定性地绘出频率特性。通过观察可以发现,式(5-42)中分母的任一因子 $j\omega - s_p$ 可以用从极点 s_p 引向虚轴上动点 $j\omega$ 的矢量表示,分子的任一因子 $j\omega - z_i$ 可以用从零点 z_i 引向虚轴上动点 $j\omega$ 的矢量表示,如图 5-28 所示。矢量的长度分别为 M_p 和 N_i,矢量与实轴 σ 的夹角分别为 β_p 和 α_i,于是有

$$|H(j\omega)| = H_0 \frac{N_1 N_2 \cdots N_m}{M_1 M_2 \cdots M_n} = H_0 \frac{\prod_{i=1}^{m} N_i}{\prod_{p=1}^{n} M_p}$$

$$\varphi(\omega) = \alpha_1 + \alpha_2 + \cdots + \alpha_m - (\beta_1 + \beta_2 + \cdots + \beta_n)$$
$$= \sum_{i=1}^{m} \alpha_i - \sum_{p=1}^{n} \beta_p$$

当角频率 ω 从零开始渐渐增大并最后趋于无限大时,对应动点 $j\omega$ 自原点沿虚轴向上移动直至无穷远处。在此过程中各个矢量的长度和夹角也随之改变,因而可用图解法定性地画出 $|H(j\omega)|$ 和 $\varphi(\omega)$ 随 ω 变化的曲线图。

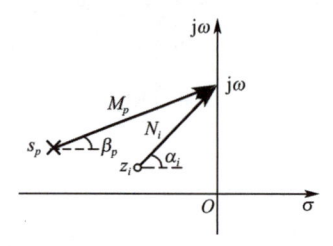

图 5-28 矢量图

> **例 5-15** 求如图 5-29(a)所示的 RC 网络的频率特性。

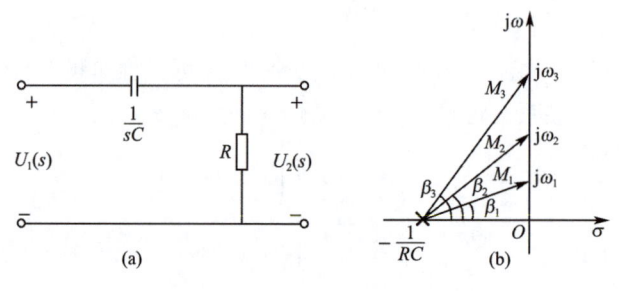

图 5-29 例 5-15 图

解:由图 5-29(a)得电压的系统函数为

$$H(s) = \frac{U_2(s)}{U_1(s)} = \frac{\dfrac{1}{RC}}{s + \dfrac{1}{RC}}$$

$H(s)$ 的极点 $s_1 = -\dfrac{1}{RC}$,将 $s = j\omega$ 代入上式,得

$$H(j\omega) = \frac{\dfrac{1}{RC}}{j\omega + \dfrac{1}{RC}}$$

其幅频特性和相频特性分别为

$$|H(j\omega)| = \frac{\dfrac{1}{RC}}{\sqrt{\omega^2 + \left(\dfrac{1}{RC}\right)^2}}$$

$$\varphi(\omega) = -\arctan(\omega RC)$$

根据 $H(\mathrm{j}\omega) = \dfrac{\dfrac{1}{RC}}{\mathrm{j}\omega + \dfrac{1}{RC}}$,其分母 $\mathrm{j}\omega + \dfrac{1}{RC}$ 可以用从极点 $s_1 = -\dfrac{1}{RC}$ 引向虚轴上动点 $\mathrm{j}\omega$ 的矢量 M 表示,如图 5-29(b)所示。当 $\mathrm{j}\omega$ 从零沿虚轴变为 $\mathrm{j}\omega_1, \mathrm{j}\omega_2, \mathrm{j}\omega_3 \cdots\cdots$ 最后到无穷大时,极点从 $-\dfrac{1}{RC}$ 到动点 $\mathrm{j}\omega$ 的矢量长度从 $\dfrac{1}{RC}$ 单调增长,故幅值 $|H(\mathrm{j}\omega)|$ 从 1 单调下降,无限趋近于零;$\varphi(\omega)$ 从零单调变化到 $-90°$。对于 ω 的特殊点,可定量计算,为:

当 $\omega = 0$ 时,$H(0) = 1$,$\varphi(0) = 0$。

当 $|H(\mathrm{j}\omega)| = H(0)/\sqrt{2}$ 时,可求得其对应频率 ω_c(截止频率)。令

$$|H(\mathrm{j}\omega)| = \frac{\dfrac{1}{RC}}{\sqrt{\omega_c^2 + \left(\dfrac{1}{RC}\right)^2}} = \frac{1}{\sqrt{2}}$$

解出

$$\omega_c = \frac{1}{RC}, \quad \varphi(\omega_c) = -45°$$

当 $\omega \to \infty$ 时,$|H(\mathrm{j}\omega)| \to 0$,$\varphi(\omega) \to -90°$。其幅频和相频特性曲线如图 5-30 所示。

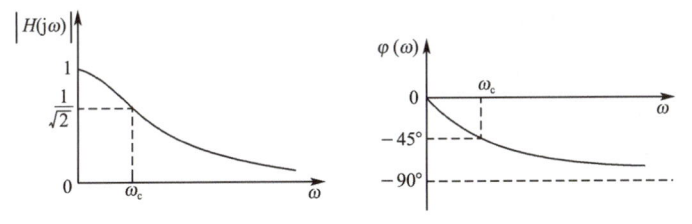

图 5-30 幅频和相频特性曲线

由幅频特性 $|H(\mathrm{j}\omega)|$ 可知,低频信号容易通过该网络,该网络具有低通特性,故称为低通网络或低通滤波器。

在工程中,典型的二阶系统函数有低通、带通、高通、带阻等形式。它们的表达式如下:

$$\text{低通:} H(s) = \frac{K}{s^2 + a_1 s + a_0}$$

$$\text{带通:} H(s) = \frac{Ks}{s^2 + a_1 s + a_0}$$

$$\text{高通:} H(s) = \frac{Ks^2}{s^2 + a_1 s + a_0}$$

$$\text{带阻:} H(s) = \frac{K_1 s^2 + K_2}{s^2 + a_1 s + a_0}$$

图 5-31 为以上四类系统的幅频特性曲线。

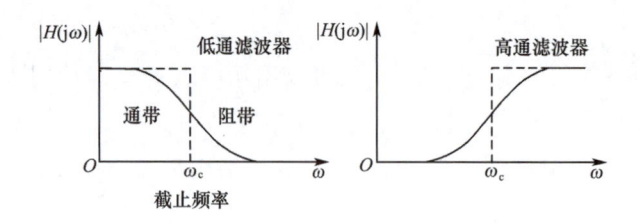

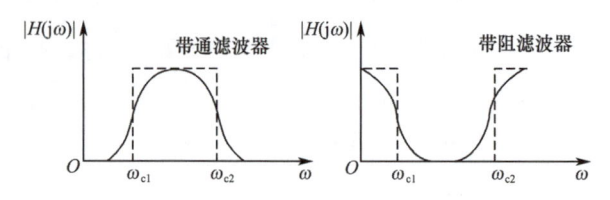

图 5-31 四类系统的幅频特性曲线

5.5.5 $H(s)$ 与系统的稳定性

线性时不变系统的稳定性是一个十分重要的概念。一般来说，由于某种原因（激励和初始状态）而出现的任何微小的扰动，在系统的响应中只产生微小的变化，这样的系统就被认为是稳定的。确切的定义是：一个系统在零状态条件下任何有界的输入产生有界的输出就叫作"有界输入、有界输出"意义下的稳定。本书仅讨论此意义下的系统稳定性。

设某系统的所有的激励信号 $e(t)$ 满足

$$|e(t)| \leqslant M_e$$

若响应 $r(t)$ 满足

$$|r(t)| \leqslant M_r$$

则称该系统是稳定的（式中 M_e, M_r 为有界正值）。不过以上定义在检验上不具备规范的可操作性，因为我们不可能对每一种有界输入的响应都进行求解。于是，就有了另外一种较为明晰简练、易于验证的定义。

1. 系统稳定的充分必要条件

冲激响应 $h(t)$ 绝对可积，即

$$\int_{-\infty}^{\infty} |h(t)| \mathrm{d}t \leqslant M \tag{5-43}$$

式中，M 为有界正值。

2. 由 $H(s)$ 的极点位置判断系统稳定性

（1）稳定系统

若 $H(s)$ 的极点全部位于 s 左半平面（不包括虚轴），则系统稳定。

（2）不稳定系统

$H(s)$ 只要有一个极点位于 s 右半平面，或者在虚轴上有二阶或二阶以上的重极点，则系统不稳定。

(3) 临界稳定系统

如果 $H(s)$ 有位于 s 平面虚轴上的一阶极点，而其余极点全在 s 左半平面上，则系统临界稳定。

3.稳定性判据

实际上，为了判断系统的稳定性，对三阶以上的系统求出 $H(s)$ 的极点并非易事。可以证明，为了判断一个系统稳定与否，并非一定要确切地求得每一个极点的值，而是需要判定所有的极点是否全部位于 s 左半平面（不包括虚轴）上。罗斯-霍尔维茨判据提供了一种简便的代数方法来实现上述判定。

(1) $H(s)$ 的所有极点位于 s 左半平面（不包括虚轴）上，即系统稳定的必要条件是 $H(s)$ 的分母多项式 $D(s)=a_n s^n + a_{n-1}s^{n-1} + \cdots + a_1 s + a_0$ 的全部系数非零且均为正实数或均为负实数。

(2) 对于一阶或二阶系统，上述第一条准则是稳定的充要条件。

(3) 对于三阶系统，系统稳定的充要条件是 $D(s)$ 的各项系数全为正，且 $a_1 a_2 > a_0 a_3$。

由上可见，罗斯-霍尔维茨判据是利用 $D(s)$ 的系数来判断系统是否稳定的，应用起来很方便。

例如，$H(s)$ 的分母多项式为

1. $D(s)=s^2-3s+2$ 系统不稳定
2. $D(s)=2s^3+s^2+3$ 系统不稳定
3. $D(s)=s^3+s^2+4s+10$ 系统不稳定
4. $D(s)=s^3+4s^2+5s+6$ 系统稳定

▶ **例 5-16** 某系统如图 5-32 所示，假定输入阻抗为无穷大，试求：

(1) 系统函数 $H(s)=\dfrac{V_0(s)}{V_1(s)}$；

(2) 由 $H(s)$ 的极点分布判断 A 满足什么条件时，系统是稳定的。

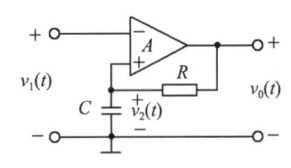

图 5-32 例 5-16 图

解：(1)
$$V_0(s)=A[V_2(s)-V_1(s)]=A[kV_0(s)-V_1(s)]$$

其中

$$k=\dfrac{\dfrac{1}{sC}}{R+\dfrac{1}{sC}}=\dfrac{V_2(s)}{V_0(s)} \text{（反馈系数）}$$

$$H(s)=\frac{V_0(s)}{V_1(s)}=\frac{A}{Ak-1}=-\frac{(s+\frac{1}{RC})A}{s+\frac{1-A}{RC}}$$

(2)要使系统稳定,须满足

$$\frac{1-A}{RC} \geqslant 0$$

即

$$A \leqslant 1$$

$A=1$ 为临界稳定。

5.6 连续时间系统的表示和模拟

线性时不变连续时间系统除了可以用微分方程描述外,还可以用模拟框图和信号流图来表示。另外,如果已知系统函数,还可以通过系统模拟的方法,即由基本单元以串联、并联或混合连接的方式构成一个系统。

5.6.1 连续时间系统的模拟框图表示

在零初始状态下,系统在时域、频域和复频域的特性可以分别用冲激响应 $h(t)$,系统函数 $H(\omega)$ 和 $H(s)$ 来表征,如图 5-33 所示。

图 5-33 系统图

时域 $y(t)=f(t)*h(t)$
频域 $Y(\omega)=F(\omega)H(\omega)$
复频域 $Y(s)=F(s)H(s)$

1.构成系统的基本单元

(1)加法器

加法器如图 5-34 所示。

图 5-34 加法器

(2)比例放大器(数乘器)

比例放大器如图 5-35 所示。

图 5-35 比例放大器

(3) 积分器

积分器如图 5-36 所示。

图 5-36 积分器

2. 简单系统组合成复杂系统

(1) 连续时间系统的串联

连续时间系统的串联如图 5-37 所示。

(a) 时域形式

(b) 复频域形式

图 5-37 连续时间系统的串联

复合系统的冲激响应 $h(t)$：

$$h(t)=h_1(t)*h_2(t)*\cdots*h_n(t) \tag{5-44}$$

复合系统的系统函数 $H(s)$：

$$H(s)=H_1(s)H_2(s)\cdots H_n(s) \tag{5-45}$$

(2) 连续时间系统的并联

连续时间系统的并联如图 5-38 所示。

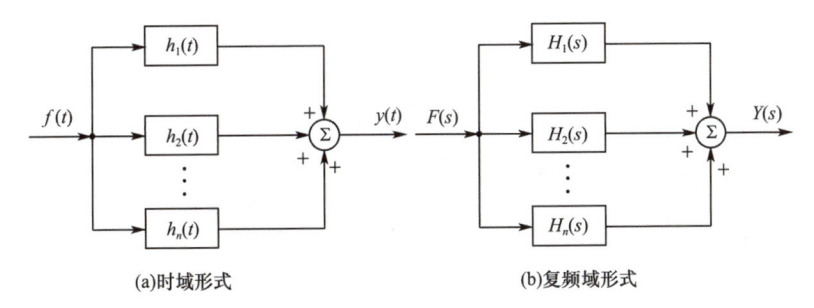

(a) 时域形式 (b) 复频域形式

图 5-38 连续时间系统的并联

复合系统的冲激响应 $h(t)$：

$$h(t)=h_1(t)+h_2(t)+\cdots+h_n(t)=\sum_{i=1}^{n}h_i(t) \tag{5-46}$$

复合系统的系统函数 $H(s)$：

$$H(s)=H_1(s)+H_2(s)+\cdots+H_n(s)=\sum_{i=1}^{n}H_i(s) \tag{5-47}$$

(3) 连续时间系统的混合连接

连续时间系统的混合连接如图 5-39 所示。

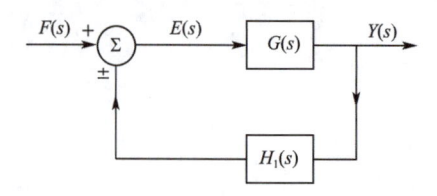

图 5-39 连续时间系统的混合连接

$$Y(s)=E(s)G(s)=[F(s)\pm H_1(s)Y(s)]G(s)$$
$$=G(s)F(s)\pm H_1(s)G(s)Y(s)$$

即

$$[1\mp G(s)H_1(s)]Y(s)=G(s)F(s)$$

从而

$$H(s)=\frac{Y(s)}{F(s)}=\frac{G(s)}{1\mp G(s)H_1(s)} \tag{5-48}$$

5.6.2 连续时间系统的信号流图表示

信号流图是由点(节点)和有向线段(支路)组成的线图。

1. 信号流图常用术语

以图 5-40 所示的信号流图为例介绍常用术语。

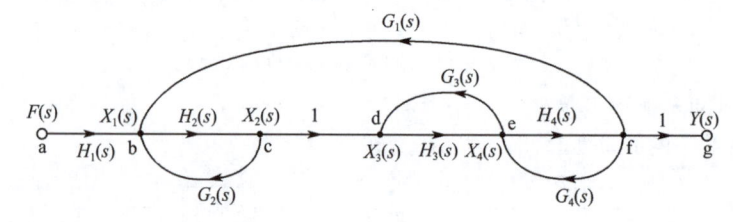

图 5-40 信号流图

节点:表示信号或变量的点,如图 5-40 中的 a 点、b 点、c 点。

支路:连接两个节点的有向线段,如 ab、ed。

支路增益(传输函数):写在支路旁边的函数,如 $H_2(s)$、$H_3(s)$、$H_4(s)$。

源点(输入节点):只有信号流出的节点,如 a 点。

汇点(阱点、输出节点):只有信号流入的节点,如 g 点。

通路:沿支路传输方向通过各相连支路的途径,如 abcdefg。

开路:与经过的任一节点只相遇一次的通路,如 abcdefg。

环路(回路):起点和终点为同一节点的通路,如 bcdefb、bcb。

环路增益:环路中各支路增益的乘积,如 bcb 环路的 $H_2(s)G_2(s)$。

不接触环路:两环路之间无任何公共节点,如 bcb 和 ded。

前向通路:从输入到输出的开路,如 abcdefg。

前向通路增益:前向通路中各支路增益的乘积,如 $H_1(s)H_2(s)H_3(s)H_4(s)$。

2. 信号流图的规则

信号流图的规则如图 5-41 所示。

$X_2(s) = X_1(s)H_1(s)$

(a)

$X_4(s) = X_1(s)H_1(s) + X_2(s)H_2(s) + X_3(s)H_3(s)$

(b)

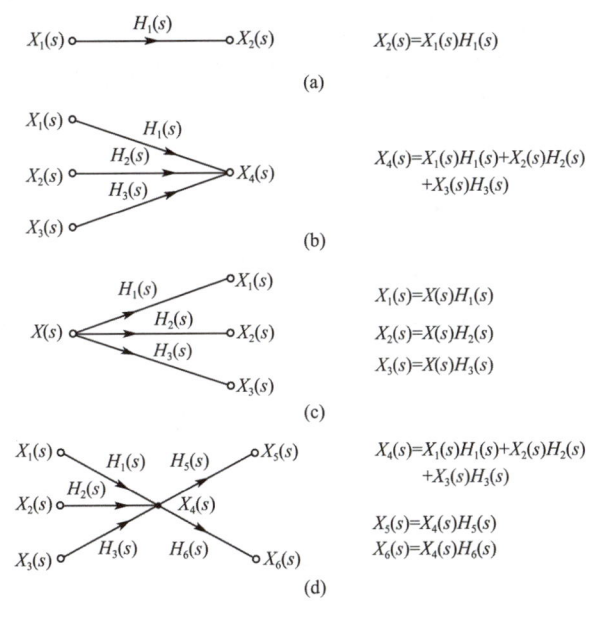

$X_1(s) = X(s)H_1(s)$
$X_2(s) = X(s)H_2(s)$
$X_3(s) = X(s)H_3(s)$

(c)

$X_4(s) = X_1(s)H_1(s) + X_2(s)H_2(s) + X_3(s)H_3(s)$
$X_5(s) = X_4(s)H_5(s)$
$X_6(s) = X_4(s)H_6(s)$

(d)

图 5-41 信号流图的规则

3. 信号流图的性质

支路表示一个信号对另一个信号的函数关系,信号只能沿支路箭头的方向通过。

节点可以把所有输入支路的信号叠加,并将总和输出。

具有输入和输出支路的混合节点,通过增加一个具有单位传输函数的支路,可以变成输出节点,但不能将混合节点变成源点。

信号流图不是唯一的。

4. 信号流图与模拟框图的对应关系

信号流图与模拟框图的对应关系如图 5-42 所示。

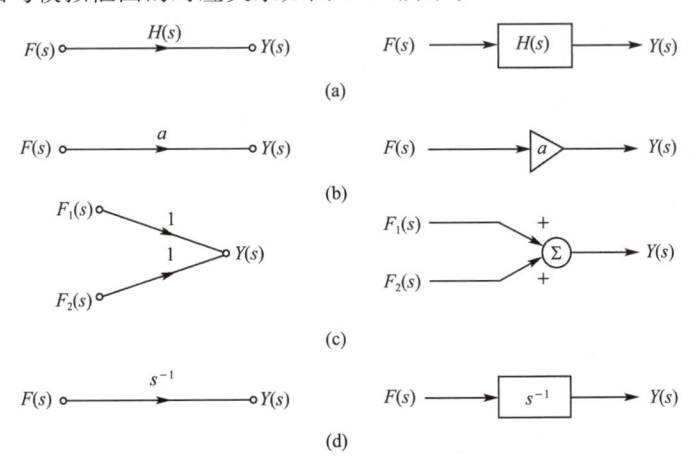

图 5-42 信号流图与模拟框图的对应关系

5. 由模拟框图转变成信号流图的方法

节点：由系统（子系统）的输入、输出，积分器、比例放大器和加法器的输入、输出确定。
支路：由模拟框图和信号流图之间的对应关系确定。

例 5-17 某线性连续时间系统的模拟框图如图 5-43 所示，画出该系统的信号流图。

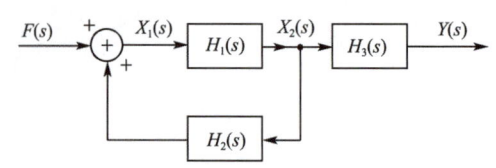

图 5-43　线性连续时间系统的模拟框图

解：信号流图如图 5-44 所示。

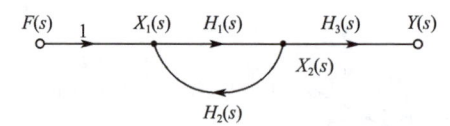

图 5-44　线性连续时间系统的信号流图

5.6.3 梅森公式（Mason's Rule）

对于一个用信号流图表示的线性连续时间系统，其系统函数 $H(s)$ 为

$$H(s) = \frac{\sum_{i=1}^{m} P_i \Delta_i}{\Delta} \tag{5-49}$$

P_i 表示第 i 条前向通路的增益；Δ_i 表示除去与第 i 条前向通路相接触的环路后，剩余子环的特征行列式；Δ 称为信号流图的特征行列式，表示为

$$\Delta = 1 - \sum_{j} L_j + \sum_{m,n} L_m L_n - \sum_{p,q,r} L_p L_q L_r + \cdots \tag{5-50}$$

其中 $\sum_{j} L_j$ 为所有环路增益之和；$\sum_{m,n} L_m L_n$ 为每两个互不接触环路的增益乘积之和；$\sum_{p,q,r} L_p L_q L_r$ 为每三个互不接触环路的增益乘积之和。

利用梅森公式求系统函数的步骤：

1. 找出信号流图中的环路、两两互不接触环路、三个及三个以上互不接触环路，并计算其环路增益或环路增益的乘积。
2. 计算信号流图的特征行列式。
3. 找出从输入节点到输出节点的所有前向通路，并计算其前向通路增益和剩余子环的特征行列式。
4. 由梅森公式得到系统函数。

例 5-18 求图 5-45 中的信号流图表示的系统函数 $H(s)$。

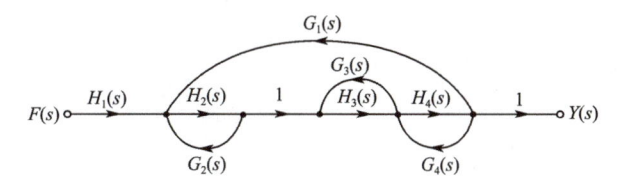

图 5-45 例 5-18 系统的信号流图

解：该信号流图共有四条环路，两组两两互不接触的环路，各环路的增益或环路增益乘积分别为

$$L_1 = H_2(s)G_2(s)$$
$$L_2 = H_3(s)G_3(s)$$
$$L_3 = H_4(s)G_4(s)$$
$$L_4 = H_2(s)H_3(s)H_4(s)G_1(s)$$
$$L_1L_2 = H_2(s)G_2(s)H_3(s)G_3(s)$$
$$L_1L_3 = H_2(s)G_2(s)H_4(s)G_4(s)$$

该信号流图的特征行列式为

$$\Delta = 1 - (L_1 + L_2 + L_3 + L_4) + (L_1L_2 + L_1L_3)$$
$$= 1 - [H_2(s)G_2(s) + H_3(s)G_3(s) + H_4(s)G_4(s) + H_2(s)H_3(s)H_4(s)G_1(s)]$$
$$+ [H_2(s)G_2(s)H_3(s)G_3(s) + H_2(s)G_2(s)H_4(s)G_4(s)]$$

该信号流图中从 $F(s)$ 到 $Y(s)$ 只有一条前向通路，前向通路增益 P_1 和对应的剩余子环的特征行列式分别为

$$P_1 = H_1(s)H_2(s)H_3(s)H_4(s)$$
$$\Delta_1 = 1$$

系统函数 $H(s)$ 为

$$H(s) = \frac{P_1 \Delta_1}{\Delta} = \frac{H_1(s)H_2(s)H_3(s)H_4(s)}{\Delta}$$

5.6.4 连续时间系统的模拟

在已知系统数学模型或系统函数的情况下，用基本单元组成该系统称为系统的模拟。

1. 直接形式

例 5-19 设二阶线性连续时间系统的系统函数为

$$H(s) = \frac{b_2 s^2 + b_1 s + b_0}{s^2 + a_1 s + a_0}$$

画出其模拟框图。

解：$H(s)$ 的分子、分母同乘以 s^{-2}，得到

$$H(s) = \frac{b_2 + b_1 s^{-1} + b_0 s^{-2}}{1 - (-a_1 s^{-1} - a_0 s^{-2})}$$

信号流图和模拟框图如图 5-46 所示。

(a) 直接形式 I 的信号流图表示

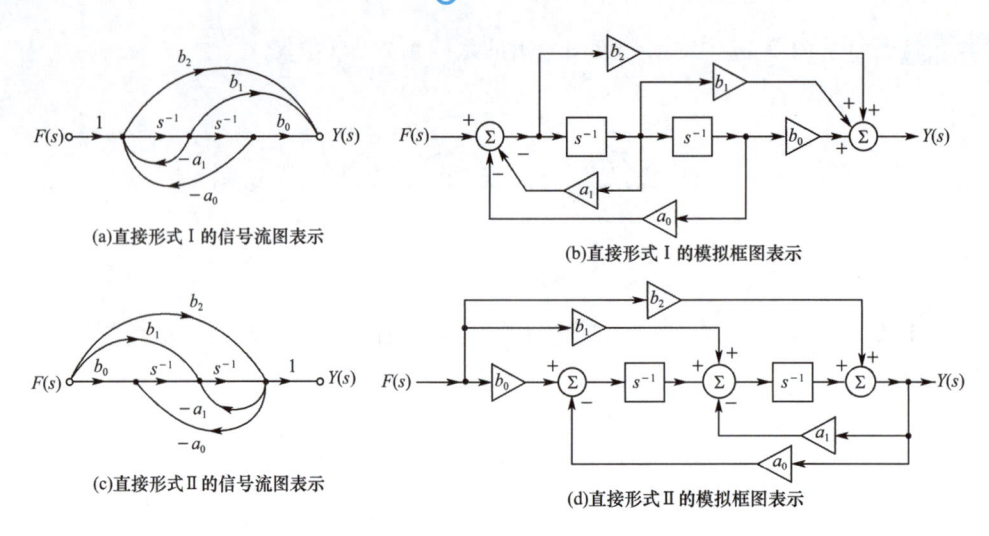

(b) 直接形式 I 的模拟框图表示

(c) 直接形式 II 的信号流图表示

(d) 直接形式 II 的模拟框图表示

图 5-46　例 5-19 系统的信号流图和模拟框图

> **例 5-20**　已知

$$y'''(t)+3y''(t)+5y'(t)+3y(t)=2f'(t)+4f(t)$$

试画出其模拟框图。

解：对方程的两端取单边拉普拉斯变换（初始状态为零）得

$$s^3Y(s)+3s^2Y(s)+5sY(s)+3Y(s)=2sF(s)+4F(s)$$

则系统函数为

$$H(s)=\frac{Y(s)}{F(s)}=\frac{2s+4}{s^3+3s^2+5s+3}$$

$H(s)$ 的分子、分母同乘以 s^{-3}，得到

$$H(s)=\frac{2s^{-2}+4s^{-3}}{1-(-3s^{-1}-5s^{-2}-3s^{-3})}$$

信号流图和模拟框图如图 5-47 所示。

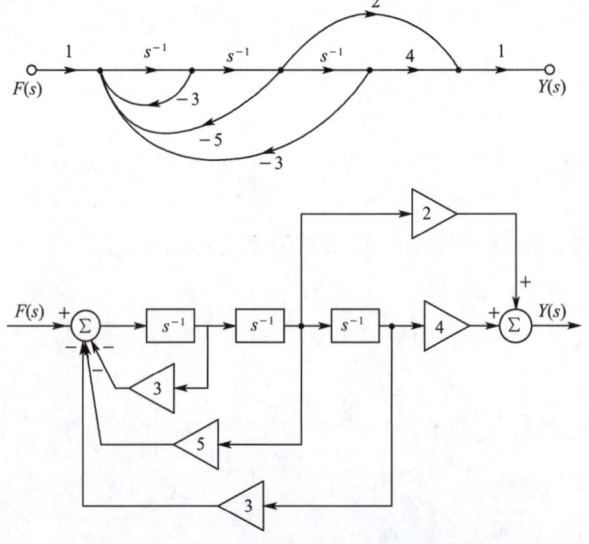

图 5-47　例 5-20 系统的信号流图和模拟框图

2. 间接形式

(1) 级联(串联)形式

各子系统以直接形式连接后再级联,将系统函数表示为多个子系统函数乘积的形式。

例 5-21 已知线性连续时间系统的系统函数为

$$H(s) = \frac{s^2 + 2s}{s^3 + 8s^2 + 19s + 12}$$

画出系统级联形式的信号流图。

解:$H(s)$ 可表示为

$$H(s) = \frac{s}{(s+1)} \cdot \frac{s+2}{(s+3)(s+4)} = H_1(s) \cdot H_2(s)$$

可以用一阶和二阶子系统的级联模拟该系统。

$$H_1(s) = \frac{s}{s+1} = \frac{1}{1-(-s^{-1})}$$

$$H_2(s) = \frac{s+2}{(s+3)(s+4)} = \frac{s+2}{s^2+7s+12} = \frac{s^{-1}+2s^{-2}}{1-(-7s^{-1}-12s^{-2})}$$

子系统的信号流图如图 5-48 所示。

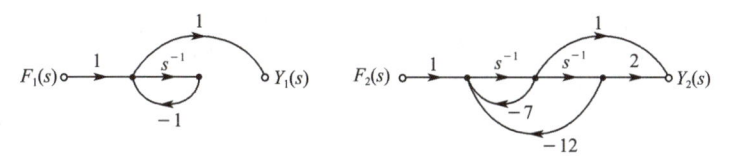

图 5-48 子系统的信号流图

级联形式的信号流图如图 5-49 所示。

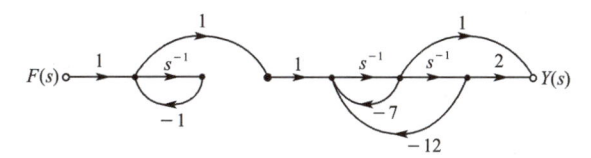

图 5-49 系统级联形式的信号流图

(2) 并联形式

各子系统以直接形式连接后再并联,将系统函数表示为多个子系统函数和的形式。

例 5-22 已知线性连续时间系统的系统函数 $H(s)$ 为

$$H(s) = \frac{2s+8}{s^3 + 6s^2 + 11s + 6}$$

画出系统并联形式的信号流图。

解:

$$H(s) = \frac{2s+8}{(s+1)[(s+2)(s+3)]}$$

$$= \frac{3}{s+1} + \frac{-3s-10}{s^2+5s+6}$$

$$= H_1(s) + H_2(s)$$

$$H_1(s) = \frac{3}{s+1} = \frac{3s^{-1}}{1-(-s^{-1})}$$

$$H_2(s) = \frac{-3s-10}{s^2+5s+6} = \frac{-3s^{-1}-10s^{-2}}{1-(-5s^{-1}-6s^{-2})}$$

系统的信号流图如图 5-50 所示。

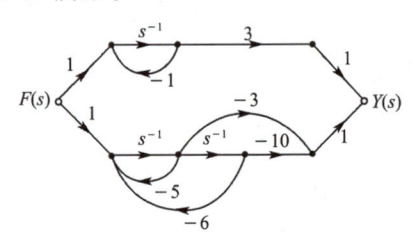

图 5-50 例 5-22 系统的信号流图

模块小结

1. 拉普拉斯变换是分析系统的有力工具。其分析思路如图 5-51 所示：

时域模型 $\xrightarrow{\mathscr{L}}$ s 域模型 $\to$ 解 s 域代数方程 $\xrightarrow{\mathscr{L}^{-1}}$ 逆变换得响应

图 5-51 拉普拉斯变换分析系统过程图

2. $f(t)$ 的拉普拉斯变换定义为

$$F(s) = \int_{0_-}^{\infty} f(t) e^{-st} dt$$

若

$$F(s) = \sum_{i=1}^{n} \frac{K_i}{s-s_i}$$

则原函数为

$$f(t) = \sum_{i=1}^{n} K_i e^{s_i t}$$

3. 牢记以下基本性质：

$$f(t-t_0)\varepsilon(t-t_0) \leftrightarrow F(s)e^{-st_0}$$

$$f'(t) \leftrightarrow sF(s) - f(0_-)$$

$$\int_{0_-}^{t} f(\tau) d\tau \leftrightarrow \frac{F(s)}{s}$$

$$f_1(t) * f_2(t) \leftrightarrow F_1(s)F_2(s)$$

4. 在系统分析中，系统函数 $H(s)$ 反映系统的本质特性。$H(s)$ 只取决于系统结构和元件参数，与输入信号无关，而且它是一个实系数有理分式。

5. 系统的时域特性和频域特性直接与 $H(s)$ 的零、极点分布对应。

6. 系统稳定性的概念在工程中很重要。LTI系统(绝对)稳定条件为冲激响应 $h(t)$ 绝对可积,即

$$\int_{-\infty}^{\infty} |h(t)| \mathrm{d}t \leqslant M$$

M 为有界正值。

7. 若系统函数 $H(s)$ 的所有极点均位于 s 左半平面(不包括虚轴)上,则系统是稳定的。

8. 系统的稳定性判据:罗斯-霍尔维茨判据。

9. 连续时间系统的信号流图与模拟框图具有对应关系,均可表示系统。

习题

5-1 求下列信号的拉普拉斯变换,并注明收敛域。

(1) $\mathrm{e}^{-t}\varepsilon(-t)$ (2) $\delta(t)-\mathrm{e}^{-2t}\varepsilon(t)$ (3) $\mathrm{e}^{2-t}\varepsilon(t+2)$

5-2 利用拉普拉斯变换的性质求题5-2图所示信号的拉普拉斯变换。

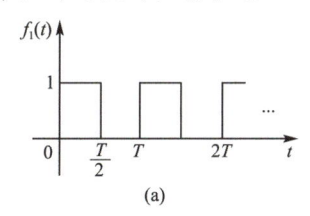

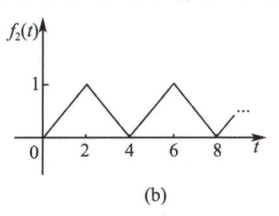

题 5-2 图

5-3 用部分分式展开法求下列象函数的拉普拉斯逆变换。

(1) $\dfrac{s^3+s^2+1}{(s+1)(s+2)}$ (2) $\dfrac{1-\mathrm{e}^{-4s}}{5s^2}$

(3) $\dfrac{s}{(s+2)(s+4)}$ (4) $\dfrac{s+5}{s(s^2+2s+5)}$

(5) $\dfrac{s+3}{(s+2)(s+1)^3}$

5-4 已知系统的微分方程为 $y''(t)+3y'(t)+2y(t)=f'(t)+3f(t)$,求在下列两种情况下系统的全响应。

(1) $f(t)=\varepsilon(t)$,$y(0_-)=1$,$y'(0_-)=2$;

(2) $f(t)=\mathrm{e}^{-3t}\varepsilon(t)$,$y(0_-)=1$,$y'(0_-)=2$。

5-5 已知如题 5-5 图所示的电路,求:

(1) 系统的冲激响应 $h(t)$;

(2) 当系统的零输入响应 $u_{Cx}(t)=h(t)$ 时,系统的初始状态;

(3) 系统在单位阶跃信号激励下,当全响应为 $u_C(t)=\varepsilon(t)$ 时,系统的初始状态。

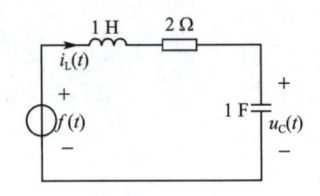

题 5-5 图

5-6 如果 LTI 因果系统的 $H(s)$ 的零、极点分布如题 5-6 图所示,且 $H(0)=1$,求:
(1) 系统函数 $H(s)$ 的表达式;
(2) 系统的单位阶跃响应。

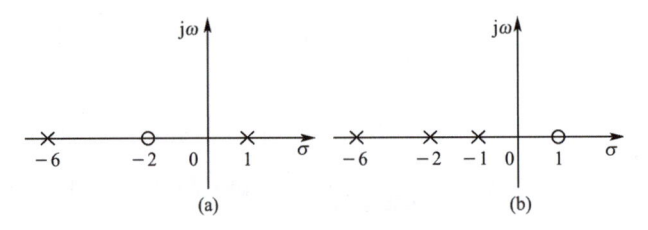

题 5-6 图

5-7 系统的模拟框图如题 5-7 图所示,试求:
(1) 系统的传输函数 $H(s)$ 和单位冲激响应;
(2) 描述系统输入、输出关系的微分方程;
(3) 当输入 $f(t)=2e^{-3t}\varepsilon(t)$ 时,系统的零状态响应;
(4) 判断系统是否稳定。

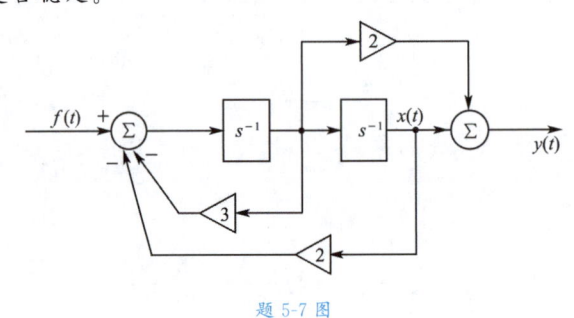

题 5-7 图

5-8 如题 5-8 图所示的反馈系统,为使系统稳定,试确定其 K 值。

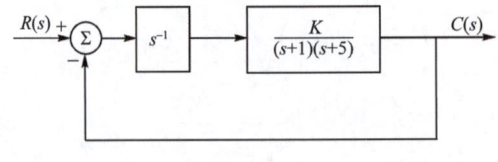

题 5-8 图

模块 6
离散时间信号与系统的时域分析

育人目标

在教学过程中,介绍通信领域名人,例如讲解"光纤之父"高锟先生的事迹,增强学生的学习动力,拓宽国际视野。树立学生履行时代赋予使命的责任担当,激起学生学习报国的理想情怀。使学生了解社会主义职业道德的基本规范,培养爱岗敬业、团结合作的精神。

教学目的

会计算常用卷积和,能够利用卷积和的方法求解离散时间系统的零状态响应,深刻理解单位响应的概念。

教学要求

离散时间信号与离散时间系统的分析方法是研究数字信号处理、数字控制和计算机应用的基础知识,本模块要掌握好以下内容:
1. 离散时间信号与离散时间系统差分方程的特征。
2. 利用卷积和的方法求解离散时间系统的零状态响应。
3. 理解单位响应的概念。
4. 会计算常用的卷积和。

在前面几个模块的讨论中,所涉及的系统均属于连续时间系统,这类系统用于传输和处理连续时间信号。此外,还有一类用于传输和处理离散时间信号的系统称为离散时间系统,简称离散系统。数字计算机是典型的离散时间系统,数字控制系统和数字通信系统的核心组成部分也都是离散时间系统。鉴于离散时间系统在精度、可靠性、集成化等方面比连续时间系统具有更大的优越性,因此,近几十年来,离散时间系统的理论研究发展迅速,应用范围也日益扩大。在实际工作中,人们根据需要往往把连续时间系统与离散时间系统组合起来使用,这种系统称为混合系统。

在工程上,从连续时间信号到离散时间信号的例子很多。例如:气象信号虽然是连续变化的,但气象站每隔一小时测得的气温、风速等却是离散时间信号;发射后的导弹高度变化是连续的,但雷达每隔一定时间测得的高度却是离散时间信号;电影中演员的动作虽然是连续变化的,但每秒钟拍摄的 24 张图像却是离散时间信号。这些离散时间信号虽然只是在某些时间点上的值,但经过系统的处理后,却可以推断出连续变化的信号特征,电影就是典型的例子,前面讲的抽样定理也严格地说明了这一点。

6.1 离散时间基本信号

连续时间信号,在数学上可以表示为连续时间变量 t 的函数。这类信号的特点是:在时间定义域内,除有限个不连续点外,对任一给定时刻都对应有确定的信号值。本节将讲述离散时间信号。

6.1.1 离散时间信号

离散时间信号,简称离散信号,它是离散时间变量 $t_k(k=0,\pm 1,\pm 2,\cdots)$ 的函数。信号仅在规定的离散时间点上有意义,而在其他时间则没有定义。鉴于 t_k 按一定顺序变化时,其相应的信号值组成一个数值序列,所以通常把离散时间信号定义为如下有序信号值的集合:

$$f_k = \{f(t_k)\} \quad k=0,\pm 1,\pm 2,\cdots$$

式中,k 为整数,表示信号值在序列中出现的序号。

若选取的离散瞬间是等间隔的,则一般常用 $f(kT)$ 表示,其中 $k=0,\pm 1,\pm 2,\cdots$;T 为离散间隔。一般把这种按一定规则有序排列的一系列数值称为序列,简记为 $f(k)$。

如图 6-1 所示均为离散时间信号。本书仅讨论等间隔的离散时间信号。

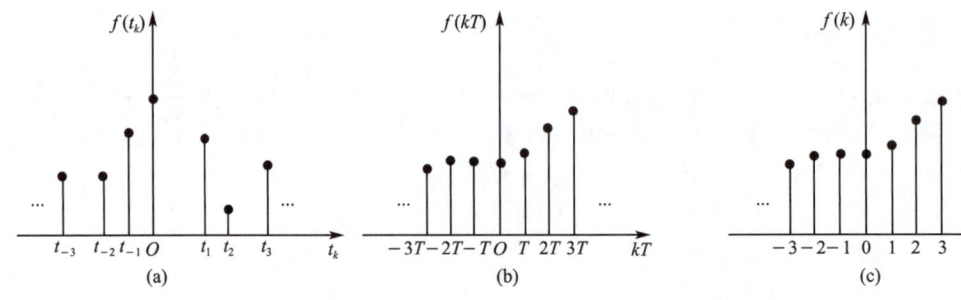

图 6-1 离散时间信号与离散序列

$$\{f(t)\} \xrightarrow{t_k - t_{k-1}} \{f(kT)\} \to f(k)$$

离散时间信号可用序列 $\{f(k)\}$ 表示。比如

$$f(k) = \begin{cases} 0 & k < -1 \\ k+1 & k \geq -1 \end{cases}$$

可见,$f(k)$ 具有两重意义:既代表一个序列,又代表序列中第 k 个数值。可以用数据表格形式给出,如图 6-2(a)所示,也可以以图形方式表示,如图 6-2(b)所示。

获取离散时间信号的方式通常有两种:一种是连续时间信号离散化,即根据抽样定理对连续时间信号进行均匀时间间隔取样,使连续时间信号在不失去有用信息的条件下转变为离散时间信号,这是目前信号数字化处理中最常用的方法之一。另一种是直接获取

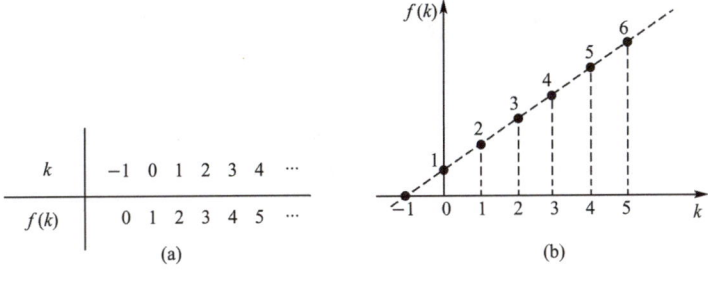

图 6-2　离散时间信号的表示

离散时间信号,比如计算机系统中记忆器件上储存的记录,地面对人造地球卫星或其他飞行器的轨道观测记录以及一切统计数据等,都是一些各不相同的离散时间信号。

6.1.2　常用离散时间信号

1. 单位脉冲序列

单位脉冲序列用 $\delta(k)$ 表示,其定义为

$$\delta(k)=\begin{cases}1 & k=0\\ 0 & k\neq 0\end{cases} \tag{6-1}$$

> **注意**:单位脉冲序列 $\delta(k)$ 与冲激函数 $\delta(t)$ 有本质的不同,$\delta(k)$ 在 $k=0$ 处有确定的值,如图 6-3 所示。

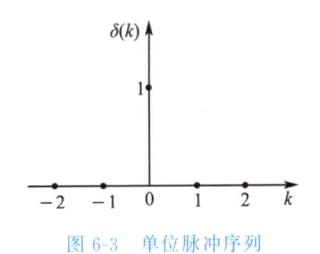

图 6-3　单位脉冲序列

2. 单位阶跃序列

单位阶跃序列用 $\varepsilon(k)$ 表示,其定义为

$$\varepsilon(k)=\begin{cases}1 & k\geqslant 0\\ 0 & k<0\end{cases} \tag{6-2}$$

单位阶跃序列 $\varepsilon(k)$ 与连续阶跃信号 $\varepsilon(t)$ 的形状相似,但 $\varepsilon(t)$ 在 $t=0$ 处跃变,其数值通常不予定义;而 $\varepsilon(k)$ 在 $k=0$ 处的值明确定义为 1,如图 6-4 所示。

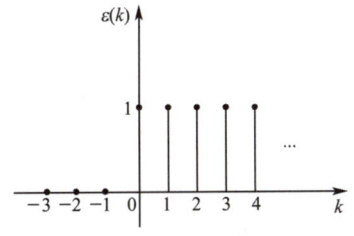

图 6-4　单位阶跃序列

3. 矩形序列

矩形序列用 $f_N(k)$ 表示,其定义为

$$f_N(k)=\begin{cases}1 & 0\leqslant k\leqslant N-1\\ 0 & 其他\end{cases} \quad (6\text{-}3)$$

矩形序列又称有限长脉冲序列,它在数字信号处理中经常用到,如图 6-5 所示。

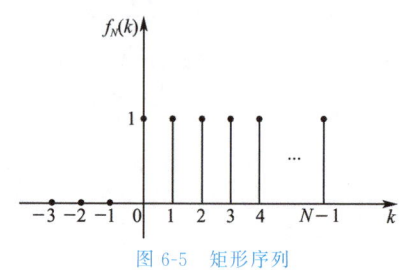

图 6-5 矩形序列

4. 指数序列

指数序列的一般形式为

$$f(k)=a^k\varepsilon(k) \quad (6\text{-}4)$$

该序列中,当 $|a|>1$ 时,序列按指数增长;当 $|a|<1$ 时,序列按指数衰减。当 $a>0$ 时,序列都取正值;当 $a<0$ 时,序列值在正、负间摆动。如图 6-6 所示。

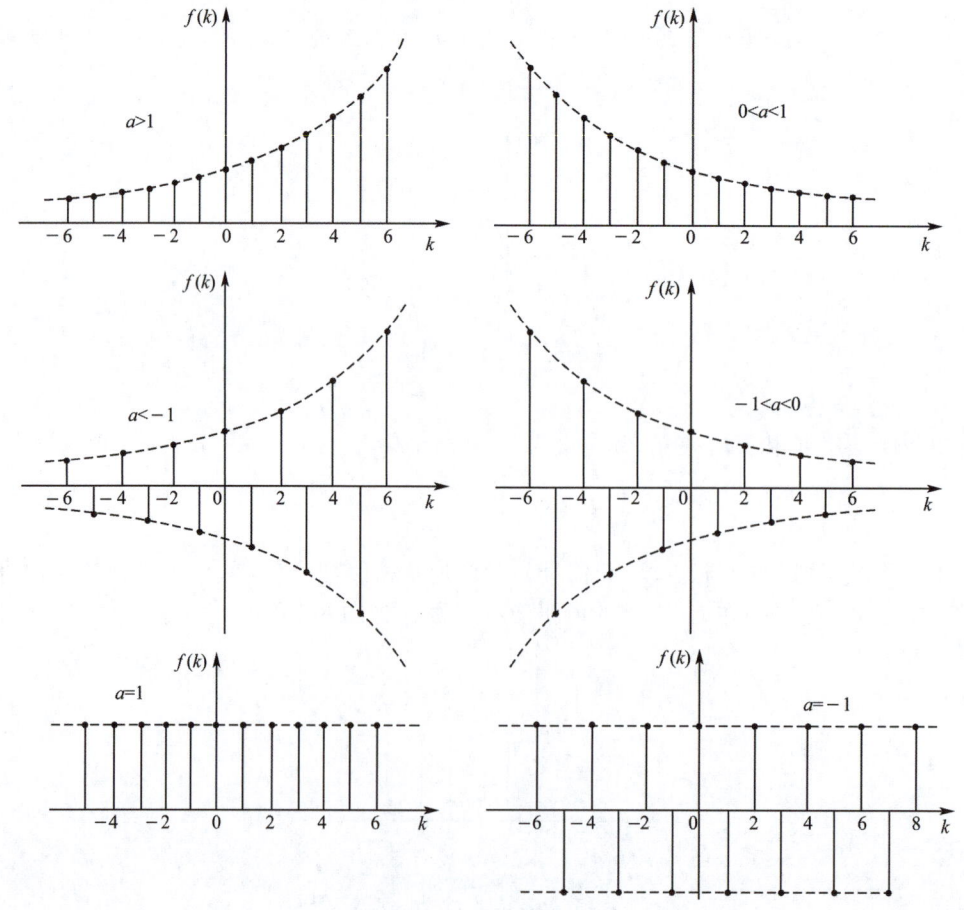

图 6-6 指数序列

5.正弦序列

正弦序列的一般形式为

$$f(k)=\sin(\omega_0 k) \tag{6-5}$$

式中,ω_0 是正弦序列的数字(角)频率,它反映了序列值依次周期重复的速率。如图 6-7 所示。

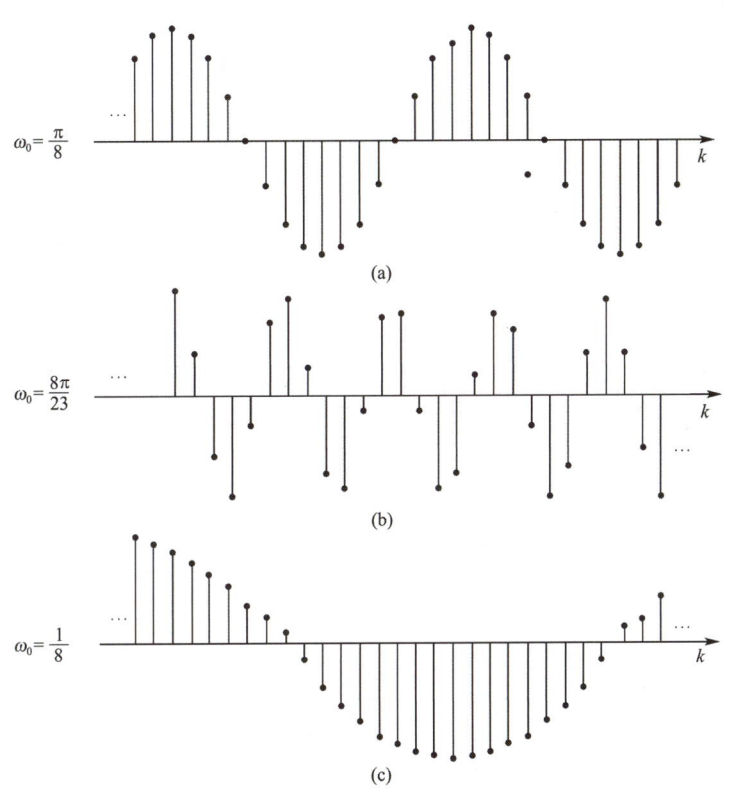

图 6-7 正弦序列

6.1.3 离散时间信号的运算

离散时间信号通常需进行相加、相乘、移位、折叠等运算,下面一一进行介绍。

1.相加

两个离散时间信号 $f_1(k)$ 和 $f_2(k)$ 相加是指它们同序号的值逐项对应相加,其和为一新的离散时间信号 $f(k)$,即

$$f(k)=f_1(k)+f_2(k) \tag{6-6}$$

例如,图 6-8(a)和图 6-8(b)所示的离散时间信号分别为

$$f_1(k)=\begin{cases} 0 & k<-1 \\ k+1 & k\geqslant -1 \end{cases}$$

和

$$f_2(k) = \begin{cases} \dfrac{k}{2}+1 & -1 \leqslant k \leqslant 1 \\ 2-\dfrac{k}{2} & 1 \leqslant k \leqslant 4 \\ 0 & \text{其他} \end{cases}$$

进行相加,其结果为

$$f(k) = f_1(k) + f_2(k) = \begin{cases} 2+\dfrac{3}{2}k & -1 \leqslant k \leqslant 1 \\ 3+\dfrac{k}{2} & 1 \leqslant k \leqslant 4 \\ k+1 & k \geqslant 4 \end{cases}$$

用图形表示则如图 6-8(c)所示。

离散时间信号的相加可用加法器实现。

2. 相乘

两个离散时间信号 $f_1(k)$ 和 $f_2(k)$ 相乘是指它们同序号的值逐项对应相乘,其积为一新的离散时间信号 $f(k)$,即

$$f(k) = f_1(k) f_2(k) \tag{6-7}$$

例如,图 6-8(a)和图 6-8(b)中的 $f_1(k)$ 和 $f_2(k)$ 相乘,其结果为

$$f(k) = f_1(k) f_2(k) = \begin{cases} 1 & k=0 \\ 3 & k=1,2 \\ 2 & k=3 \\ 0 & \text{其他} \end{cases}$$

用图形表示则如图 6-8(d)所示。

离散时间信号相乘可用乘法器实现。

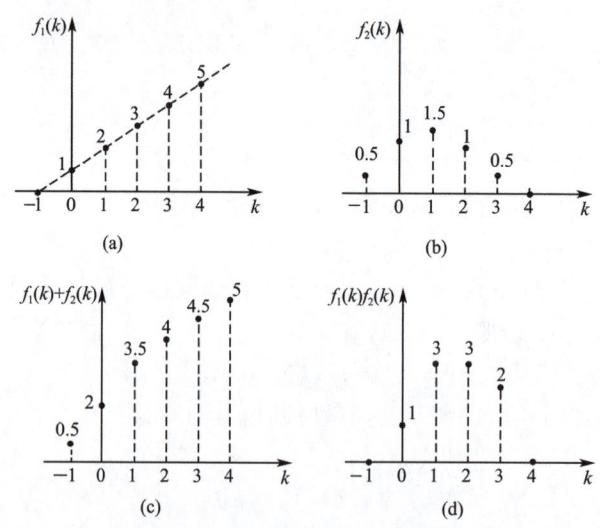

图 6-8 离散时间信号的相加、相乘

3. 移位

移位是指将离散时间信号 $f(k)$ 沿 k 轴逐项依次移 m 位而得到一新的离散时间信号 $y(k)$，即

$$y(k)=f(k\pm m) \tag{6-8}$$

式中，m 为大于零的整数。

若 $y(k)=f(k+m)$，则 $y(k)$ 比 $f(k)$ 提前 m 位，对应图形左移 m 位；若 $y(k)=f(k-m)$，则 $y(k)$ 比 $f(k)$ 滞后 m 位，对应图形右移 m 位。例如图 6-9(a)所示离散时间信号 $f(k)$，即

$$f(k)=\begin{cases} \dfrac{k}{2}+1 & -2\leqslant k\leqslant 1 \\ 2-\dfrac{k}{2} & 1<k\leqslant 4 \\ 0 & 其他 \end{cases}$$

则

$$y(k)=f(k-2)=\begin{cases} \dfrac{k}{2} & 0\leqslant k\leqslant 3 \\ 3-\dfrac{k}{2} & 3<k\leqslant 6 \\ 0 & 其他 \end{cases}$$

其图形相对 $f(k)$ 右移 2 位，如图 6-9(b)所示。

而

$$y(k)=f(k+2)=\begin{cases} \dfrac{k}{2}+2 & -4\leqslant k\leqslant -1 \\ 1-\dfrac{k}{2} & -1<k\leqslant 2 \\ 0 & 其他 \end{cases}$$

其图形相对 $f(k)$ 左移 2 位，如图 6-9(c)所示。

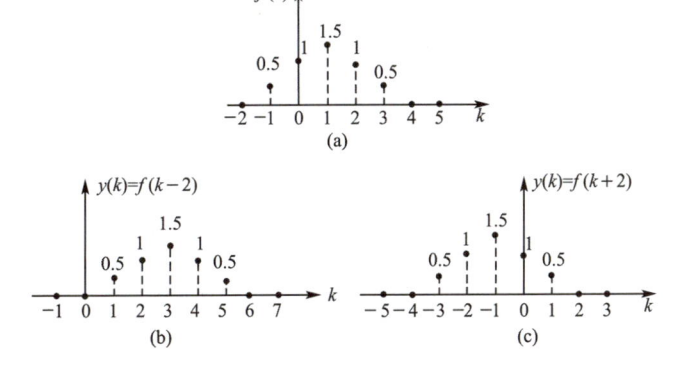

图 6-9 移位运算

4. 折叠

折叠是将离散时间信号 $f(k)$ 中变量 k 用 $-k$ 替代而得到一新的离散时间信号 $y(k)$，即

$$y(k) = f(-k) \tag{6-9}$$

从图形上看是将 $f(k)$ 以纵坐标为轴翻转。例如对图 6-9(a)所示的 $f(k)$ 进行折叠变换，所得结果为

$$y(k) = f(-k) = \begin{cases} 2 + \dfrac{k}{2} & -4 \leqslant k < -1 \\ 1 - \dfrac{k}{2} & -1 \leqslant k \leqslant 2 \\ 0 & \text{其他} \end{cases}$$

其图形与图 6-9(c)所示图形相同。

5. 倒相

倒相是将离散时间信号 $f(k)$ 乘以 -1 后而得到的另一离散时间信号 $y(k)$，即

$$y(k) = -f(k) \tag{6-10}$$

从图形上可以看出，倒相是将 $f(k)$ 以横坐标为轴进行翻转的一种变换。例如对图 6-9(a)所示的 $f(k)$ 进行倒相变换，结果如图 6-10(a)所示。

6. 展缩

展缩是指将离散时间信号 $f(k)$ 在时间序号上进行压缩或扩展，即

$$y(k) = f(ak) \tag{6-11}$$

式中，a 为非零正实常数。若 $a > 1$，则所得 $y(k)$ 在时间序号上是 $f(k)$ 压缩成 $1/a$；若 $0 < a < 1$，则 $y(k)$ 是 $f(k)$ 在时间序号上扩展成 $1/a$ 倍。需要注意的是，对 $f(k)$ 进行展缩变换后所得序列 $y(k)$ 可能会出现 k 为非整数的情况，在此情况下需舍去这些非整数的 k 及其值。例如图 6-9(a)所示 $f(k)$，即

$$f(k) = \begin{cases} \dfrac{k}{2} + 1 & -2 \leqslant k \leqslant 1 \\ 2 - \dfrac{k}{2} & 1 < k \leqslant 4 \\ 0 & \text{其他} \end{cases}$$

则

$$y(k) = f\left(\dfrac{k}{2}\right) = \begin{cases} \dfrac{k}{4} + 1 & k = -2, 0, 2 \\ 2 - \dfrac{k}{4} & k = 4, 8 \\ 0 & \text{其他} \end{cases}$$

这里 k 不取奇数。其图形如图 6-10(b)所示，可见 $y(k)$ 是 $f(k)$ 在时间序号上扩展成 2 倍。而

$$y(k)=f(2k)=\begin{cases} k+1 & -1\leqslant k\leqslant \frac{1}{2} \\ 2-k & \frac{1}{2}<k\leqslant 2 \\ 0 & 其他 \end{cases}$$

由于出现 $k=\frac{1}{2}$ 的非整数序号,故舍去该点及其值,所得结果应为

$$y(k)=f(2k)=\begin{cases} k+1 & -1\leqslant k<1 \\ 2-k & 1\leqslant k\leqslant 2 \\ 0 & 其他 \end{cases}$$

其图形如图 6-10(c)所示。可见,$y(k)$ 相比 $f(k)$ 在时间序号上压缩了。还应指出,离散时间信号压缩后再展宽不能恢复为原序列。

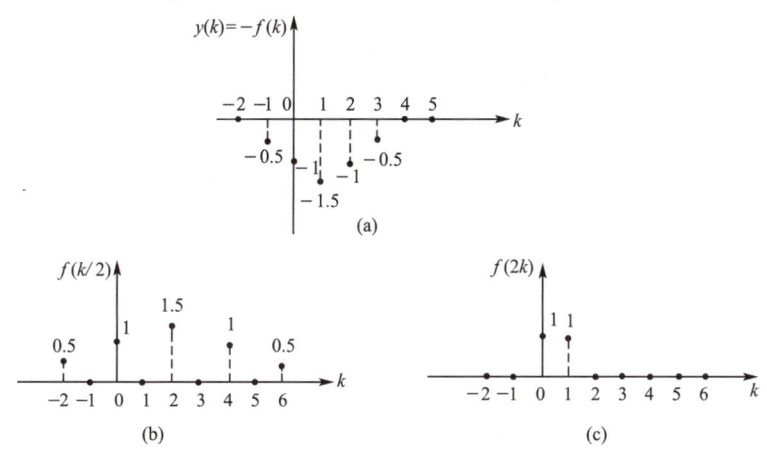

图 6-10 倒相、展缩运算

7. 差分

离散时间信号的差分是指序列 $f(k)$ 与其移位序列 $f(k\pm m)$ 的运算。一般有两种:
(1) $f(k)$ 的后向差分,记为

$$\Delta f(k)=f(k)-f(k-1) \quad (一阶后向差分)$$

$$\Delta^2 f(k)=f(k)-2f(k-1)+f(k-2) \quad (二阶后向差分)$$

(2) $f(k)$ 的前向差分,记为

$$\Delta f(k)=f(k+1)-f(k) \quad (一阶前向差分)$$

$$\Delta^2 f(k)=\Delta[\Delta f(k)]=f(k+2)-2f(k+1)+f(k) \quad (二阶前向差分)$$

可见,差分实际上是离散时间信号时域变换与运算的综合形式。

6.2 卷积和

前面我们学过卷积,对于离散时间信号来说两信号的卷积称为卷积和。本节将介绍卷积和的定义、性质及常用卷积和公式。

6.2.1 卷积和的定义

两个连续时间信号 $f_1(t)$ 和 $f_2(t)$ 的卷积运算为

$$f_1(t) * f_2(t) = \int_{-\infty}^{\infty} f_1(\tau) f_2(t-\tau) \mathrm{d}\tau$$

同样的，我们定义

$$f(k) = f_1(k) * f_2(k) = \sum_{i=-\infty}^{\infty} f_1(i) f_2(k-i) \qquad (6\text{-}12)$$

为序列 $f_1(k)$ 和 $f_2(k)$ 的卷积和运算，简称卷积和(Convolution Sum)。

如果 $f_1(k)$ 为因果序列，由于 $k<0$ 时 $f_1(k)=0$，故式(6-12)中求和下限可改写为零，即

$$f_1(k) * f_2(k) = \sum_{i=0}^{\infty} f_1(i) f_2(k-i) \qquad (6\text{-}13)$$

如果 $f_2(k)$ 为因果序列，而 $f_1(k)$ 不受限制，那么式(6-12)中，当 $k-i<0$，即 $i>k$ 时，$f_2(k-i)=0$，因而和式的上限可改写为 k，即

$$f_1(k) * f_2(k) = \sum_{i=-\infty}^{k} f_1(i) f_2(k-i) \qquad (6\text{-}14)$$

如果 $f_1(k)$ 和 $f_2(k)$ 均为因果序列，则有

$$f_1(k) * f_2(k) = \sum_{i=0}^{k} f_1(i) f_2(k-i) \qquad (6\text{-}15)$$

例 6-1 设 $f_1(k) = \mathrm{e}^{-k}\varepsilon(k)$，$f_2(k) = \varepsilon(k)$，求卷积和 $f_1(k) * f_2(k)$。

解： 由卷积和定义式得

$$f_1(k) * f_2(k) = \sum_{i=-\infty}^{\infty} \mathrm{e}^{-i}\varepsilon(i)\varepsilon(k-i)$$

由于 $f_1(k)$ 和 $f_2(k)$ 为因果序列，上式可表示为

$$f_1(k) * f_2(k) = \sum_{i=0}^{\infty} \mathrm{e}^{-i}\varepsilon(k-i) = \sum_{i=0}^{k} \mathrm{e}^{-i}$$

$$= \frac{1 - \mathrm{e}^{-k} \cdot \mathrm{e}^{-1}}{1 - \mathrm{e}^{-1}} = \frac{1 - \mathrm{e}^{-(k+1)}}{1 - \mathrm{e}^{-1}}$$

显然，上式中 $k \geqslant 0$，故应写为

$$f_1(k) * f_2(k) = \mathrm{e}^{-k}\varepsilon(k) * \varepsilon(k) = \left[\frac{1 - \mathrm{e}^{-(k+1)}}{1 - \mathrm{e}^{-1}}\right]\varepsilon(k)$$

与卷积运算一样，用图解法求两序列的卷积和运算也包括信号的翻转、平移、相乘、求和四个基本步骤。

> **例 6-2** 已知离散时间信号

$$f_1(k) = \begin{cases} 1 & k=0 \\ 3 & k=1 \\ 2 & k=2 \\ 0 & 其他 \end{cases}, \quad f_2(k) = \begin{cases} 4-k & k=0,1,2,3 \\ 0 & 其他 \end{cases}$$

试求卷积和 $f_1(k) * f_2(k)$。

解：设卷积和的计算结果为 $f(k)$，由定义得

$$f(k) = f_1(k) * f_2(k) = \sum_{i=-\infty}^{\infty} f_1(i) f_2(k-i)$$

第一步，画出 $f_1(i)$、$f_2(i)$ 图形，分别如图 6-11(a)、(b) 所示。

第二步，将 $f_2(i)$ 图形以纵坐标为轴翻转 180°，得到 $f_2(-i)$ 图形，如图 6-11(c) 所示。

第三步，将 $f_2(-i)$ 图形沿 i 轴左移($k<0$)或右移($k>0$) $|k|$ 个时间单位，得到 $f_2(k-i)$ 图形。例如，当 $k=-1$ 和 $k=1$ 时，$f_2(k-i)$ 图形分别如图 6-11(d)、(e) 所示。

第四步，对任一给定值 k，按式(6-12)进行相乘、求和运算，得到序号为 k 的卷积和序列 $f(k)$。若令 k 由 $-\infty$ 至 ∞ 变化，$f_2(k-i)$ 图形将从 $-\infty$ 处开始沿 i 轴自左向右移动。对于本例中给定的 $f_1(k)$ 和 $f_2(k)$，具体计算过程如下：

$k<0$ 时，由于 $f_1(i)f_2(k-i)=0$，故 $f(k)=0$；

$k=0$ 时，$f(0) = \sum_{i=0}^{0} f_1(i)f_2(-i) = f_1(0)f_2(0) = 1 \times 4 = 4$；

$k=1$ 时，$f(1) = \sum_{i=0}^{1} f_1(i)f_2(1-i) = f_1(0)f_2(1) + f_1(1)f_2(0) = 3 + 12 = 15$；

$k=2$ 时，$f(2) = \sum_{i=0}^{2} f_1(i)f_2(2-i) = f_1(0)f_2(2) + f_1(1)f_2(1) + f_1(2)f_2(0)$
$= 2 + 9 + 8 = 19$；

同理可得 $f(3)=13, f(4)=7, f(5)=2$ 以及 $k>5$ 时，$f(k)=0$。

所以其卷积和为

$$f(k) = \{\cdots \ 0 \ 4 \ 15 \ 19 \ 13 \ 7 \ 2 \ 0 \ \cdots\}$$
$$\uparrow$$
$$k=0$$

$f(k)$ 的图形如图 6-11(f) 所示。

对于两个有限长序列的卷积和的计算，可以采用下面介绍的更为简便实用的方法。这种方法不需要画出序列图形，只要把两个序列排成两行，按普通乘法运算进行相乘即可，但中间结果不进位，最后将位于同一列的中间结果相加得到卷积和序列。例如，对于例 6-2 中给定的 $f_1(k)$ 和 $f_2(k)$，为了方便，将 $f_2(k)$ 写在第一行，$f_1(k)$ 写在第二行，经序列值相乘和中间结果相加运算后得到

$$f(k) = f_1(k) * f_2(k) = \{4 \quad 15 \quad 19 \quad 13 \quad 7 \quad 2\}$$

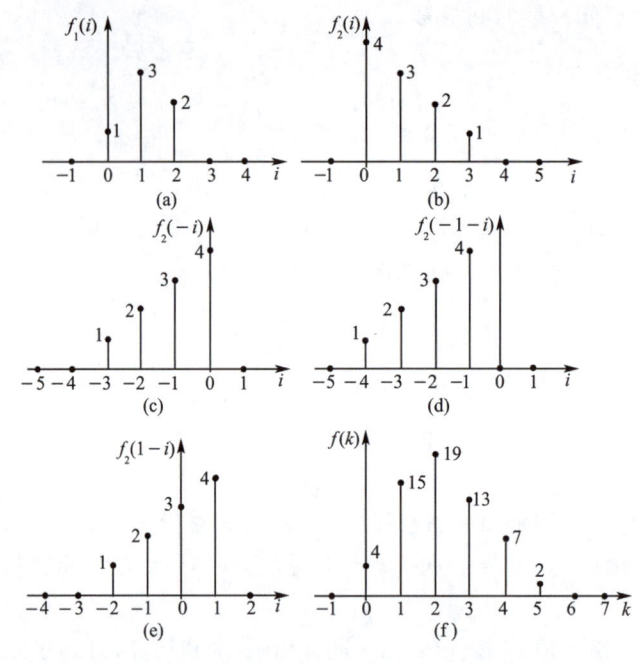

图 6-11 卷积过程

```
          4 [3] 2 1
        ×   1  3 [2]
        ─────────────
            8 [6] 4 2
         12 9  6  3
        + 4 3  2  1
        ─────────────
         4 15 19 [13] 7 2
                 ↑
               k = 0
```

6.2.2 卷积和的性质

性质 1 离散时间信号的卷积和运算服从交换律、结合律和分配律,即

交换律:$f_1(k) * f_2(k) = f_2(k) * f_1(k)$

结合律:$f_1(k) * [f_2(k) * f_3(k)] = [f_1(k) * f_2(k)] * f_3(k)$

分配律:$f_1(k) * [f_2(k) + f_3(k)] = f_1(k) * f_2(k) + f_1(k) * f_3(k)$

性质 2 任一序列 $f(k)$ 与单位脉冲序列 $\delta(k)$ 的卷积和等于序列 $f(k)$ 本身,即

$$f(k) * \delta(k) = \delta(k) * f(k) = f(k)$$

性质 3 若 $f(k) = f_1(k) * f_2(k)$,则

$$f_1(k) * f_2(k - k_1) = f_1(k - k_1) * f_2(k) = f(k - k_1)$$

$$f_1(k - k_1) * f_2(k - k_2) = f_1(k - k_2) * f_2(k - k_1) = f(k - k_1 - k_2)$$

式中,k_1,k_2 均为整数。

例 6-3

已知序列 $f_1(k)=2^{-(k+1)}\varepsilon(k+1)$ 和 $f_2(k)=\varepsilon(k-2)$，试计算卷积和 $f_1(k)*f_2(k)$。

解：用下面两种方法计算。

方法一：图解法。

将序列 $f_1(k)$，$f_2(k)$ 的自变量换为 i，画出 $f_1(i)$ 和 $f_2(i)$ 的图形如图 6-12(a) 和图 6-12(b) 所示。

将 $f_2(i)$ 图形翻转 180°后，得 $f_2(-i)$，如图 6-12(c) 所示。

当 $k<1$ 时，由图 6-12(d) 可知，其乘积项 $f_1(i)f_2(k-i)=0$，故 $f_1(k)*f_2(k)=0$。

当 $k\geqslant 1$ 时，按卷积和定义，参见图 6-12(e)，可得

$$f_1(k)*f_2(k)=\sum_{i=-\infty}^{\infty}2^{-(i+1)}\varepsilon(i+1)\cdot\varepsilon(k-2-i)$$

$$=\sum_{i=-1}^{\infty}2^{-(i+1)}\varepsilon(k-2-i)=\sum_{i=-1}^{k-2}2^{-(i+1)}$$

$$=2^{-1}\sum_{i=-1}^{k-2}2^{-i}=2^{-1}\times\frac{2-2^{-(k-2)}\times 2^{-1}}{1-2^{-1}}=2-2\times 2^{-k}$$

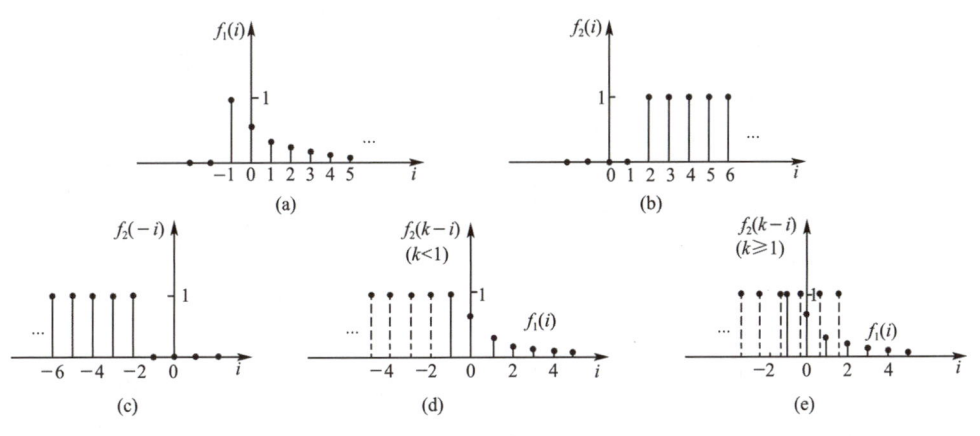

$$=2(1-2^{-k})$$

图 6-12 图解法过程

所以

$$f_1(k)*f_2(k)=\begin{cases}0 & k<1\\ 2(1-2^{-k}) & k\geqslant 1\end{cases}$$

故有

$$f_1(k)*f_2(k)=2(1-2^{-k})\varepsilon(k-1)$$

方法二：应用卷积和性质 3。

先计算

$$f(k)=2^{-k}\varepsilon(k)*\varepsilon(k)=\sum_{i=-\infty}^{\infty}2^{-i}\varepsilon(i)\varepsilon(k-i)$$

$$=\sum_{i=0}^{k}2^{-i}=\frac{1-2^{-k}\times 2^{-1}}{1-2^{-1}}=2-2^{-k}$$

上式中 $k \geqslant 0$,故有
$$f(k) = 2^{-k}\varepsilon(k) * \varepsilon(k) = (2 - 2^{-k})\varepsilon(k)$$
再应用卷积和性质 3,求得
$$f_1(k) * f_2(k) = 2^{-(k+1)}\varepsilon(k+1) * \varepsilon(k-2) = f(k+1-2)$$
$$= f(k-1) = [2 - 2^{-(k-1)}]\varepsilon(k-1) = 2(1 - 2^{-k})\varepsilon(k-1)$$

6.2.3 常用序列的卷积和公式

常用序列的卷积和公式如表 6-1 所示。

表 6-1 常用序列卷积和公式

序号	$f_1(k), k \geqslant 0$	$f_2(k), k \geqslant 0$	$f_1(k) * f_2(k), k \geqslant 0$
1	$f(k)$	$\delta(k)$	$f(k)$
2	$f(k)$	$\varepsilon(k)$	$\sum_{i=0}^{k} f(i)$
3	$\varepsilon(k)$	$\varepsilon(k)$	$k+1$
4	a^k	$\varepsilon(k)$	$\dfrac{1-a^{k+1}}{1-a}, a \neq 1$
5	a_1^k	a_2^k	$\dfrac{a_1^{k+1} - a_2^{k+1}}{a_1 - a_2}, a_1 \neq a_2$
6	a^k	a^k	$(k+1)a^k$
7	k	k	$\dfrac{(k-1)k(k+1)}{6}$
8	$e^{\lambda k}$	$\varepsilon(k)$	$\dfrac{1 - e^{\lambda(k+1)}}{1 - e^{\lambda}}$
9	$e^{\lambda_1 k}$	$e^{\lambda_2 k}$	$\dfrac{e^{\lambda_1(k+1)} - e^{\lambda_2(k+1)}}{e^{\lambda_1} - e^{\lambda_2}}, \lambda_1 \neq \lambda_2$
10	$e^{\lambda k}$	$e^{\lambda k}$	$(k+1)e^{\lambda k}$
11	$a_1^k \cos(\Omega_0 k + \theta)$	a_2^k	$\dfrac{a_1^{k+1}\cos[\Omega_0(k+1) + \theta - \varphi] - a_2^{k+1}\cos(\theta - \varphi)}{\sqrt{a_1^2 + a_2^2 - 2a_1 a_2 \cos\Omega_0}}$ $\varphi = \arctan\left(\dfrac{a_1 \sin\Omega_0}{a_1 \cos\Omega_0 - a_2}\right)$

6.3 离散时间系统的方程

连续时间系统用微分方程来描述,离散时间系统用差分方程来描述。本节将介绍离散时间系统、离散时间系统方程及其响应。

6.3.1 LTI 离散时间系统

若系统的输入信号和输出信号均是离散时间信号,则称该系统为离散时间系统。即

$$y(k)=T[f(k)]$$
$$f(k)\to y(k)$$

一个离散时间系统在数学上的定义是将输入序列 $f(k)$ 映射成输出序列 $y(k)$ 的唯一变换或运算。它的输入是一个序列，输出也是一个序列，其本质是将输入序列转变成输出序列的一个运算，如图 6-13 所示。

图 6-13 离散时间系统的输入、输出模型

大家熟悉的离散时间系统有数字计算机、数字控制系统和数字通信系统的核心部分。由于离散时间系统在精度、可靠性、小型化等方面比连续时间系统具有更大的优越性，所以自 20 世纪 60 年代以来，离散时间系统的应用越来越广泛。

离散时间系统的特性如下：

(1) 线性离散时间系统与非线性离散时间系统

若 $f(k)\to y(k)$，则对于任意常数 a 有

$$af(k)\to ay(k) \tag{6-16}$$

这样的离散时间系统满足齐次性特性。

若 $f_1(k)\to y_1(k)$，$f_2(k)\to y_2(k)$，则

$$f_1(k)+f_2(k)\to y_1(k)+y_2(k) \tag{6-17}$$

这样的离散时间系统满足叠加性特性。

既满足齐次性又满足叠加性的离散时间系统称为线性离散时间系统，否则称为非线性离散时间系统。也就是说，若 $f_1(k)\to y_1(k)$，$f_2(k)\to y_2(k)$，对于任意常数 a 和 b 有

$$af_1(k)+bf_2(k)\to ay_1(k)+by_2(k) \tag{6-18}$$

则满足式 (6-18) 的离散时间系统称为线性离散时间系统。

(2) 时不变离散时间系统和时变离散时间系统

若

$$f(k)\to y(k)$$

对于任意整数 k_0，恒有

$$f(k-k_0)\to y(k-k_0) \tag{6-19}$$

则称该系统为时不变离散时间系统，否则称为时变离散时间系统。

(3) 因果离散时间系统和非因果离散时间系统

如果系统始终不会在输入激励之前产生响应，这种系统就称为因果离散时间系统，否则称为非因果离散时间系统。

例如，三个系统的输入、输出关系如下：

系统 1　　$y(k)=kf(k)$

系统 2　　$y(k)=|f(k)|$

系统 3　　$y(k)=2f(k)+3f(k-1)$

根据定义容易验证：系统 1 是线性时变离散时间系统，系统 2 是非线性时不变离散时间系统，而系统 3 是线性时不变离散时间系统。

6.3.2 离散时间系统方程与模拟

一个连续时间系统总可以用微分方程来表示,而对于离散时间系统,由于其变量 k 是离散整型变量,故只能用差分方程来反映其输入、输出序列之间的运算关系。一般来说,对于一个 N 阶线性时不变离散时间系统而言,若响应信号为 $y(k)$,输入信号为 $f(k)$,则描述系统输入、输出关系的差分方程为

$$y(k)+a_1y(k-1)+\cdots+a_{N-1}y(k-N+1)+a_Ny(k-N)$$
$$=b_0f(k)+b_1f(k-1)+\cdots+b_{M-1}f(k-M+1)+b_Mf(k-M) \tag{6-20}$$

简记为

$$y(k)=\sum_{j=0}^{M}b_jf(k-j)-\sum_{i=1}^{N}a_iy(k-i) \tag{6-21}$$

其中 a_i、b_j 都是常数。上式的差分方程形式常称为后向差分方程,或者称为右移位差分方程。

离散时间系统差分方程表示法有两个主要用途:①由差分方程得到系统结构;②求解系统的瞬态响应。

离散时间系统结构由离散时间系统的时域模型构成,与连续时间系统的模拟框图类似,离散时间系统也可以用适当的运算单元模拟。对于线性时不变差分方程而言,其基本运算单元为延时器(或称移位器)、常数乘法器和加法器,它们的符号如图 6-14 所示。

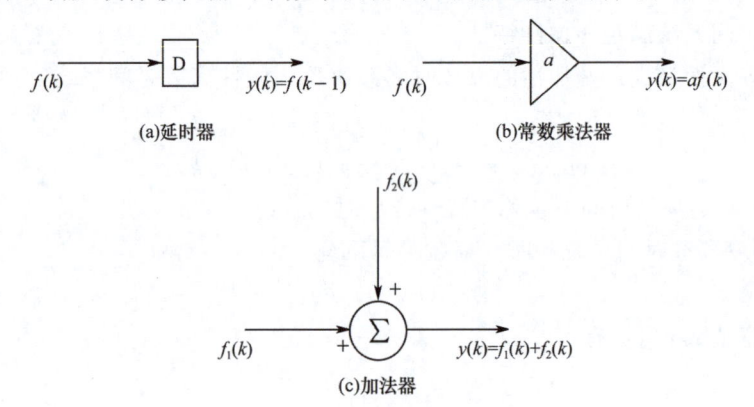

图 6-14 基本运算单元

例 6-4 设一阶离散时间系统的差分方程为

$$y(k)+ay(k-1)=f(k)$$

试画出其模拟框图。

解:原方程改写为

$$y(k)=f(k)-ay(k-1)$$

模拟框图如图 6-15 所示。

在给定输入和初始条件的情况下,用递推的方法求系统的瞬态响应。

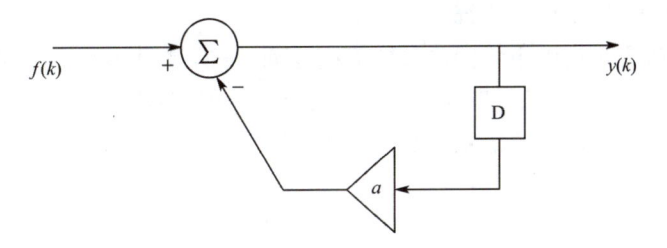

图 6-15 例 6-4 的模拟框图

> **例 6-5** 一阶离散时间系统的差分方程为

$$y(k)=1.5f(k)+\frac{1}{2}y(k-1)$$

其输入为

$$f(k)=\begin{cases}1 & k=0\\ 0 & k\neq 0\end{cases}$$

求系统的响应。

解：(1) 初始条件为 $y(k)=0, k<0$。

$k<0$ 时的输出由初始条件给定，瞬态响应从 $k=0$ 求起，由差分方程、初始条件和输入，得

$$y(0)=1.5f(0)+\frac{1}{2}y(-1)=1.5$$

依次递推

$$y(1)=1.5f(1)+\frac{1}{2}y(0)=0.75$$

$$y(2)=1.5f(2)+\frac{1}{2}y(1)=1.5\times\left(\frac{1}{2}\right)^2=0.375$$

$$\vdots$$

$$y(k)=h(k)=1.5\times\left(\frac{1}{2}\right)^k\varepsilon(k) \qquad ①$$

此系统为稳定、因果系统。

(2) 输入相同，但初始条件改为 $y(k)=0, k>0$。

将上述差分方程改写为

$$y(k-1)=2[y(k)-1.5f(k)]$$

此时

$$y(0)=2[y(1)-1.5f(1)]=0$$

$$y(-1)=2[y(0)-1.5f(0)]=-1.5\left(\frac{1}{2}\right)^{-1}$$

$$y(-2)=2[y(-1)-1.5f(-1)]=-1.5\times\left(\frac{1}{2}\right)^{-2}$$

依次类推，得到

$$y(k)=h(k)=-1.5\times\left(\frac{1}{2}\right)^k\varepsilon(-k-1) \qquad ②$$

此系统为非因果、不稳定系统。

①、②两式所表示的两个不同的单位响应序列,虽满足同一差分方程,但由于初始条件不同,它们代表不同的系统,即用差分方程描述系统时,只有附加必要的制约条件,才能唯一地确定一个系统的输入、输出关系。

6.3.3 离散时间系统差分方程的响应

离散时间系统的全响应由零输入响应和零状态响应两部分组成,即

$$y(k) = y_{zi}(k) + y_{zs}(k)$$

下面结合具体例子分别说明零输入响应(ZIR)和零状态响应(ZSR)的求解方法。

零输入响应 $y_{zi}(k)$ 是由系统的初始状态引起的。

> **例 6-6** 设有如下一阶差分方程,求在某初始状态下的零输入响应。

$$y(k) - ay(k-1) = 0$$

解:首先说明,离散时间系统的零输入响应通常是指 $k \geqslant 0$ 以后的响应,故初始状态是指 $y(-1), y(-2), \cdots$,这里设 $y(-1) = 2$。

原方程改写为

$$y(k) = ay(k-1)$$

不难得出

$$\frac{y(k)}{y(k-1)} = a$$

这表明 $y(k)$ 是公比为 a 的等比级数,故零输入响应有如下形式

$$y_{zi}(k) = y(k) = y(0)a^k \quad k \geqslant 0$$

式中,$y(0)$ 应由初始状态 $y(-1)$ 的值导出。令 $k = 0$,得

$$y(0) = ay(-1) = 2a$$

所以

$$y_{zi}(k) = 2a^{k+1} \quad k \geqslant 0$$

由此可见,一阶系统零输入响应具有指数序列的形式,它是由系统的特征根决定的。在本例中,特征方程为

$$\lambda - a = 0$$

故其特征根

$$\lambda = a$$

这种由特征根决定的指数序列形式与连续时间系统中由特征根决定的指数衰减函数是对应的。

> **例 6-7** 设有二阶离散时间系统

$$y(k) - 0.7y(k-1) + 0.1y(k-2) = 0$$

初始状态 $y(-1) = 2, y(-2) = 6$,试求系统在 $k \geqslant 0$ 时的零输入响应。

解:与连续时间系统类似,先写出差分方程对应的特征方程为

$$\lambda^2 - 0.7\lambda + 0.1 = 0$$

可得特征根

$$\lambda_1 = 0.5, \lambda_2 = 0.2$$

则零输入响应的形式由特征根决定，即

$$y_{zi}(k) = G_1 \lambda_1^k + G_2 \lambda_2^k$$
$$= G_1 (0.5)^k + G_2 (0.2)^k \quad k \geq 0$$

为了确定系数 G_1 和 G_2，应先由初始状态 $y(-1)=2$ 和 $y(-2)=6$ 导出初始值 $y(0)$ 和 $y(1)$。由原方程知

$k=0$ 时，$y(0) = 0.7y(-1) - 0.1y(-2) = 0.8$

$k=1$ 时，$y(1) = 0.7y(0) - 0.1y(-1) = 0.36$

从而有

$$\left. \begin{array}{l} y_{zi}(0) = G_1 + G_2 = 0.8 \\ y_{zi}(1) = 0.5G_1 + 0.2G_2 = 0.36 \end{array} \right\}$$

解得

$$G_1 = \frac{2}{3}, G_2 = \frac{2}{15}$$

最后得

$$y_{zi}(k) = \frac{2}{3}(0.5)^k + \frac{2}{15}(0.2)^k \quad k \geq 0$$

由以上例子可知，对 n 阶差分方程，当输入信号为零时，其零输入响应的基本形式为

$$y_{zi}(k) = G_1 \lambda_1^k + G_2 \lambda_2^k + \cdots + G_n \lambda_n^k \quad k \geq 0 \tag{6-22}$$

式中，$\lambda_1, \lambda_2, \cdots, \lambda_n$ 为系统特征方程的根。

零状态响应 $y_{zs}(k)$ 是当初始状态为零时，仅由系统的外加输入 $f(k)$ 引起的响应。在零状态响应中，单位响应非常重要。其定义为：在零状态条件下，离散时间系统由单位序列 $\delta(k)$ 引起的响应，记为 $h(k)$。下面以一个简单的例子说明单位响应 $h(k)$ 的概念。

▶ **例 6-8** 设一阶因果离散时间系统的差分方程为

$$y(k) + ay(k-1) = f(k)$$

试求其单位响应 $h(k)$。

解：根据定义，单位响应是输入 $f(k) = \delta(k)$ 时的零状态响应，即方程

$$h(k) + ah(k-1) = \delta(k)$$

的零状态解。初始状态 $h(-1) = 0$，将上式改写为

$$h(k) = -ah(k-1) + \delta(k)$$

令上式中的 $k=0,1,2$，可得

$$h(0) = -ah(-1) + \delta(0) = 1$$
$$h(1) = -ah(0) + \delta(1) = -a$$
$$h(2) = -ah(1) + \delta(2) = (-a)^2$$

……

依次类推,可得单位响应

$$h(k)=(-a)^k \quad k\geqslant 0$$

从理论上说,用上述递推的方法可求得任意系统的单位响应,但对于二阶以上的高阶系统,常常难以得到闭式解答。求 $h(k)$ 有多种方法,从应用的角度出发,利用后面即将介绍的 z 变换法最为简便,因此,这里不再介绍高阶系统求 $h(k)$ 的方法。

当离散时间系统的单位响应 $h(k)$ 已知后,系统对于任意输入序列 $f(k)$ 的零状态响应,可以依照连续时间系统的做法推导出如下计算公式。

对于线性时不变(LTI)离散时间系统,当输入为 $\delta(k)$ 时,零状态响应为 $h(k)$,即

$$\delta(k) \rightarrow h(k)$$

由时不变特性,有

$$\delta(k-i) \rightarrow h(k-i)$$

由齐次性,有

$$f(i)\delta(k-i) \rightarrow f(i)h(k-i)$$

由可加性,有

$$\sum_{i=-\infty}^{\infty} f(i)\delta(k-i) \rightarrow \sum_{i=-\infty}^{\infty} f(i)h(k-i)$$

由卷积和特性,有

$$\sum_{i=-\infty}^{\infty} f(i)\delta(k-i) = f(k)$$

这就意味着,当输入为 $f(k)$ 时,其零状态响应为 $\sum_{i=-\infty}^{\infty} f(i)h(k-i)$。

即

$$y_{zs}(k) = \sum_{i=-\infty}^{\infty} f(i)h(k-i) = f(k)*h(k) \tag{6-23}$$

上式说明,线性时不变离散时间系统的零状态响应等于输入序列 $f(k)$ 和单位响应 $h(k)$ 的卷积和。以上推导过程可以用图 6-16 来表示。

例 6-9 已知离散时间系统的输入 $f(k)$ 和单位响应 $h(k)$ 分别为

$$f(k) = \varepsilon(k) - \varepsilon(k-3)$$

$$h(k) = \left(\frac{1}{2}\right)^k \varepsilon(k)$$

试求系统的零状态响应 $y_{zs}(k)$。

解:

$$y_{zs}(k) = f(k)*h(k) = [\varepsilon(k) - \varepsilon(k-3)]*h(k)$$

由分配律得

$$y_{zs}(k) = \varepsilon(k)*h(k) - \varepsilon(k-3)*h(k)$$

其中

$$\varepsilon(k)*h(k) = \varepsilon(k)*\left(\frac{1}{2}\right)^k \varepsilon(k) = \left[2-\left(\frac{1}{2}\right)^k\right]\varepsilon(k)$$

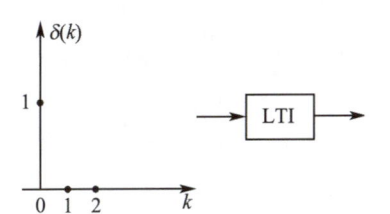

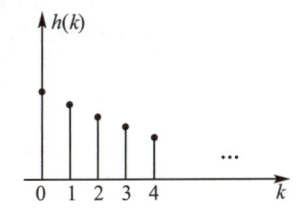

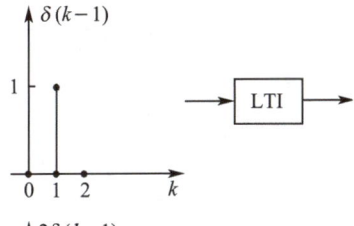

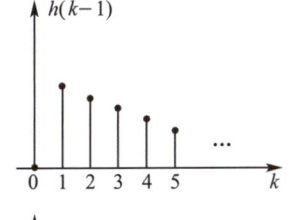

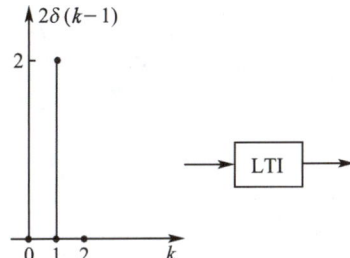

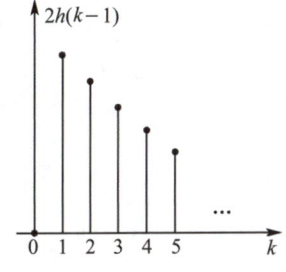

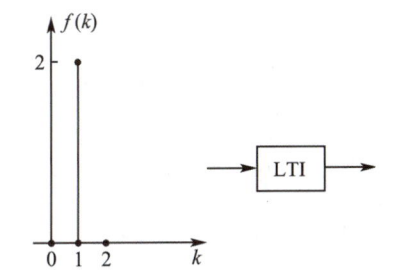

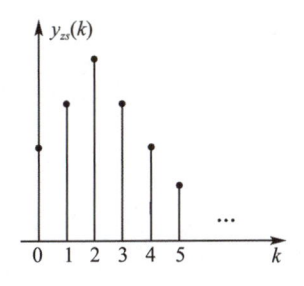

图 6-16 线性时不变离散时间系统的零状态响应推导过程

由时不变特性知，$\varepsilon(k-3) * h(k)$ 应比 $\varepsilon(k) * h(k)$ 的结果右移 3 位，即

$$\varepsilon(k-3) * h(k) = \left[2 - \left(\frac{1}{2}\right)^{k-3}\right] \varepsilon(k-3)$$

最后，由线性性质得

$$y_{zs}(k) = \left[2 - \left(\frac{1}{2}\right)^{k}\right] \varepsilon(k) - \left[2 - \left(\frac{1}{2}\right)^{k-3}\right] \varepsilon(k-3)$$

该结果如图 6-17 所示。

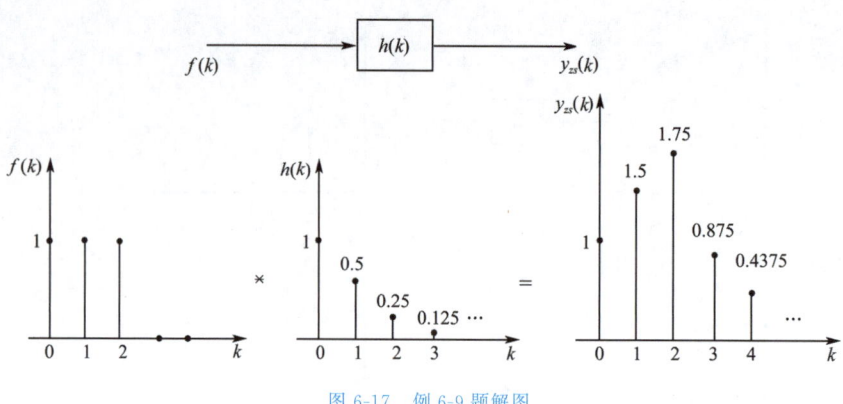

图 6-17 例 6-9 题解图

模块小结

1. 离散时间信号仅在一些离散点上才有定义。最重要的基本信号有单位冲激序列 $\delta(k)$ 和单位阶跃序列 $\varepsilon(k)$，二者的关系为

$$\delta(k) = \varepsilon(k) - \varepsilon(k-1)$$

$$\varepsilon(k) = \sum_{m=0}^{\infty} \delta(k-m)$$

2. LTI 离散时间系统的数学模型是线性常数时不变差分方程。任意幅度有界的输入序列均可以表示为 $\delta(k)$ 的线性组合，离散时间系统的零状态响应均可以表示为单位响应的线性组合，即有卷积和

$$f(k) = \sum_{i=0}^{k} f(i)\delta(k-i) = f(k) * \delta(k)$$

$$y_{zs}(k) = \sum_{i=0}^{k} f(i)h(k-i) = f(k) * h(k)$$

3. 单位响应 $h(k)$ 和阶跃响应 $s(k)$ 有如下重要关系：

$$h(k) = s(k) - s(k-1)$$

$$s(k) = \sum_{n=0}^{\infty} h(k-n)$$

4. 离散时间系统的模拟及时域分析方法与连续时间系统有许多相似之处，应注意其规律性。

习题

6-1 试分别给出如下各序列的图形。

(1) $f_1(k) = 0.5^k \varepsilon(k)$

(2) $f_2(k)=\varepsilon(2-k)$
(3) $f_3(k)=\varepsilon(-2-k)$
(4) $f_4(k)=2(1-0.5^k)\varepsilon(k)$
(5) $f_5(k)=\varepsilon(k-2)-\varepsilon(k-6)$
(6) $f_6(k)=\delta(k)+\delta(k-1)+2\delta(k-2)+2\delta(k-3)+\delta(k-4)$

6-2 如题 6-2 图所示为工程上常用的数字处理系统，试列写其差分方程。

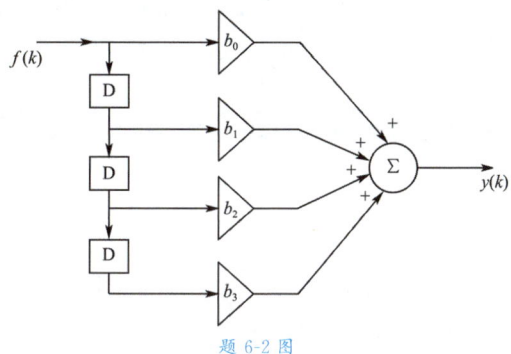

题 6-2 图

6-3 设某离散时间系统的差分方程为
$$y(k)+4y(k-1)+3y(k-2)=4f(k)+f(k-1)$$
试画出其时域模拟框图。

6-4 设有序列 $f_1(k)$、$f_2(k)$ 和 $f_3(k)$ 如题 6-4 图所示。求：
(1) $f_1(k)*f_2(k)$；
(2) $f_1(k)*f_3(k)$。

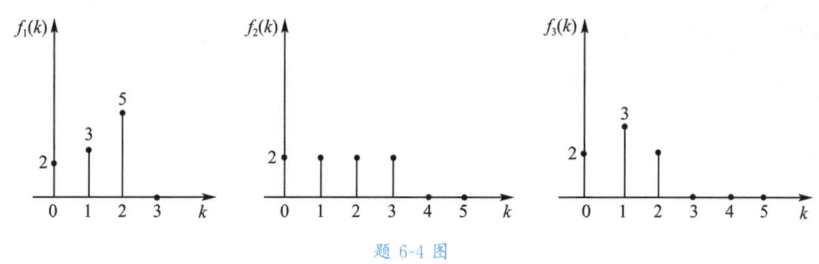

题 6-4 图

6-5 设有一系统的差分方程为
$$y(k)-0.8y(k-1)=f(k)$$
试求其单位响应 $h(k)$。

6-6 某系统的模拟框图如题 6-6 图所示。求：

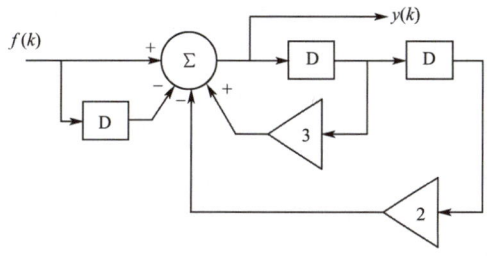

题 6-6 图

(1) 写出系统的差分方程；
(2) 若 $f(k)=3^k\varepsilon(k)$，且 $y(-1)=0$，$y(-2)=1$，试求 $y(k)$。

模块 7
离散时间信号与系统的 z 域分析

> **育人目标**
>
> 在教学过程中,树立学生履行时代赋予使命的责任担当,激起学生学习报国的理想情怀,从而满怀创新精神、钻研精神和奉献精神。

> **教学目的**
>
> 能够利用 z 变换法求解差分方程,熟练应用系统函数 $H(z)$ 来分析离散时间系统,会判断离散时间系统的稳定性。

> **教学要求**
>
> z 域分析是离散时间系统的一种简便的分析工具,也是离散时间系统设计的重要基础。本模块要掌握好以下内容:
> 1. 掌握 z 变换的概念及其性质。
> 2. 利用 z 变换和逆变换求解差分方程。
> 3. 掌握离散时间系统的系统函数 $H(z)$。
> 4. 了解离散时间系统的稳定性和频率特性的概念。

在连续时间系统的分析中,曾以较多的篇幅讨论了采用变换域分析的方法,利用这些分析方法不仅大大简化了运算,而且还具有其物理含义。如傅立叶变换是把连续时间信号变换成频域函数,从而比较清晰地表征了连续时间信号的频率特性;拉普拉斯变换是把连续时间信号变换成复频域(s 域)函数,从而扩大了信号的变换范围。

在连续时间系统中,这两种变换都可以把微分方程的运算变换成代数方程的运算,从而使运算简化。同样的,在离散时间系统中,时域分析是用差分方程来描述的,可归结为差分方程的建立和求解;对应于连续时间信号的傅立叶变换(频域),离散时间信号的频域变换也称为傅立叶变换,而对应于连续时间信号的 s 域变换,离散时间信号也采用一种变换域来处理,这就是 z 域,也就是 z 变换。

z 变换的最初思想是英国数学家棣莫弗(De Moivre)于 1730 年提出的。后来虽然经过拉普拉斯等人的不断研究与完善,但在一百多年间终因它在工程上没有重要应用而未受到人们的重视。进入20世纪60年代后,由于计算机的广泛应用和数字通信、抽样数据控制系统的迅速发展,z变换成为分析这些离散时间系统的重要数学工具。

7.1 z 变换

拉普拉斯变换可以将微分方程变换为代数方程,z 变换则可以把差分方程变换为代数方程,从而简化离散时间系统的分析。

7.1.1 z 变换的定义

1. z 变换的由来

如图 7-1 所示,设有连续时间信号 $f(t)$,用冲激序列 $\delta_T(t) = \sum\limits_{k=-\infty}^{\infty} \delta(t-kT)$ 对其进行抽样,则抽样信号为

$$f_S(t) = \sum_{k=-\infty}^{\infty} f(t)\delta(t-kT) = \sum_{k=-\infty}^{\infty} f(kT)\delta(t-kT)$$

对 $f_S(t)$ 取拉普拉斯变换得

$$F_S(s) = \int_{-\infty}^{\infty} \sum_{k=-\infty}^{\infty} f(kT)\delta(t-kT)e^{-st}dt = \sum_{k=-\infty}^{\infty} f(kT)e^{-ksT}$$

令 $z = e^{sT}$,则可把上式写成

$$F(z) = F_S(s)\big|_{s=\frac{\ln z}{T}} = \sum_{k=-\infty}^{\infty} f(kT)z^{-k}$$

将 $f(kT)$ 换成 $f(k)$,那么

$$F(z) = \sum_{k=-\infty}^{\infty} f(k)z^{-k} \tag{7-1}$$

可见,$f(k)$ 的 z 变换是 $f(t)$ 的理想抽样信号 $f_S(t)$ 的拉普拉斯变换 $F_S(s)$ 将变量 s 通过 $z = e^{sT}$ 代换的结果。

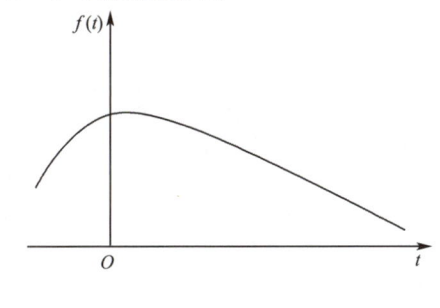

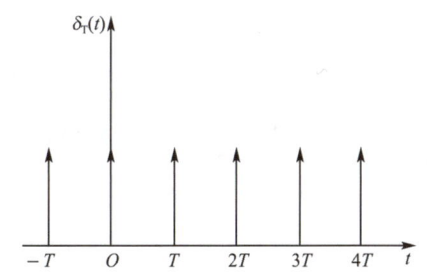

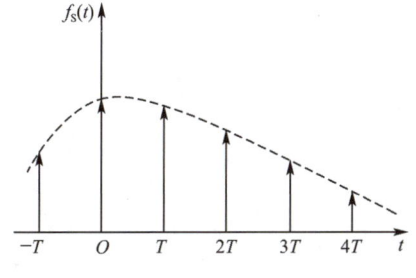

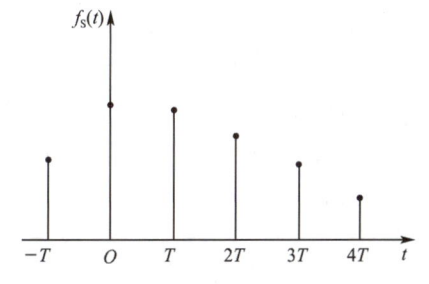

图 7-1 z 变换的由来

式(7-1)中,由于是从$-\infty$到∞求和,故称为双边z变换。如果对给定的序列$f(k)$从$k=0$开始求和,则

$$F(z) = \sum_{k=0}^{\infty} f(k) z^{-k} \tag{7-2}$$

式(7-2)称为序列$f(k)$的单边z变换。考虑到工程的实际情况,本书仅讨论单边z变换,并且以后把它简称为z变换。式(7-2)中,z是一个复变量,$F(z)$称为序列$f(k)$的象函数,$f(k)$称为$F(z)$的原序列。由原序列$f(k)$求其象函数$F(z)$的过程称为z的正变换,简称z变换。记作

$$F(z) = \mathscr{Z}[f(k)]$$

反之,由$F(z)$确定$f(k)$的过程称为z逆变换,记作

$$f(k) = \mathscr{Z}^{-1}[F(z)]$$

若$F(z)$已知,根据复变函数的理论,原函数$f(k)$可由下式确定:

$$f(k) = \frac{1}{2\pi j} \oint F(z) z^{k-1} dz \tag{7-3}$$

2. 收敛域

一个序列$f(k)$的z变换$F(z)$由定义可知是一个无穷级数,要使其有意义并以闭合形式出现,则该级数必须绝对收敛,即$f(k)$在z平面的某一区域内恒有

$$\sum_{k=0}^{\infty} |f(k) z^{-k}| < \infty \tag{7-4}$$

如果不能绝对收敛,就认为该序列$f(k)$的z变换不存在。因为z变换是z的级数之和的形式,所以式(7-4)称为绝对可和条件,它是序列$f(k)$的z变换存在的充分必要条件。

收敛域的定义:对于序列$f(k)$来说,满足绝对可和条件的所有z值组成的集合称为z变换的收敛域。

▶ **例 7-1** 求因果序列

$$f(k) = a^k \varepsilon(k) = \begin{cases} 0, & k < 0 \\ a^k, & k \geq 0 \end{cases}$$

的z变换(式中a为常数)。

解:由定义得

$$F(z) = \sum_{k=0}^{\infty} a^k z^{-k} = \lim_{N \to \infty} \sum_{k=0}^{N} (az^{-1})^k = \lim_{N \to \infty} \frac{1-(az^{-1})^{N+1}}{1-az^{-1}}$$

可见,仅当$|az^{-1}| < 1$,即$|z| > |a|$时,z变换存在。且

$$F(z) = \frac{z}{z-a}$$

收敛域如图7-2的阴影部分所示。

3. s-z 平面映射关系

由于$f(k)$的z变换$F(z)$是$f(t)$的理想抽样信号$f_S(t)$的拉普拉斯变换$F_S(s)$将变量s通过$z = e^{sT}$代换的结果,即

$$F(s) = F(z)\big|_{z=e^{sT}}$$

$$F(z) = F(s)\big|_{s=\frac{1}{T}\ln z}$$

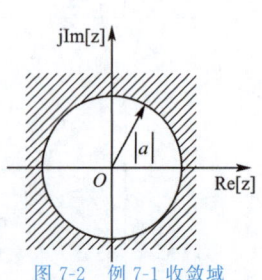

图 7-2 例 7-1 收敛域

所以复变量 z 与 s 的关系为

$$\begin{cases} z = e^{sT} = re^{j\theta} \\ s = \dfrac{1}{T}\ln z = \sigma + j\omega \end{cases}$$

式中

$$\begin{cases} r = e^{\sigma T} \\ \theta = \omega T \end{cases}$$

上式表明 s-z 平面有如下映射关系:

(1) s 平面上的虚轴($\sigma=0, s=j\omega$)映射到 z 平面是单位圆,即 $|z|=1$;s 左半平面($\sigma<0$)映射到 z 平面是单位圆内部区域,即 $|z|<1$;s 右半平面($\sigma>0$)映射到 z 平面是单位圆外部区域,即 $|z|>1$。

(2) 由于 $e^{j\theta}$ 是以 ω 为周期的周期函数,因此在 s 平面上沿虚轴移动的线对应地在 z 平面上沿单位圆周期性旋转,每平移 ω_s(重复频率 $\omega_s = \dfrac{2\pi}{T}$),沿单位圆旋转一周。所以 s-z 平面的映射并不是单值的。

(3) s 平面上的实轴($\omega=0, s=\sigma$)映射到 z 平面上是正实轴;平行于实轴的直线(ω 为常量)映射到 z 平面上是始于原点的辐射线;经过 $j\dfrac{k\omega_s}{2}(k=\pm 1, \pm 3, \cdots)$ 而平行于实轴的直线映射到 z 平面上是负实轴。s-z 平面映射关系见表 7-1。

表 7-1 s-z 平面映射关系

	s 平面($s=\sigma+j\omega$)	z 平面($z=re^{j\theta}$)	
虚轴 $\begin{pmatrix}\sigma=0\\s=j\omega\end{pmatrix}$			单位圆 $\begin{pmatrix}r=1\\ \theta\ 任意\end{pmatrix}$
左半平面 ($\sigma<0$)			单位圆内 $\begin{pmatrix}r=1\\ \theta\ 任意\end{pmatrix}$
右半平面 ($\sigma>0$)			单位圆外 $\begin{pmatrix}r=1\\ \theta\ 任意\end{pmatrix}$
平行于虚轴的直线($\sigma=$常数)			圆 $\begin{pmatrix}\sigma>0, r>1\\ \sigma<0, r<1\end{pmatrix}$

(续表)

	s 平面 ($s=\sigma+j\omega$)		z 平面 ($z=re^{j\theta}$)	
实轴 $\begin{pmatrix}\omega=0\\s=\sigma\end{pmatrix}$				正实轴 $\begin{pmatrix}\theta=0\\r\text{ 任意}\end{pmatrix}$
平行于实轴的直线($\omega=$常数)				始于原点的辐射线 $\begin{pmatrix}\theta=\text{常数}\\r\text{ 任意}\end{pmatrix}$
经过 $j\dfrac{k\omega_s}{2}$ 而平行于实轴的直线 ($k=\pm 1,\pm 3,\cdots$)				负实轴

7.1.2 常用序列的 z 变换

1.单位序列 $\delta(k)$

因为

$$\delta(k)=\begin{cases}1 & k=0\\0 & k\neq 0\end{cases}$$

由 z 变换定义得

$$F(z)=\mathscr{L}[\delta(k)]=\sum_{k=0}^{\infty}\delta(k)z^{-k}$$

上式仅在 $k=0$ 时不为零,故

$$\mathscr{L}[\delta(k)]=1 \tag{7-5}$$

上式表明:不论复值 z 为何值,当 $|z|\geqslant 0$ 时,其和式均收敛,这种情况称 $F(z)$ 的收敛域为整个 z 平面。

2.阶跃序列 $\varepsilon(k)$

因为

$$\varepsilon(k)=\begin{cases}1 & k\geqslant 0\\0 & k<0\end{cases}$$

故有

$$F(z)=\mathscr{L}\left[\sum_{k=0}^{\infty}\varepsilon(k)z^{-k}\right]=\sum_{k=0}^{\infty}z^{-k}$$

上式为等比级数求和,当 $\left|\dfrac{1}{z}\right|<1$,即 $|z|>1$ 时,该式收敛,且

$$\mathscr{Z}[\varepsilon(k)]=\dfrac{1}{1-z^{-1}}=\dfrac{z}{z-1} \tag{7-6}$$

3. 指数序列 $a^k \varepsilon(k)$

由定义得

$$F(z)=\sum_{k=0}^{\infty}a^k z^{-k}=1+\left(\dfrac{a}{z}\right)+\left(\dfrac{a}{z}\right)^2+\cdots$$

该级数为等比序列级数,当 $\left|\dfrac{a}{z}\right|<1$,即 $|z|>|a|$ 时,级数收敛,并有

$$F(z)=\dfrac{1}{1-\left(\dfrac{a}{z}\right)}=\dfrac{z}{z-a} \tag{7-7}$$

对于指数序列来说,当收敛域为 z 平面上半径 $|z|=R=|a|$ 的圆外部区域时,$F(z)$ 才存在。这里 R 称为收敛半径。

常见序列的 z 变换见表 7-2。

表 7-2 常见序列 z 变换

序号	$f(k)$ ($k\geqslant 0$)	$F(z)$	收敛域
1	$\delta(k)$	1	$|z|\geqslant 0$
2	$\varepsilon(k)$	$\dfrac{z}{z-1}$	$|z|>1$
3	k	$\dfrac{z}{(z-1)^2}$	$|z|>1$
4	k^2	$\dfrac{z(z+1)}{(z-1)^3}$	$|z|>1$
5	a^k	$\dfrac{z}{z-a}$	$|z|>|a|$
6	ka^k	$\dfrac{az}{(z-a)^2}$	$|z|>|a|$
7	e^{-ak}	$\dfrac{z}{z-\mathrm{e}^{-a}}$	$|z|>|\mathrm{e}^{-a}|$
8	$\mathrm{e}^{\mathrm{j}\omega_0 k}$	$\dfrac{z}{z-\mathrm{e}^{\mathrm{j}\omega_0}}$	$|z|>1$
9	$\sin(\omega_0 k)$	$\dfrac{z\sin\omega_0}{z^2-2z\cos\omega_0+1}$	$|z|>1$
10	$\cos(\omega_0 k)$	$\dfrac{z(z-\cos\omega_0)}{z^2-2z\cos\omega_0+1}$	$|z|>1$
11	$Aa^{k-1}\varepsilon(k-1)$	$\dfrac{A}{z-a}$	$|z|>|a|$
12	$\dbinom{k}{m}a^{k-m+1}\varepsilon(k)$	$\dfrac{z}{(z-a)^m}$	$|z|>|a|$

7.2 z 变换的性质

本节介绍 z 变换若干重要性质,这对于求某些复杂信号的 z 变换或用于求逆变换都是非常重要的。

7.2.1 线性

z 变换与傅立叶变换、拉普拉斯变换一样,也是一种线性变换。

若
$$f_1(k) \leftrightarrow F_1(z)$$
$$f_2(k) \leftrightarrow F_2(z)$$

则
$$a_1 f_1(k) + a_2 f_2(k) \leftrightarrow a_1 F_1(z) + a_2 F_2(z) \tag{7-8}$$

式中,a_1、a_2 为任意常数。

例 7-2 求序列 $\cos(k\omega_0)$ 的 z 变换。

解: 根据欧拉公式
$$\cos(k\omega_0) = \frac{1}{2}(e^{jk\omega_0} + e^{-jk\omega_0})$$

由表 7-1,有
$$e^{jk\omega_0} \leftrightarrow \frac{z}{z - e^{j\omega_0}}$$

$$e^{-jk\omega_0} \leftrightarrow \frac{z}{z - e^{-j\omega_0}}$$

由线性性质可得
$$\mathscr{L}[\cos(k\omega_0)] = \mathscr{L}\left[\frac{1}{2}(e^{jk\omega_0} + e^{-jk\omega_0})\right]$$
$$= \mathscr{L}\left[\frac{1}{2}e^{jk\omega_0}\right] + \mathscr{L}\left[\frac{1}{2}e^{-jk\omega_0}\right]$$
$$= \frac{1}{2}\left(\frac{z}{z - e^{j\omega_0}} + \frac{z}{z - e^{-j\omega_0}}\right)$$
$$= \frac{z(z - \cos\omega_0)}{z^2 - 2z\cos\omega_0 + 1}$$

7.2.2 移位特性

移位特性又称延时特性,它是分析离散时间系统的重要性质之一。为了正确运用移位特性,必须对双边 z 变换和单边 z 变换加以区别。

对于双边序列 $f(k)$,其右移 m 位后的 z 变换为

$$f(k-m) \leftrightarrow z^{-m}\left[F(z)+\sum_{k=1}^{m}f(-k)z^{k}\right] \qquad (7\text{-}9)$$

举例来说,有

$$f(k-1)\leftrightarrow z^{-1}F(z)+f(-1)$$
$$f(k-2)\leftrightarrow z^{-2}F(z)+z^{-1}f(-1)+f(-2) \qquad (7\text{-}10)$$

对于单边序列,因 $f(-1)=0, f(-2)=0, \cdots$,故由式(7-9)可得

$$f(k-m)\leftrightarrow z^{-m}F(z) \qquad (7\text{-}11)$$

由移位特性,显然可得

$$\delta(k-m)\leftrightarrow z^{-m}$$
$$\varepsilon(k-m)\leftrightarrow z^{-m}\frac{z}{z-1} \qquad (7\text{-}12)$$

> **例 7-3** 求 $a^{k-1}\varepsilon(k-1)$ 的 z 变换。

解: 由于

$$a^{k}\varepsilon(k)\leftrightarrow \frac{z}{z-a}$$

再由移位特性得

$$a^{k-1}\varepsilon(k-1)\leftrightarrow \frac{z}{z-a}z^{-1}$$

所以

$$\mathscr{L}[a^{k-1}\varepsilon(k-1)]=\frac{1}{z-a}$$

7.2.3 尺度变换

设

$$f(k)\leftrightarrow F(z)$$

则 $f(k)$ 乘以指数序列的 z 变换为

$$a^{k}f(k)\leftrightarrow F\left(\frac{z}{a}\right) \quad (a\neq 0) \qquad (7\text{-}13)$$

上式表明,若将 $f(k)$ 乘以 a^{k},其 z 变换只要将 $f(k)$ 的 z 变换 $F(z)$ 中的每个 z 除以 a 即可,这称为尺度变换。

> **例 7-4** 已知

$$e^{\lambda k}\leftrightarrow \frac{z}{z-e^{\lambda}}$$

求 $a^{k}e^{\lambda k}$ 的 z 变换。

解: 由式(7-13)得

$$\mathscr{L}[a^{k}e^{\lambda k}]=\frac{\dfrac{z}{a}}{\dfrac{z}{a}-e^{\lambda}}=\frac{z}{z-ae^{\lambda}}$$

7.2.4 卷积（卷积和）定理

若
$$f_1(k) \leftrightarrow F_1(z)$$
$$f_2(k) \leftrightarrow F_2(z)$$

则 $f_1(k)$ 与 $f_2(k)$ 的卷积和的 z 变换为

$$f_1(k) * f_2(k) \leftrightarrow F_1(z) F_2(z) \tag{7-14}$$

上式表明，时域中两个序列的卷积和可变换为两个序列 z 变换的乘积。这跟拉普拉斯变换中的卷积定理有相同的形式。该定理在求离散时间系统的零状态响应时非常有用。

例如，已知离散时间系统零状态响应等于输入序列与单位响应的卷积和，即

$$y_{zs}(k) = f(k) * h(k)$$

把离散卷积和转到 z 域，设

$$f(k) \leftrightarrow F(z)$$
$$h(k) \leftrightarrow H(z)$$
$$y_{zs}(k) \leftrightarrow Y_{zs}(z)$$

由卷积定理得

$$Y_{zs}(z) \leftrightarrow F(z) H(z) \tag{7-15}$$

式中，$H(z)$ 称为系统函数，它是单位响应 $h(k)$ 的 z 变换。

例 7-5 设离散时间系统的单位响应 $h(k) = \left(\dfrac{1}{2}\right)^k \varepsilon(k)$，输入序列 $f(k) = \left(\dfrac{1}{5}\right)^k \varepsilon(k)$，试在 z 域内求系统的零状态响应。

解：因为

$$H(z) = \mathscr{L}\left[\left(\dfrac{1}{2}\right)^k \varepsilon(k)\right] = \dfrac{z}{z-0.5}$$

$$F(z) = \mathscr{L}\left[\left(\dfrac{1}{5}\right)^k \varepsilon(k)\right] = \dfrac{z}{z-0.2}$$

由卷积定理得

$$Y_{zs}(z) = F(z) H(z) = \dfrac{z^2}{(z-0.5)(z-0.2)} = \dfrac{\dfrac{5}{3}z}{z-0.5} - \dfrac{\dfrac{2}{3}z}{z-0.2}$$

由逆变换（后面会专门介绍）得

$$y_{zs}(k) = \dfrac{5}{3}\left(\dfrac{1}{2}\right)^k \varepsilon(k) - \dfrac{2}{3}\left(\dfrac{1}{5}\right)^k \varepsilon(k) = \dfrac{1}{3}\left[5\left(\dfrac{1}{2}\right)^k - 2\left(\dfrac{1}{5}\right)^k\right] \varepsilon(k)$$

可见，用卷积定理求系统的零状态响应是很方便的。

z 变换还有一些运算性质，这里不一一详述。现把常用性质列于表 7-3，供读者查阅。

表 7-3　　　　　　　　　　　　　z 变换的常用性质

序号	名称	时域	z 域（单边）
1	线性	$a_1 f_1(k) + a_2 f_2(k)$	$a_1 F_1(z) + a_2 F_2(z)$

(续表)

序号	名称	时域	z 域（单边）
2	移位特性	$f(k-m)\varepsilon(k-m)(m\geqslant 0)$ $f(k-m)$	$z^{-m}F(z)$ $z^{-m}\left[F(z)+\sum_{k=1}^{m}f(-k)z^{k}\right]$
3	卷积定理	$f_1(k)*f_2(k)$	$F_1(z)F_2(z)$
4	尺度变换	$a^k f(k)$	$F\left(\dfrac{z}{a}\right)$
5	序列求和	$\sum_{k=0}^{n}f(k)$	$\dfrac{z}{z-1}F(z)$
6	$F(z)$ 微分	$k^m f(k)$	$\left(-z\dfrac{\mathrm{d}}{\mathrm{d}z}\right)^m F(z)$
7	初值定理	$f(0)=\lim\limits_{z\to\infty}F(z)$	
8	终值定理	$f(\infty)=\lim\limits_{z\to 1}(z-1)F(z)$	

7.3 z 逆变换

在离散时间系统分析中，常常要从 z 域的变换函数（象函数）求出原序列 $f(k)$。从原理上讲，只要给定函数 $F(z)$，均可利用式(7-3)进行逆变换。由于 $F(z)$ 通常为 z 的有理函数，故常用简单的查表法、幂级数展开法和部分分式展开法求取原序列 $f(k)$，而不必进行复变函数的围线积分。

7.3.1 查表法

查表法是将象函数 $F(z)$ 表示为常用信号的 z 变换形式，再利用介绍常见序列 z 变换的表 7-2 和介绍 z 变换常用性质的表 7-3 求其 z 逆变换。

▷ 例 7-6 已知象函数

$$F(z)=\dfrac{2z-a}{z-a}$$

求其原序列 $f(k)$。

解：

$$F(z)=\dfrac{2z-a}{z-a}=\dfrac{z-a+z}{z-a}=1+\dfrac{z}{z-a}$$

查表 7-2 得

$$\delta(k)\leftrightarrow 1$$

$$a^k\varepsilon(k)\leftrightarrow \dfrac{z}{z-a}$$

所以

$$f(k)=\delta(k)+a^k\varepsilon(k)$$

7.3.2 幂级数展开法（长除法）

由 z 变换的定义式

$$F(z) = \sum_{k=-\infty}^{\infty} f(k) z^{-k}$$

可知，$F(z)$ 是 z^{-1} 的幂级数。当已知 $F(z)$ 时，可直接把 $F(z)$ 展成 z^{-1} 的幂级数形式，而系数就是序列 $f(k)$。

例 7-7 已知象函数

$$F(z) = \frac{z}{2(z+1)}$$

求其原序列 $f(k)$。

解：若 $|z|>1$，则只有 z 的负幂级数 z^{-k} 才收敛，属降幂排列，即

$$\frac{z}{2(z+1)} = \frac{1}{2}(1 - z^{-1} + z^{-2} - z^{-3} + \cdots) = \sum_{k=0}^{\infty} \frac{1}{2}(-1)^k z^{-k}$$

所以

$$f(k) = \frac{1}{2}(-1)^k \varepsilon(k)$$

若 $|z|<1$，则只有 z 的正幂级数 z^k 才收敛，属升幂排列，即

$$\frac{z}{2(z+1)} = -\frac{1}{2} \times \frac{z}{1+z} = -\frac{1}{2}(z - z^2 + z^3 - z^4 + \cdots) = \sum_{k=-\infty}^{-1} \frac{1}{2}(-1)^{-k} z^{-k}$$

所以

$$f(k) = \frac{1}{2}(-1)^{-k} \varepsilon(-k-1)$$

7.3.3 部分分式展开法

当序列的 z 变换为有理函数时，即

$$F(z) = \frac{B(z)}{A(z)} = \frac{b_m z^m + b_{m-1} z^{m-1} + \cdots + b_1 z + b_0}{z^k + a_{k-1} z^{k-1} + \cdots + a_1 z + a_0} \tag{7-16}$$

像拉普拉斯逆变换那样，将上式分解为部分分式之和，然后根据查表法求得序列 $f(k)$。

式(7-16)中通常 $m \leqslant k$。为了方便，可以先将 $\dfrac{F(z)}{z}$ 展开成部分分式，然后再对每个分式乘以 z，这样不但对 $m=k$ 的情况可以直接展开，而且展开的基本分式为 $\dfrac{Gz}{z-z_i}$ 的形式，它所对应的原序列为 $G(z_i)^k \varepsilon(k)$。分母 $A(z)=0$ 的根称为 $F(z)$ 的极点，下面就 $F(z)$ 的不同极点情况介绍展开方法。

1. $F(z)$ 仅含有一阶极点

若 $z_1, z_2, \cdots, z_k$ 为 $F(z)$ 的 k 个一阶极点，则 $\dfrac{F(z)}{z}$ 可以展开为

$$\frac{F(z)}{z} = \frac{G_0}{z-z_0} + \frac{G_1}{z-z_1} + \cdots + \frac{G_k}{z-z_k} = \sum_{i=0}^{k} \frac{G_i}{z-z_i} \qquad (7\text{-}17)$$

式中,$z_0 = 0$。上式的两边同乘以 z,得

$$F(z) = \sum_{i=0}^{k} \frac{G_i z}{z-z_i} \qquad (7\text{-}18)$$

确定系数 G_i 的方法与拉普拉斯变换中部分分式展开法采用的方法一样,即

$$G_i = \left[(z-z_i)\frac{F(z)}{z}\right]\bigg|_{z=z_i} \qquad (7\text{-}19)$$

而

$$G_0 = F(z)\big|_{z=z_0} \qquad (7\text{-}20)$$

式(7-18)又可写成

$$F(z) = G_0 + \sum_{i=0}^{k} \frac{G_i z}{z-z_i} \qquad (7\text{-}21)$$

取上式的逆变换得

$$f(k) = G_0 \delta(k) + \sum_{i=1}^{k} G_i (z_i)^k \varepsilon(k) \qquad (7\text{-}22)$$

> **例 7-8** 已知象函数

$$F(z) = \frac{z^2}{z^2-1}$$

求其原序列 $f(k)$。

解:因为

$$F(z) = \frac{z^2}{z^2-1} = \frac{z^2}{(z+1)(z-1)}$$

所以

$$\frac{F(z)}{z} = \frac{z}{(z+1)(z-1)} = \frac{G_1}{z-1} + \frac{G_2}{z+1}$$

由式(7-19)得

$$G_1 = (z-1)\frac{F(z)}{z}\bigg|_{z=1} = \frac{1}{2}$$

$$G_2 = (z+1)\frac{F(z)}{z}\bigg|_{z=-1} = \frac{1}{2}$$

故

$$F(z) = \frac{1}{2}\frac{z}{z-1} + \frac{1}{2}\frac{z}{z+1}$$

对上式取逆变换,得

$$f(k) = \frac{1}{2}[1+(-1)^k]\varepsilon(k)$$

2. $F(z)$ 仅含有重极点

设 $F(z)$ 在 $z=z_i$ 处有 m 阶极点,例如

$$F(z) = \frac{B(z)}{(z-z_i)^m}$$

仿照拉普拉斯逆变换的方法，$\dfrac{F(z)}{z}$ 可展开为

$$\frac{F(z)}{z} = \frac{G_{11}}{(z-z_i)^m} + \frac{G_{12}}{(z-z_i)^{m-1}} + \cdots + \frac{G_{1m}}{z-z_i} + \frac{G_0}{z}$$

式中，$\dfrac{G_0}{z}$ 项是由 $F(z)$ 除以 z 后自动增加了 $z_i=0$ 的极点所致。上式的各系数确定如下

$$G_{1k} = \frac{1}{(k-1)!} \frac{\mathrm{d}^{k-1}}{\mathrm{d}z^{k-1}} \left[(z-z_i)^m \frac{F(z)}{z} \right] \Bigg|_{z=z_i} \tag{7-23}$$

式中，$k=1,2,\cdots,m$。各系数确定以后，则有

$$F(z) = \frac{G_{11}z}{(z-z_i)^m} + \frac{G_{12}z}{(z-z_i)^{m-1}} + \cdots + \frac{G_{1m}z}{z-z_i} + G_0$$

由表 7-2 中的变换对可知

$$\frac{z}{(z-a)^m} \leftrightarrow \binom{k}{m} a^{k-m+1} \varepsilon(k)$$

可以容易地得到上式的逆变换。

> **例 7-9** 求 $F(z) = \dfrac{z(z+1)}{(z-1)^2(z-3)}$ 的逆变换 $f(k)$。

解：

$$\frac{F(z)}{z} = \frac{z(z+1)}{(z-1)^2(z-3)} = \frac{G_{12}}{(z-1)^2} + \frac{G_{11}}{z-1} + \frac{G_2}{z-3}$$

其中

$$G_{11} = \left\{ \frac{\mathrm{d}}{\mathrm{d}z} \left[(z-1)^2 \frac{F(z)}{z} \right] \right\} \Bigg|_{z=1} = \frac{-4}{(z-3)^2} \Bigg|_{z=1} = -1$$

$$G_{12} = (z-1)^2 \frac{F(z)}{z} \Bigg|_{z=1} = \frac{z+1}{z-3} \Bigg|_{z=1} = -1$$

$$G_2 = (z-3) \frac{F(z)}{z} \Bigg|_{z=3} = 1$$

所以

$$F(z) = -\frac{z}{(z-1)^2} - \frac{z}{z-1} + \frac{z}{z-3}$$

由于

$$\frac{z}{z-1} \leftrightarrow \varepsilon(k)$$

$$\frac{z}{(z-1)^2} \leftrightarrow k\varepsilon(k)$$

$$\frac{z}{z-3} \leftrightarrow 3^k \varepsilon(k)$$

所以
$$f(k) = (3^k - k - 1)\varepsilon(k)$$

7.4 离散时间系统差分方程的 z 域解

应用 z 变换求解离散时间系统差分方程的方法与连续时间系统 s 域分析求解微分方程的方法相对应。只要正确运用 z 变换、z 变换的性质和 z 逆变换，系统的求解是很方便的。

7.4.1 差分方程的 z 域解

差分方程的一般形式为
$$\sum_{i=0}^{k} a_{k-i} y(k-i) = \sum_{j=0}^{m} b_{m-j} f(k-j) \tag{7-24}$$

其中 $a_{k-i}(i=0,1,2,\cdots,k)$、$b_{m-j}(j=0,1,\cdots,m)$ 为实数；系统的初始状态为 $y(-1), y(-2), \cdots, y(-k)$；$f(k)$ 为因果序列。

对式(7-24)的两边取 z 变换得
$$\sum_{i=0}^{k} a_{k-i} \left[z^{-i} Y(z) + \sum_{k=0}^{i-1} y(k-i) z^{-k} \right] = \sum_{j=0}^{m} b_{m-j} [z^{-1} F(z)]$$

求得
$$Y(z) = \frac{M(z)}{A(z)} + \frac{B(z)}{A(z)} F(z) \tag{7-25}$$

其中 $M(z) = -\sum_{i=0}^{k} a_{k-i} \left[\sum_{k=0}^{i-1} y(k-i) z^{-k} \right]$，$A(z) = \sum_{i=0}^{k} a_{k-i} z^{-i}$，$B(z) = \sum_{j=0}^{m} b_{m-j} z^{-j}$。

所以系统的零输入响应 z 域解为 $Y_{zi}(z) = \dfrac{M(z)}{A(z)}$，零状态响应 z 域解为 $Y_{zs}(z) = \dfrac{B(z)}{A(z)} F(z)$。再对式(7-25)取 z 逆变换求其响应。

例 7-10 若描述 LTI 系统的差分方程为
$$y(k) - y(k-1) - 2y(k-2) = f(k) + 2f(k-2)$$

其激励 $f(k) = \varepsilon(k)$，初始状态 $y(-1) = 2$，$y(-2) = -\dfrac{1}{2}$，求系统的零输入响应、零状态响应及全响应。

解：对差分方程的两边取 z 变换，得
$$Y(z) - [z^{-1} Y(z) + y(-1)] - 2[z^{-2} Y(z) + y(-2) + y(-1) z^{-1}] = F(z) + 2z^{-2} F(z)$$

所以
$$Y(z) = \frac{[y(-1) + 2y(-2)] z^2 + 2y(-1) z}{z^2 - z - 2} + \frac{z^2 + 2}{z^2 - z - 2} F(z)$$

零输入响应
$$Y_{zi}(z) = \frac{2z}{z-2} - \frac{z}{z+1}$$

$$y_{zi}(k) = [2 \times (2)^k - (-1)^k]\varepsilon(k)$$

零状态响应

$$Y_{zs}(z) = \frac{2z}{z-2} + \frac{\frac{1}{2}z}{z+1} - \frac{\frac{3}{2}z}{z-1}$$

$$y_{zs}(k) = \left[2 \times (2)^k + \frac{1}{2}(-1)^k - \frac{3}{2}\right]\varepsilon(k)$$

全响应

$$y(k) = \left[4 \times (2)^k - \frac{1}{2}(-1)^k - \frac{3}{2}\right]\varepsilon(k)$$

由此可见,不管是求离散时间系统的零输入响应还是求零状态响应,z 变换法仅需进行代数运算,比时域法更容易。

7.4.2 系统函数 $H(z)$

正如连续时间系统的系统函数 $H(s)$ 一样,离散时间系统的系统函数 $H(z)$ 是反映离散时间系统特征的重要函数。

设线性时不变离散系统的输入信号为 $f(k)$,其零状态响应为 $y_{zs}(k)$,则将 $y_{zs}(k)$ 的 z 变换与 $f(k)$ 的 z 变换之比定义为系统函数 $H(z)$,即

$$H(z) = \frac{Y_{zs}(z)}{F(z)} \tag{7-26}$$

由式(7-25)可知零状态响应 z 域解为 $Y_{zs}(z) = \frac{B(z)}{A(z)}F(z)$,所以

$$H(z) = \frac{Y_{zs}(z)}{F(z)} = \frac{B(z)}{A(z)} = \frac{\sum_{j=0}^{m} b_{m-j} z^{-j}}{\sum_{i=0}^{k} a_{k-i} z^{-i}} \tag{7-27}$$

上式表明:系统函数 $H(z)$ 仅取决于系统的差分方程,而与激励和响应的形式无关,一旦描述离散时间系统的差分方程给定,$H(z)$ 即可确定,反之亦然。

例 7-11 某 LTI 离散时间系统,已知输入信号

$$f(k) = \left(-\frac{1}{2}\right)^k \varepsilon(k)$$

其零状态响应为

$$y_{zs}(k) = \left[\frac{3}{2}\left(\frac{1}{2}\right)^k + 4\left(-\frac{1}{3}\right)^k - \frac{9}{2}\left(-\frac{1}{2}\right)^k\right]\varepsilon(k)$$

求系统的单位响应 $h(k)$ 和描述系统的差分方程。

解: 零状态响应 $y_{zs}(k)$ 的象函数为

$$Y_{zs}(z) = \frac{3z}{2\left(z-\frac{1}{2}\right)} + \frac{4z}{z+\frac{1}{3}} - \frac{9z}{2\left(z+\frac{1}{2}\right)} = \frac{z^3 + 2z^2}{\left(z-\frac{1}{2}\right)\left(z+\frac{1}{3}\right)\left(z+\frac{1}{2}\right)}$$

输入信号 $f(k)$ 的象函数为

$$F(z)=\frac{z}{z+\frac{1}{2}}$$

$$H(z)=\frac{Y_{zs}(z)}{F(z)}=\frac{z^3+2z^2}{\left(z-\frac{1}{2}\right)\left(z+\frac{1}{3}\right)\left(z+\frac{1}{2}\right)}\cdot\frac{z+\frac{1}{2}}{z}=\frac{z^2+2z}{\left(z-\frac{1}{2}\right)\left(z+\frac{1}{3}\right)}=\frac{3z}{z-\frac{1}{2}}+\frac{-2z}{z+\frac{1}{3}}$$

取逆变换得

$$h(k)=\left[3\left(\frac{1}{2}\right)^k-2\left(-\frac{1}{3}\right)^k\right]\varepsilon(k)$$

由 $\dfrac{Y_{zs}(z)}{F(z)}=\dfrac{z^2+2z}{\left(z-\frac{1}{2}\right)\left(z+\frac{1}{3}\right)}=\dfrac{1+2z^{-1}}{1-\frac{1}{6}z^{-1}-\frac{1}{6}z^{-2}}$，得

$$\left(1-\frac{1}{6}z^{-1}-\frac{1}{6}z^{-2}\right)Y_{zs}(z)=(1+2z^{-1})F(z)$$

所以

$$y(k)-\frac{1}{6}y(k-1)-\frac{1}{6}y(k-2)=f(k)+2f(k-1)$$

7.5 离散时间系统的框图表示和模拟

在 6.3 节我们已经讲述过描述离散时间系统的 k 域模拟框图，同样的，我们可以用 z 域模拟框图来描述离散时间系统，也可以根据各运算单元的关系列出差分方程。

7.5.1 离散时间系统的框图表示

对于线性时不变离散时间系统而言，与时域模拟框图相同，离散时间系统的 z 域模型的基本运算单元依然为延时器（或称移位器）、常数乘法器和加法器。

延时器模拟框图如图 7-3 所示。

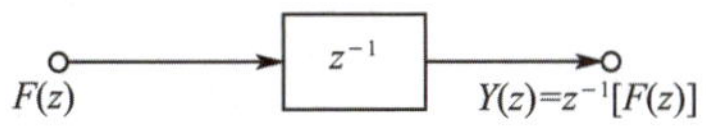

$F(z) \longrightarrow \boxed{z^{-1}} \longrightarrow Y(z)=z^{-1}[F(z)]$

图 7-3 延时器

常数乘法器模拟框图如图 7-4 所示。

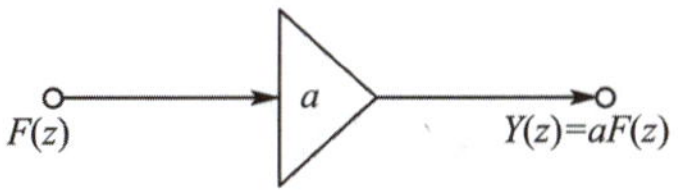

$F(z) \longrightarrow \triangleright a \longrightarrow Y(z)=aF(z)$

图 7-4 常数乘法器

加法器模拟框图如图 7-5 所示。

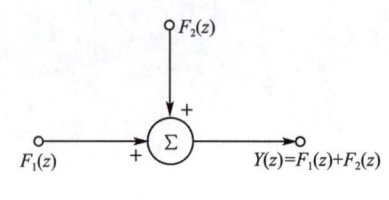

图 7-5 加法器

7.5.2 离散时间系统的模拟

利用延时器、常数乘法器和加法器就可以对离散时间系统进行模拟。例如例 7-11 中的系统，由于系统函数

$$H(z)=\frac{z^2+2z}{z^2-\frac{1}{6}z-\frac{1}{6}}=\frac{1+2z^{-1}}{1-\frac{1}{6}z^{-1}-\frac{1}{6}z^{-2}}$$

所以

$$Y(z)-\frac{1}{6}z^{-1}Y(z)-\frac{1}{6}z^{-2}Y(z)=F(z)+2z^{-1}F(z)$$

进一步写成

$$Y(z)=\frac{1}{6}z^{-1}Y(z)+\frac{1}{6}z^{-2}Y(z)+F(z)+2z^{-1}F(z)$$

由上式即可画出 z 域模拟框图如图 7-6 所示。

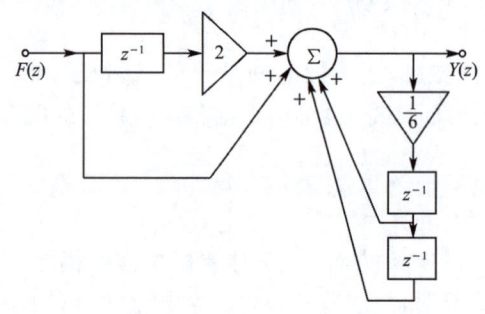

图 7-6 例 7-11 系统的 z 域模拟框图

例 7-12 如图 7-7 所示是工程上广泛应用的用数字处理系统传输连续（模拟）信号的框图。它是具有模拟输入、模拟输出，中间进行数字处理的混合系统。若数字处理系统的差分方程为

$$y(k)+1.6y(k-1)+0.9y(k-2)=f(k)-f(k-2)$$

试画出该系统数字处理部分的 z 域模拟框图。

图 7-7 数字处理系统框图

解： 将差分方程改写成

$$y(k) = f(k) - f(k-2) - 1.6y(k-1) - 0.9y(k-2)$$

对上式取 z 变换（不必考虑初始状态），得

$$Y(z) = F(z) - z^{-2}F(z) - 1.6z^{-1}Y(z) - 0.9z^{-2}Y(z)$$

由上式可画出 z 域模拟框图如图 7-8 所示。

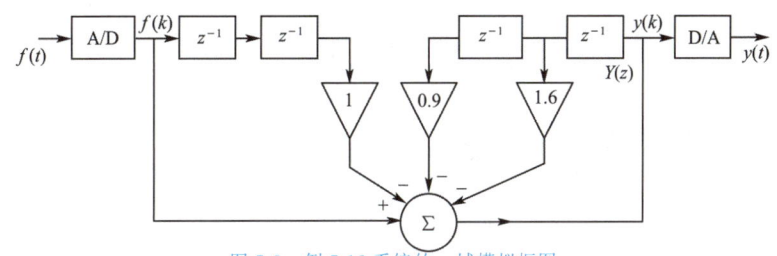

图 7-8 例 7-12 系统的 z 域模拟框图

7.6 系统特性

通过前面的学习我们知道系统函数 $H(z)$ 仅取决于离散时间系统的形式，一旦离散时间系统确定，系统函数就唯一确定。已知某离散时间系统的系统函数 $H(z)$，就可以画出系统的模拟框图。系统函数是用来描述系统特性的，所以要根据系统函数来分析系统特性。

7.6.1 $H(z)$ 的零点和极点

离散时间系统的零点、极点的概念与连续时间系统相似。若某一离散系统的系统函数为

$$H(z) = \frac{Y_{zs}(z)}{F(z)} = \frac{B(z)}{A(z)} = \frac{\sum_{j=0}^{m} b_{m-j} z^{m-j}}{\sum_{i=0}^{k} a_{k-i} z^{k-i}}$$

系统函数 $H(z)$ 分母多项式 $A(z)=0$ 的根称为系统函数的极点，而 $H(z)$ 分子多项式 $B(z)=0$ 的根称为系统函数的零点，极点使系统函数取值无穷大，而零点使系统函数取值为零。

利用系统函数的零点、极点，可以把 $H(z)$ 的分子、分母写成线性因子乘积的形式，即

$$H(z) = \frac{Y_{zs}(z)}{F(z)} = \frac{b_m z^m + b_{m-1} z^{m-1} + \cdots + b_1 z + b_0}{a_k z^k + a_{k-1} z^{k-1} + \cdots + a_1 z + a_0} = H_0 \frac{\prod_{r=1}^{m}(z - z_r)}{\prod_{i=1}^{k}(z - p_i)} \quad (7-28)$$

式中，$z_1, z_2, \cdots, z_m$ 是系统函数的零点；$p_1, p_2, \cdots, p_k$ 是系统函数的极点；$H_0 = \dfrac{b_m}{a_k}$ 为一常系数。如 $H(z)$ 的零点 z_r、极点 p_i 和常系数 H_0 已知，则系统函数就完全确定，也可以在 z 平面上画系统的零、极点分布图，同样的，零点用"○"表示，极点用"×"表示。若为 k

重零点或极点,可在其旁边注上"(k)"。

▶ **例 7-13** 求例 7-11 中系统的零点、极点,并画出其零、极点分布图。

解: 由例 7-11 知系统函数为

$$H(z)=\frac{z^2+2z}{z^2-\frac{1}{6}z-\frac{1}{6}}$$

令 $z^2+2z=0$,得系统的零点为

$$z_1=0, z_2=-2$$

令 $z^2-\frac{1}{6}z-\frac{1}{6}=\left(z-\frac{1}{2}\right)\left(z+\frac{1}{3}\right)=0$,得系统的极点为

$$p_1=\frac{1}{2}, p_1=-\frac{1}{3}$$

零、极点分布图如图 7-9 所示。

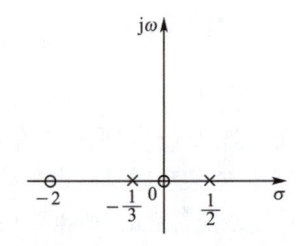

图 7-9 零、极点分布图

7.6.2 $H(z)$ 的零点、极点与单位响应

由离散时间系统的系统函数定义可知系统函数 $H(z)$ 是单位响应 $h(k)$ 的象函数,单位响应 $h(k)$ 是 $H(z)$ 的原函数,所以可以从 $H(z)$ 的零点、极点的分布情况来确定单位响应 $h(k)$ 的特性。

$$H(z)=\frac{\sum_{j=0}^{m}b_{m-j}z^{m-j}}{\sum_{i=0}^{k}a_{k-i}z^{k-i}}=H_0\frac{\prod_{r=1}^{m}(z-z_r)}{\prod_{i=1}^{k}(z-p_i)}$$

z_r 是零点,p_i 是极点。假设在没有重极点的情况下将 $H(z)$ 展开为部分分式形式:

$$H(z)=\sum_{i=0}^{k}\frac{A_i z}{z-p_i}=A_0+\sum_{i=1}^{k}\frac{A_i z}{z-p_i} \tag{7-29}$$

因为 $h(k)\leftrightarrow H(k)$

所以 $h(k)=\mathscr{L}^{-1}\left[A_0+\sum_{i=1}^{k}\frac{A_i z}{z-p_i}\right]=A_0\delta(k)+\sum_{i=1}^{k}A_k(p_i)^k\varepsilon(k) \tag{7-30}$

p_i 是 $H(z)$ 的极点,可以是不同的实数或共轭复数,决定了 $h(k)$ 响应的特性(指数衰减、上升,或者为减幅、增幅、等幅振荡);A_0,A_k 的大小既与 $H(z)$ 的极点有关,也与 $H(z)$ 的零点有关,它们只决定 $h(k)$ 的幅度与相位。$H(z)$ 的极点分布与 $h(k)$ 的响应关系如图 7-10 所示。

模块 7 离散时间信号与系统的 z 域分析

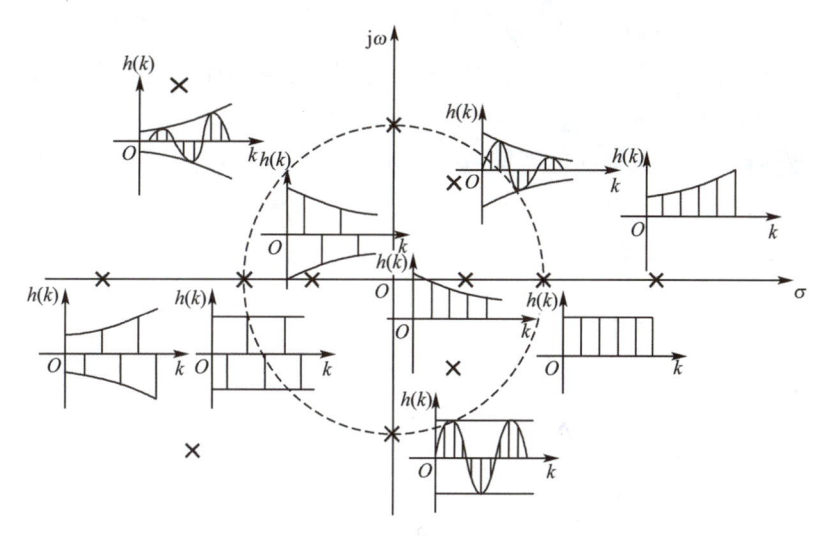

图 7-10 $H(z)$ 的极点分布与 $h(k)$ 的响应关系

> **例 7-14** 求 $y(k+2)+3y(k+1)+2y(k)=2f(k+1)+f(k)$ 所描述的系统的单位响应 $h(k)$。

解：差分方程取 z 变换，得

$$z^2 Y(z)+3zY(z)+2Y(z)=2zF(z)+F(z)$$

系统函数为

$$H(z)=\frac{Y(z)}{F(z)}=\frac{2z+1}{z^2+3z+2}=\frac{2z+1}{(z+1)(z+2)}=\frac{-1}{z+1}+\frac{3}{z+2}$$

所以

$$h(k)=\mathscr{L}^{-1}[H(z)]=[-(-1)^{k-1}+3\times(-2)^{k-1}]\varepsilon(k-1)$$

7.6.3 $H(z)$ 与离散时间系统的频率响应

正弦序列作用下系统的稳态响应称为系统的频率响应。系统对不同频率的输入，产生不同的加权，这就是系统的频率响应特性。如图 7-11 所示。

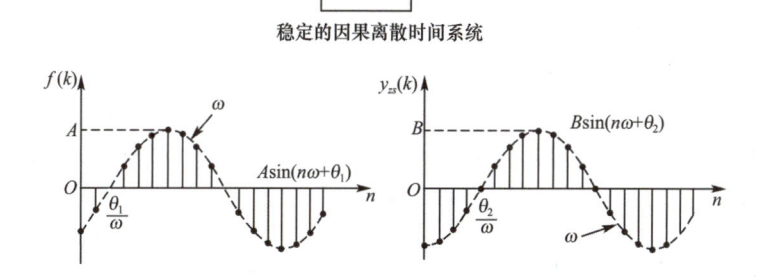

图 7-11 离散时间系统频率响应

离散时间系统在单位圆上的 z 变换即傅立叶变换，则系统的频率响应特性为

$$H(e^{j\omega}) = H(z)|_{z=e^{j\omega}} = |H(e^{j\omega})|e^{j\varphi(\omega)} \qquad (7\text{-}31)$$

$|H(e^{j\omega})|$ 为幅频特性，等于输出与输入序列幅值之比；$\varphi(\omega)$ 为相频特性，等于输出序列对输入序列的相位移。

> **例 7-15**　已知离散时间系统的差分方程为

$$y(k) - ay(k-1) = f(k) \qquad (0 < a < 1)$$

试求该系统的频率响应特性。

解： 该系统的系统函数

$$H(z) = \frac{1}{1 - az^{-1}} = \frac{z}{z - a}$$

令 $z = e^{j\omega}$ 得

$$H(e^{j\omega}) = H(z)\Big|_{z=e^{j\omega}} = \frac{e^{j\omega}}{e^{j\omega} - a} = \frac{1}{1 - ae^{-j\omega}} = \frac{1}{(1 - a\cos\omega) + ja\sin\omega}$$

所以

$$|H(e^{j\omega})| = \frac{1}{\sqrt{(1 - a\cos\omega)^2 + (a\sin\omega)^2}} = \frac{1}{\sqrt{1 + a^2 - 2a\cos\omega}}$$

$$\varphi(\omega) = -\arctan\frac{a\sin\omega}{1 - a\cos\omega}$$

频率响应特性如图 7-12 所示。

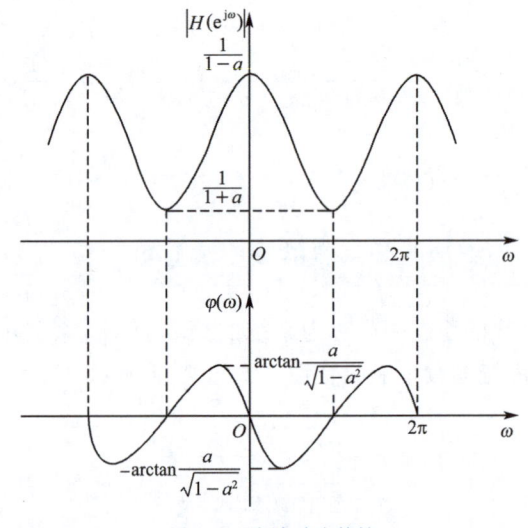

图 7-12　频率响应特性

离散时间系统频率响应的基本特性：$e^{j\omega}$ 为周期函数，所以 $H(e^{j\omega})$ 也为周期函数，周期为 2π；幅频特性 $|H(e^{j\omega})|$ 是 ω 的周期函数，且为偶函数；相频特性 $\varphi(\omega)$ 是 ω 的周期函数，且为奇函数。

7.6.4　$H(z)$ 与离散时间系统的稳定性

离散时间系统的稳定性概念与连续时间系统相似。定义为：若对于任意有界的输入序列,其输出序列的值总是有界的,这样的离散系统称为稳定系统。

可以证明,对于因果 LTI 系统,当且仅当单位响应绝对可和时,即

$$\sum_{k=0}^{\infty}|h(k)|<\infty \tag{7-32}$$

系统是稳定的。

从概念上说,因为任意有界的输入序列均可以表示为单位序列 $\delta(k)$ 的线性组合,因此,只要单位响应 $h(k)$ 绝对可和,那么输出序列也必定有界。

根据 $h(k)$ 的变化模式,可以直观地说明稳定性。

(1)稳定:如果在足够长的时间之后 $h(k)$ 完全消失,则系统是稳定的。

(2)临界稳定:如果在足够长的时间之后 $h(k)$ 趋于一个非零常数或有界的等幅振荡,则系统是临界稳定的。

(3)不稳定:如果在足够长的时间之后 $h(k)$ 无限制地增长,则系统是不稳定的。

由于 $h(k)$ 的变化性质完全取决于 $H(z)$ 的极点分布,所以对于因果系统又可以得出如下结论:

(1)稳定系统:$H(z)$ 的所有极点全部位于 z 平面单位圆内。

(2)临界稳定系统:$H(z)$ 有一阶极点位于单位圆上,且单位圆外无极点。

(3)不稳定系统:$H(z)$ 有极点位于 z 平面单位圆外,或者在单位圆上有重极点。

系统稳定的充要条件:$H(z)$ 的极点全部位于 z 平面单位圆内。或者说,系统特征方程的根的模值均小于 1。

> **例 7-16** 已知描述某离散时间系统的差分方程为

$$y(k)+0.2y(k-1)-0.24y(k-2)=f(k)-f(k-1)$$

试判断该系统的稳定性。

解:对方程的两边取 z 变换,得

$$Y(z)+0.2z^{-1}Y(z)-0.24z^{-2}Y(z)=F(z)-z^{-1}F(z)$$

$$H(z)=\frac{Y(z)}{F(z)}=\frac{1-z^{-1}}{1+0.2z^{-1}-0.24z^{-2}}=\frac{z^2-z}{z^2+0.2z-0.24}$$

$$=\frac{z(z-1)}{(z-0.4)(z+0.6)}$$

由于 $H(z)$ 的极点 0.4,-0.6 均位于单位圆内,故该系统是稳定的。

模块小结

1.对离散时间信号 $f(k)$,有如下的 z 变换对:

$$F(z)=\sum_{k=0}^{\infty}f(k)z^{-k}$$

$$f(k)=\frac{1}{2\pi j}\int F(z)z^{k-1}dz$$

z 变换法是分析 LTI 离散时间系统的重要数学工具。

2.在离散时间系统中,求零状态响应的 z 域方法是:
(1)对方程的两边取 z 变换,求出系统函数 $H(z)$;
(2)求输入序列 $f(k)$ 的 z 变换 $F(z)$;
(3)求乘积 $Y(z)=F(z)H(z)$;
(4)求 $Y(z)$ 的逆变换得 $y(k)$。

3.系统函数由系统本身的结构和参数决定,其作用显见于如下的卷积定理:

$$y(k)=f(k)*h(k)$$
$$\updownarrow \quad \updownarrow \quad \updownarrow$$
$$Y(z)=F(z)H(z)$$

4.在 z 域,阶跃响应与单位响应有如下重要关系:

$$S(z)=\frac{z}{z-1}H(z)$$

5.LTI 离散时间系统稳定的充分必要条件为

$$\sum_{k=0}^{\infty}|h(k)|<\infty$$

换而言之,若因果系统函数 $H(z)$ 的所有极点均位于 z 平面的单位圆内,则系统稳定。

习题

7-1 求下列离散时间信号的 z 变换。
(1) $\delta(k-2)$
(2) $a^{-k}\varepsilon(k)$
(3) $\left(\dfrac{1}{2}\right)^{k-1}\varepsilon(k-1)$
(4) $\left[\left(\dfrac{1}{2}\right)^{k}+\left(\dfrac{1}{4}\right)^{k}\right]\varepsilon(k)$

7-2 求下列单边 z 变换所对应的序列 $f(k)$。
(1) $F(z)=\dfrac{-5z}{(4z-1)(3z-2)}$
(2) $F(z)=\dfrac{4z}{(z-1)^{2}(z+1)}$
(3) $F(z)=\dfrac{z^{-1}}{(1-6z^{-1})^{2}}$
(4) $F(z)=\dfrac{1-2z^{-1}}{z^{-1}+2}$

7-3 利用 z 变换的性质求以下序列的 z 变换。

(1) $f(k)=(k-3)\varepsilon(k-3)$

(2) $f(k)=\varepsilon(k)-\varepsilon(k-m)$

7-4 已知因果序列的 z 变换为 $F(z)$，试分别求出下列原序列的初值 $f(0)$。

(1) $F(z)=\dfrac{1}{(1-0.5z^{-1})(1+0.5z^{-1})}$

(2) $F(z)=\dfrac{z^{-1}}{1-1.5z^{-1}+0.1z^{-2}}$

7-5 已知系统的差分方程、输入和初始状态如下，试用 z 变换法求系统的全响应。
$$y(k)+2y(k-1)+y(k-2)=3^n\varepsilon(k),\ y(0)=y(1)=0$$

7-6 若一系统的输入 $f(k)=\delta(k)-4\delta(k-1)+2\delta(k-2)$，系统函数为
$$H(z)=\dfrac{1}{(1-z^{-1})(1-0.5z^{-1})}$$
试求系统的零状态响应。

7-7 LTI 离散时间系统的模拟框图如题 7-7 图所示，求

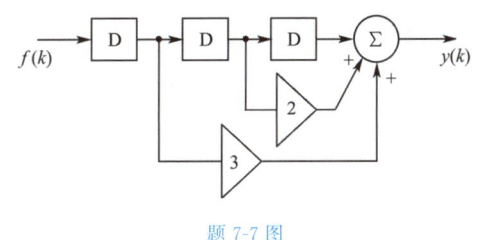

题 7-7 图

(1) 系统函数 $H(z)$；

(2) 系统的单位响应 $h(k)$；

(3) 系统的单位阶跃响应 $g(k)$。

7-8 已知因果 LTI 离散时间系统的零点、极点如题 7-8 图所示，且系统的 $H(\infty)=2$，求

(1) 系统函数 $H(z)$；

(2) 系统的单位响应 $h(k)$；

(3) 系统的差分方程；

(4) 已知激励为 $f(k)$ 时，系统的零状态响应为 $y(k)=\varepsilon(k)$，求 $f(k)$。

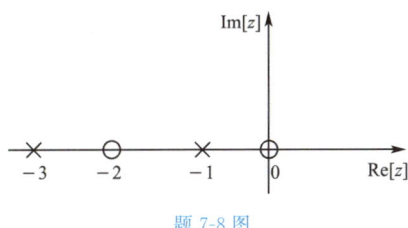

题 7-8 图

7-9 已知某离散时间系统的系统框图如题 7-9 图所示，求：

(1) 系统的差分方程；

(2) 若系统的激励为 $f(k)=\varepsilon(k)+\cos(\dfrac{k\pi}{6})+\cos(k\pi)$，求稳态响应。

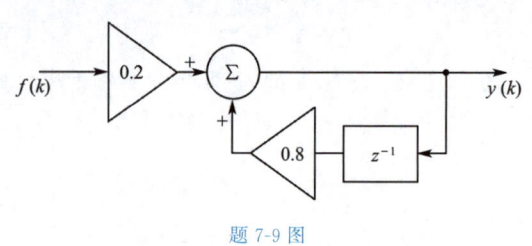

题 7-9 图

7-10 已知某反馈 LTI 离散时间系统框图如题 7-10 图所示，其中 $H_1(z)=\dfrac{2}{2-z^{-1}}$，$H_2(z)=1-Kz^{-1}$，求使系统稳定的 K 的取值范围。

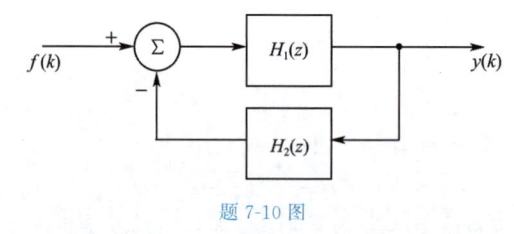

题 7-10 图

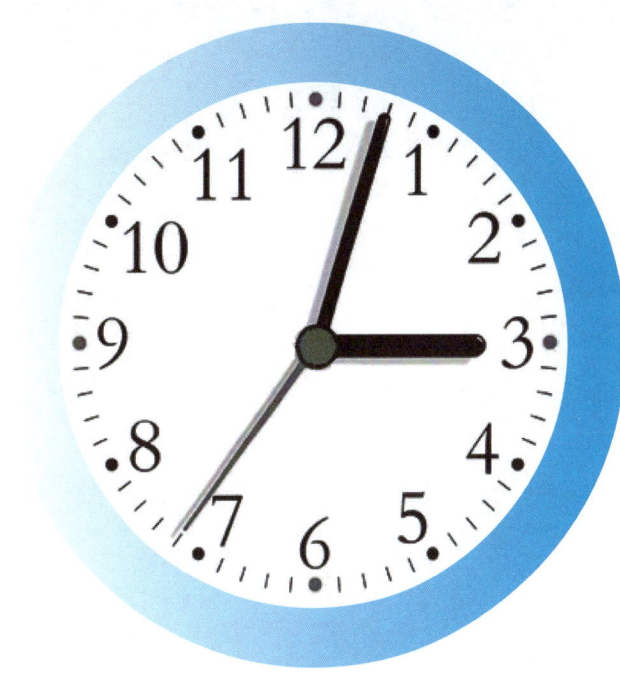

实验篇

实验一　常用连续时间信号的实现

一、实验目的

1.运用 LabVIEW 软件,编写 VI 程序,生成连续时间信号。
2.编写 VI 程序,分析正弦信号的频域、时域波形。
3.掌握 Express 控件的使用。
4.掌握结构函数、定时函数的应用。
5.学好这些基本的小实验,掌握过硬的基本技能,才能为中国通信的发展添砖加瓦,做出自己的贡献。帮助学生树立"建通信强国,保万家通信畅通"的专业精神。

二、实验任务

运用信号发生器产生常用的连续时间信号,如正弦波、锯齿波、三角波。

1.编写 VI 程序,实现正弦波的生成,通过调整相关参数,如幅度、频率、相位,观察波形变化情况,并完成频域、时域分析。完成数据流检测,保存 VI 名:正弦波信号的生成与分析。

2.编写 VI 程序,实现锯齿波的生成,通过调整相关参数,如幅度、频率、相位,观察波形变化情况,并完成频域、时域分析。完成数据流检测,保存 VI 名:锯齿波信号的生成与分析。

3.编写 VI 程序,实现三角波的生成,通过调整相关参数,如幅度、频率、相位,观察波形变化情况,并完成频域、时域分析。完成数据流检测,保存 VI 名:三角波信号的生成与分析。

三、实验主要步骤

1.打开 LabVIEW 软件,单击"文件"菜单→"新建 VI",保存文件名为"正弦波信号的生成与分析"。

2.在前面板的控件选板中,找到"新式"→"图形"→"波形图";再选择"新式"→"布尔"→"开关"。

3.在程序框图的函数选板中,找到"编程"→"结构"→"While 循环"。

4.在程序框图的函数选板中,找到"信号处理"→"波形生成"→"仿真信号",在"仿真信号"的属性中选择"正弦波信号"。

5.在程序框图的函数选板中,找到"编程"→"定时"→"时间延迟"。

6.在程序框图的函数选板中,找到"Express"→"信号分析"→"频谱测量"。

7.调试运行新建的 VI 程序,实现正弦波信号的程序框图如图 S-1 所示,前面板运行效果如图 S-2 所示。

信号与系统

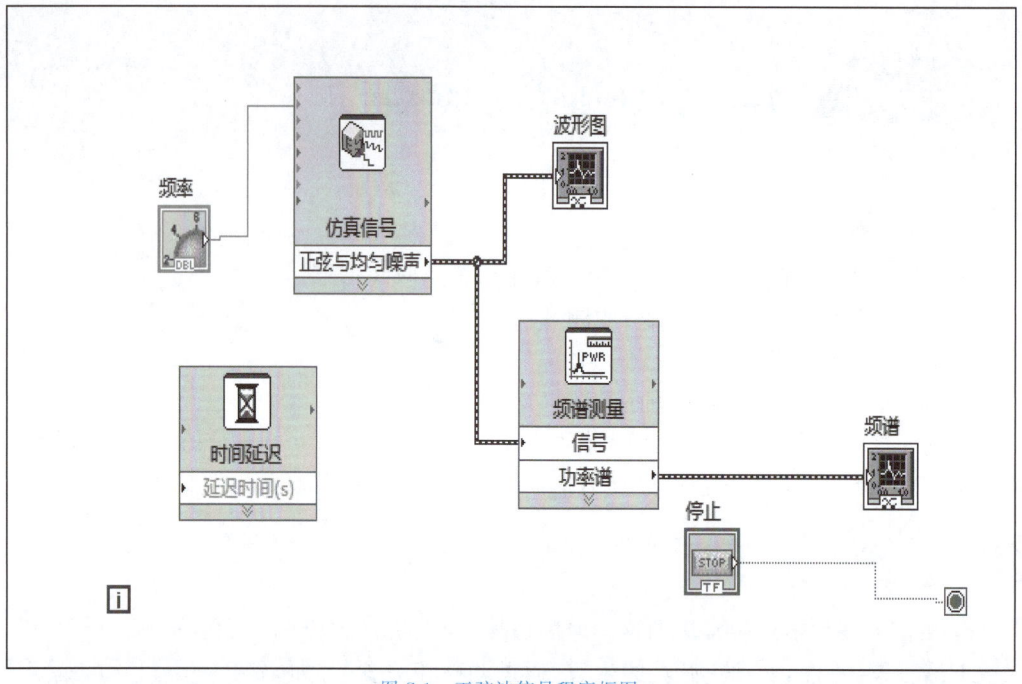

图 S-1　正弦波信号程序框图

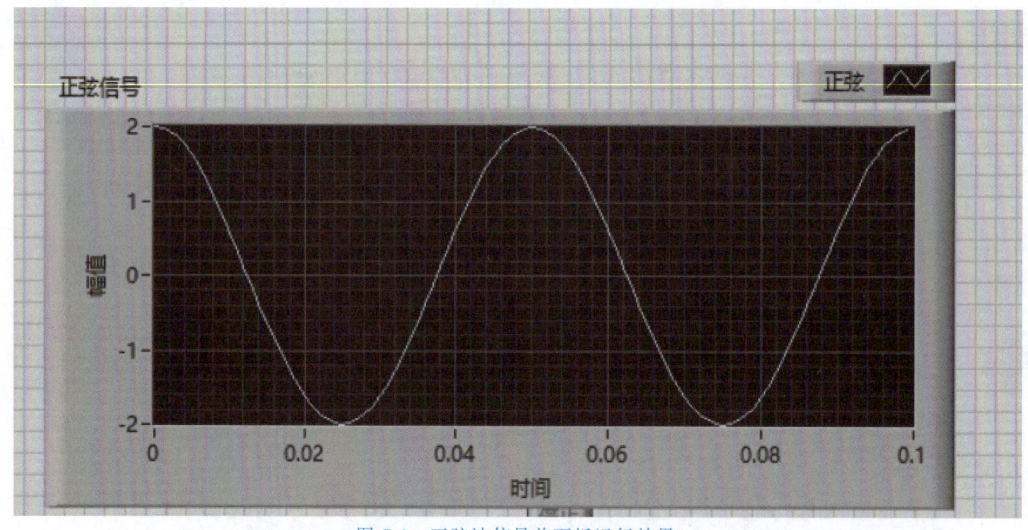

图 S-2　正弦波信号前面板运行效果

8.同理,图 S-3 为锯齿波信号程序框图,图 S-4 为锯齿波信号前面板运行效果。

四、实验报告要求

1.根据实验任务与步骤完成全部的实验内容。

2.实验中给出了连续时间信号——正弦波、锯齿波信号的实现,请读者试着做出三角波信号的实现。

3. 变换实验中的参数,观察波形变化情况。
4. 总结实验过程中出现的问题和解决问题的方法,并整理在报告中。

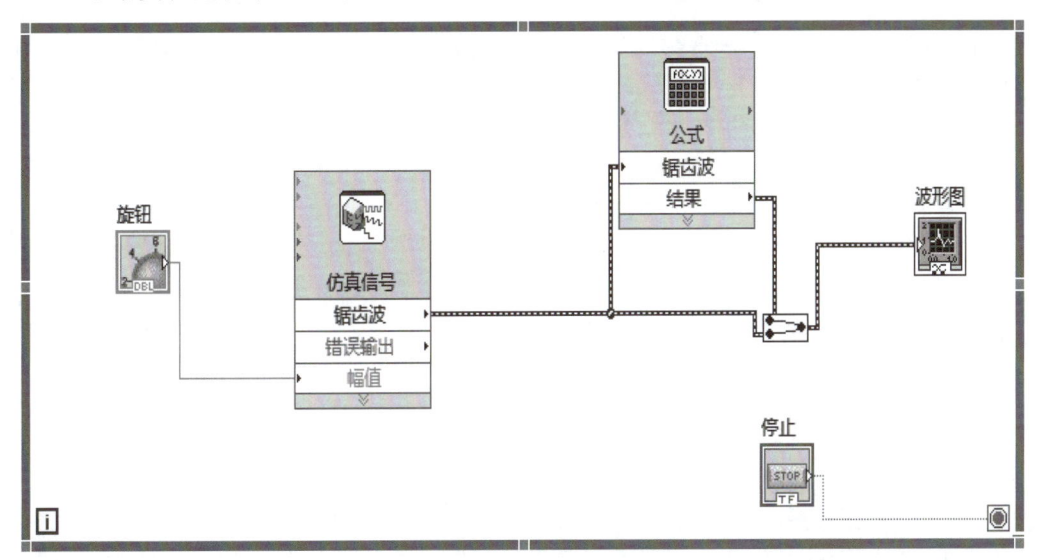

图 S-3　锯齿波信号程序框图

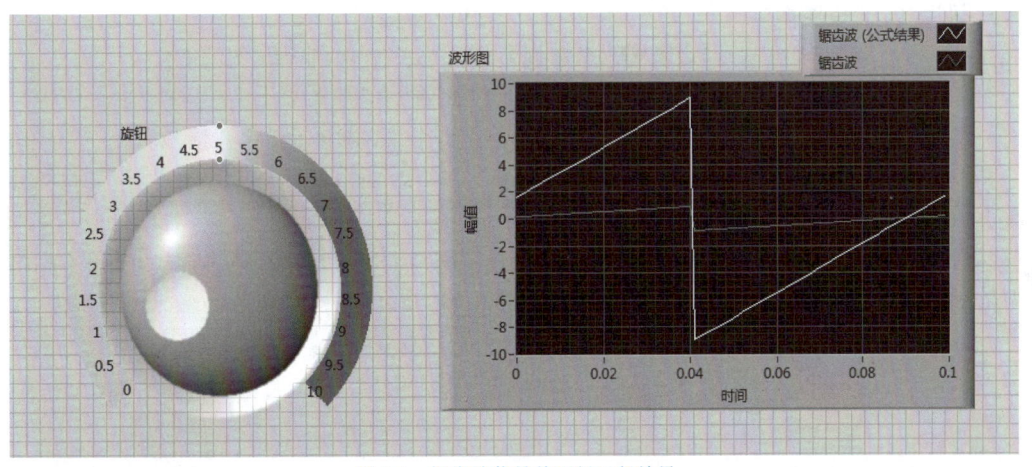

图 S-4　锯齿波信号前面板运行效果

实验二　连续时间信号的基本运算与波形变换

一、实验目的

1. 编写 VI 程序,生成正弦波信号。
2. 编写 VI 程序,分析正弦波信号的乘法运算。
3. 掌握 Express 控件的使用。
4. 掌握结构函数、定时函数的应用。
5. 在讲解波形运算的过程中,培养学生善于钻研、不畏困难的工匠精神。

二、实验任务

连续时间信号的基本运算包括信号间的加、减、乘、除等。本实验以正弦波信号的乘法运算为例,进行讲解。

1. 编写 VI 程序,实现正弦波信号的生成,并完成正弦波信号的乘法运算。
2. 完成数据流检测。
3. 验证正弦波信号的乘法运算是否正确。
4. 保存 VI 名:正弦波信号的乘法运算与分析。

三、实验主要步骤

1. 打开 LabVIEW 软件,单击"文件"菜单→"新建 VI",保存文件名为"正弦波信号的乘法运算与分析"。
2. 在前面板的控件选板中,找到"新式"→"图形"→"波形图"。
3. 在程序框图的函数选板中,找到"编程"→"结构"→"While 循环"。
4. 在程序框图的函数选板中,找到"信号处理"→"波形生成"→"仿真信号",在"仿真信号"的属性中选择正弦波信号。
5. 在程序框图的函数选板中,找到"编程"→"定时"→"时间延迟"。
6. 在程序框图的函数选板中,找到"编程"→"数值"→"乘运算"。
7. 在程序框图的函数选板中,找到"Express"→"信号操作"→"合并信号"。
8. 调试运行新建的 VI 程序,实现正弦波信号乘法运算的程序框图如图 S-5 所示,前面板运行效果如图 S-6 所示。

在图 S-6 中,绿色为正弦波 $f_1(t)=2\sin(50t+2)$,白色为正弦波 $f_2(t)=\sin10.1t$,红色则是绿白两色信号的乘积。绿线为负值,白线为正值,则红线为负值,符合乘法运算规律。

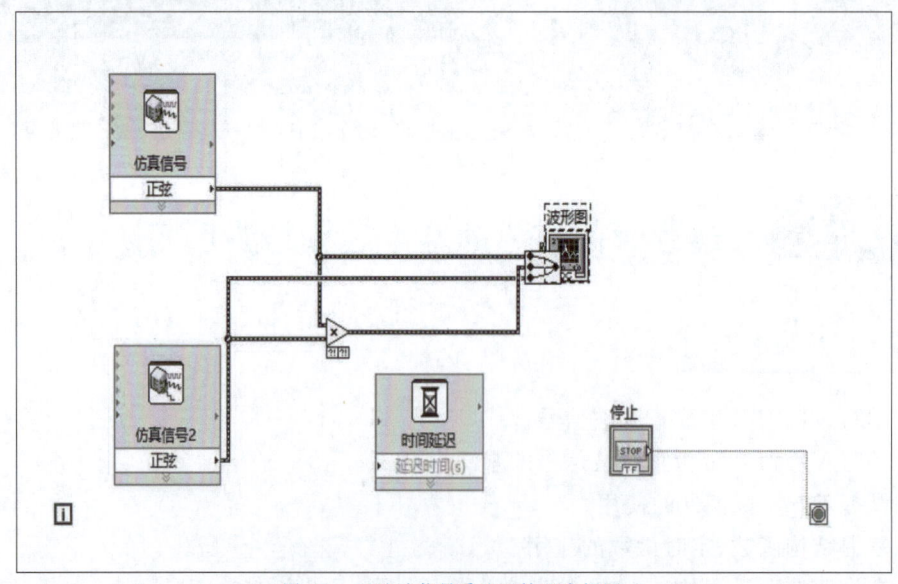

图 S-5 正弦波信号乘法运算程序框图

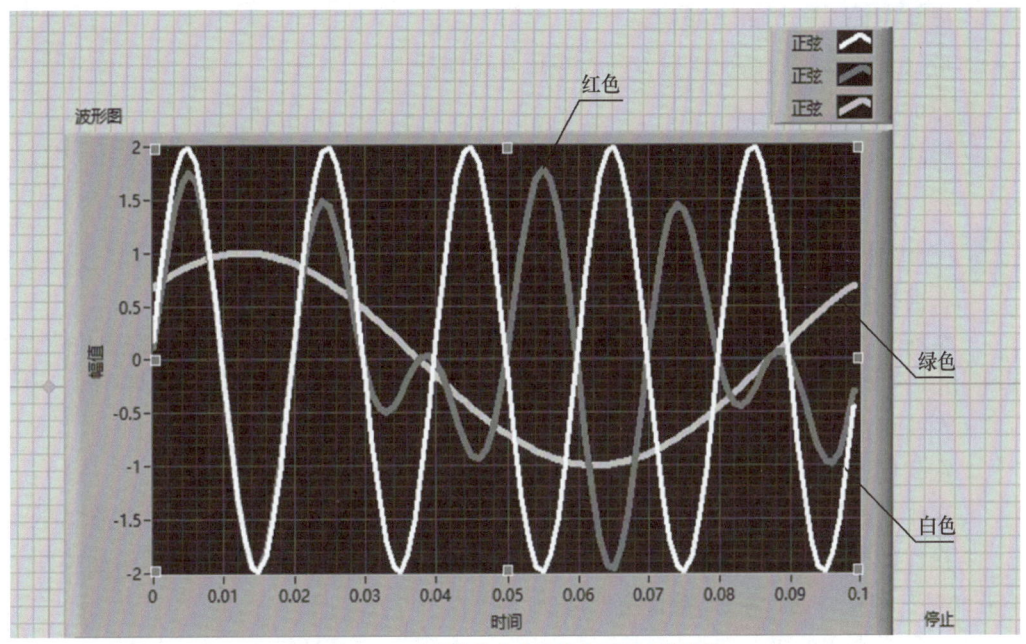

图 S-6　正弦波信号乘法运算前面板运行效果

四、实验报告要求

1.根据实验任务与步骤完成全部的实验内容。
2.根据实验内容,完成正弦波信号的加法、减法、除法运算。
3.根据实验结果,完成对信号运算的分析。
4.整理实验过程中遇到的问题,并记录解决的方案。

实验三　连续时间信号的卷积运算

一、实验目的

1.编写 VI 程序,生成正弦波、冲激信号。
2.编写 VI 程序,分析信号的卷积运算。
3.掌握条件函数的使用。
4.掌握脉冲信号、卷积模块的使用。
5.在讲解卷积程序搭建的过程中,帮助学生树立钻研奋进的钉子精神、精益求精的品质精神、追求卓越的进取精神。

二、实验任务

1.编写 VI 程序,生成正弦波信号。

2.编写 VI 程序,生成冲激信号。
3.搭建正弦波信号与冲激信号的卷积运算程序框图。
4.验证卷积公式。
5.保存 VI 名:信号的时域卷积运算。

三、实验主要步骤

1.在前面板的控件选板中,找到"新式"→"图形"→"波形图"。
2.在前面板的控件选板中,找到"新式"→"下拉列表与枚举"→"枚举",单击"枚举"的属性,在属性对话框中找到编辑项,在编辑项中可以插入正弦波信号、冲激信号。
3.在前面板的控件选板中,找到"新式"→"数值"→"滑动杆"。
4.在程序框图的函数选板中,找到"编程"→"结构"→"While 循环"。
5.在程序框图的函数选板中,找到"信号处理"→"信号生成"→"正弦波""脉冲"信号。
6.在程序框图的函数选板中,找到"编程"→"结构"→"条件结构",在条件结构模块上单击鼠标右键可以进行添加、删除分支等操作。
7.在程序框图的函数选板中,找到"编程"→"数组"→"替换数值子集""初始化数值""创建数组"。
8.调试运行新建的 VI 程序,实现正弦波信号与冲激信号卷积运算的程序框图如图 S-7 所示,运行效果如图 S-8 所示。

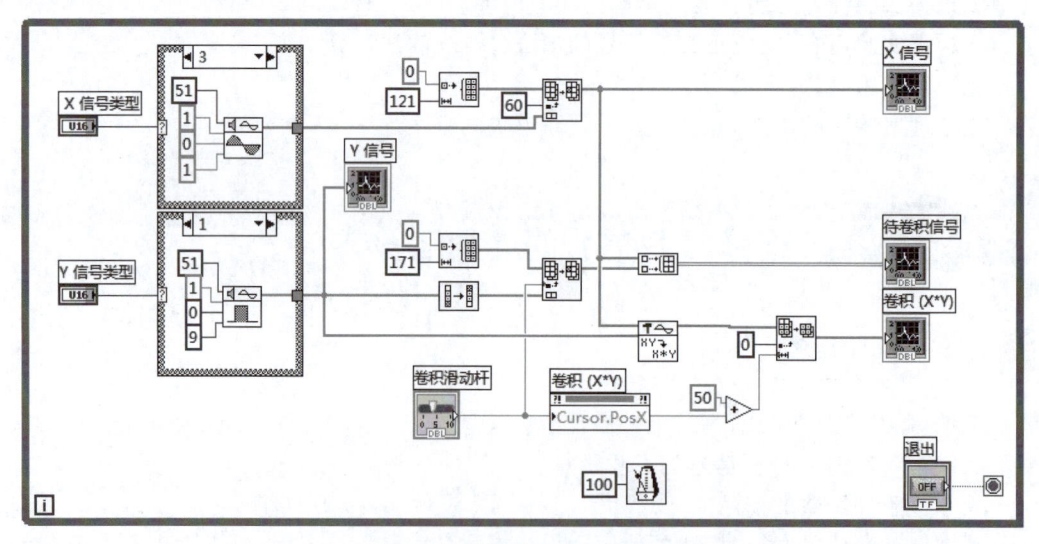

图 S-7 时域卷积运算程序框图

在图 S-8 中,X 信号为冲激信号 $f_1(t)=\delta(t-10)$,Y 信号为正弦波信号 $f_2(t)=\sin 10.1t$,卷积信号 $f(t)=f_1(t)*f_2(t)$,根据卷积定理,$f(t)*\delta(t)=f(t)$,故图 S-8 中卷积运算后的信号为 $f_2(t)$,即 Y 信号。

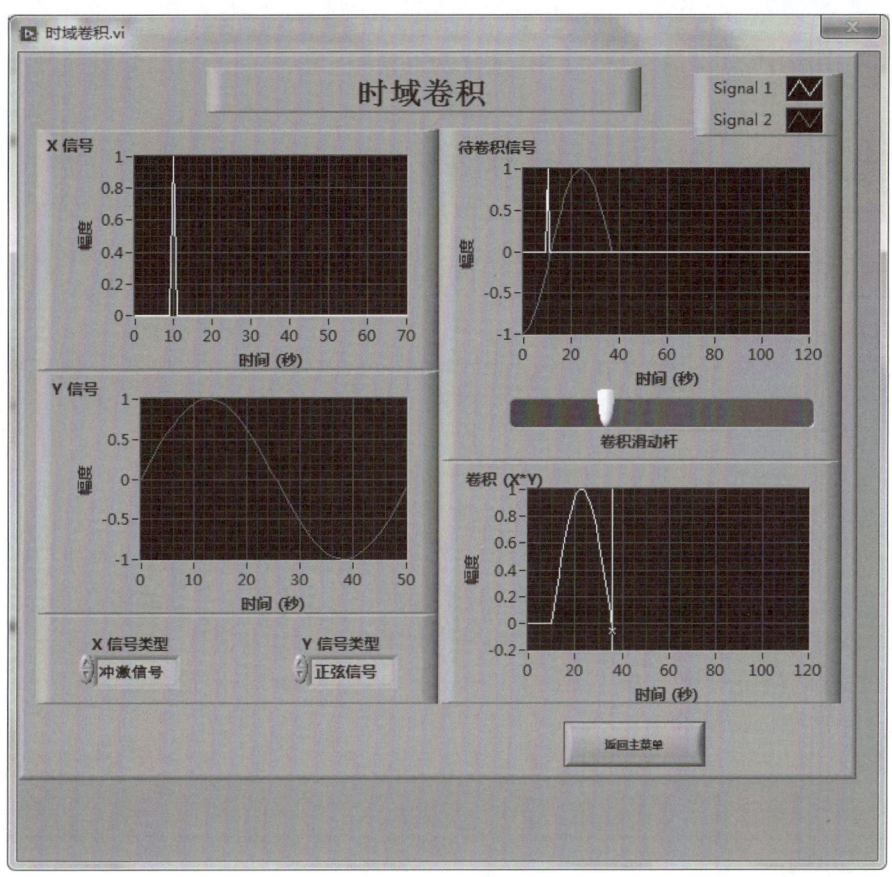

图 S-8 时域卷积运算前面板运行效果

四、实验报告要求

1. 根据实验任务与步骤完成全部的实验内容。
2. 尝试完成锯齿波信号与冲激信号的卷积运算。
3. 整理实验过程中遇到的问题,并记录解决问题的方法。

实验四　周期信号的分解与合成——傅立叶级数

一、实验目的

1. 运用 LabVIEW 产生正弦波信号。
2. 运用 LabVIEW 产生方波信号。
3. 把方波信号展开为三角形式的傅立叶级数,观察九次谐波与方波的关系。
4. 在程序搭建的过程中,培养学生精益求精的科学探索精神,提高学生的实验意识。

二、实验任务

1. 运用 LabVIEW 产生正弦波信号。
2. 运用 LabVIEW 产生方波信号,并将其幅值设置为 1。
3. 根据周期信号三角形式的傅立叶级数展开式可知,幅值为 1 的方波 $f(t)$,其三角形式的傅立叶级数展开式为 $f(t)=\dfrac{4}{\pi}\left[\sin(\omega_1 t)+\dfrac{1}{3}\sin(3\omega_1 t)+\dfrac{1}{5}\sin(5\omega_1 t)+\cdots\right]$,进行程序框图的搭建。

三、实验主要步骤

1. 在前面板的控件选板中,找到"新式"→"图形"→"波形图"。
2. 在程序框图的函数选板中,找到"编程"→"结构"→"While 循环"。
3. 在程序框图的函数选板中,找到"信号处理"→"波形生成"→"仿真信号",在"仿真信号"的属性中选择信号类型,进行幅值、频率、抽样率、抽样数等参数的填写。
4. 在程序框图的函数选板中,找到"编程"→"数值"→"加运算"。
5. 在程序框图的函数选板中,找到"Express"→"信号操作"→"合并信号"。
6. 在程序框图的函数选板中,找到"编程"→"定时"→"时间延迟"。
7. 调试运行新建的 VI 程序,实现方波信号展开为三角形式傅立叶级数的程序框图如图 S-9 所示,运行效果如图 S-10 所示。

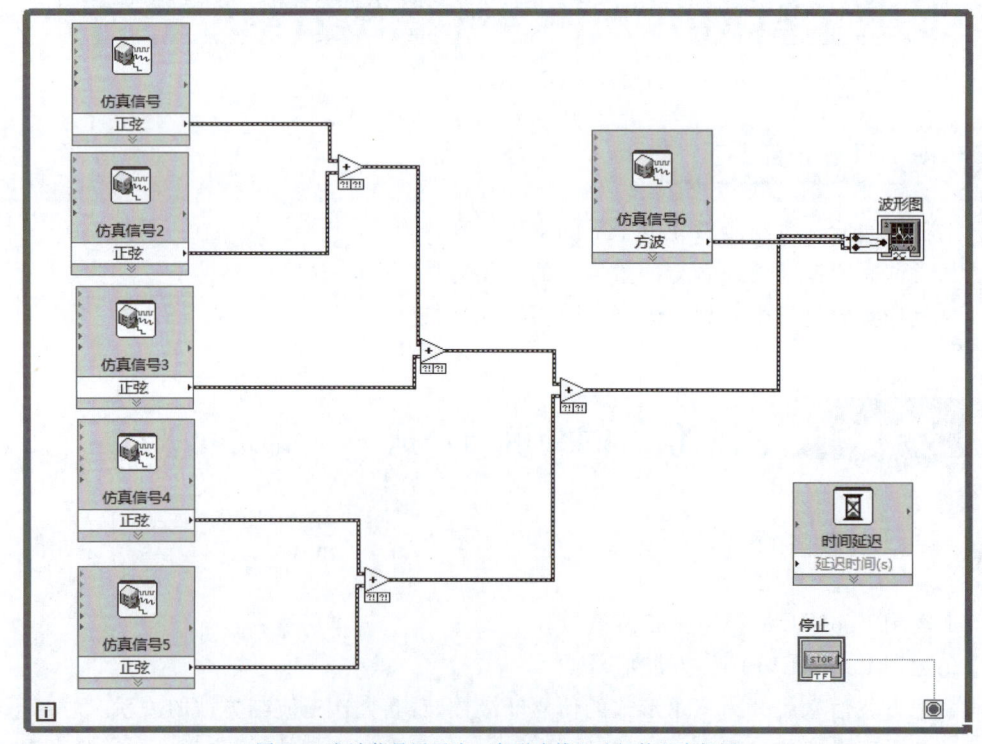

图 S-9 方波信号展开为三角形式傅立叶级数程序框图

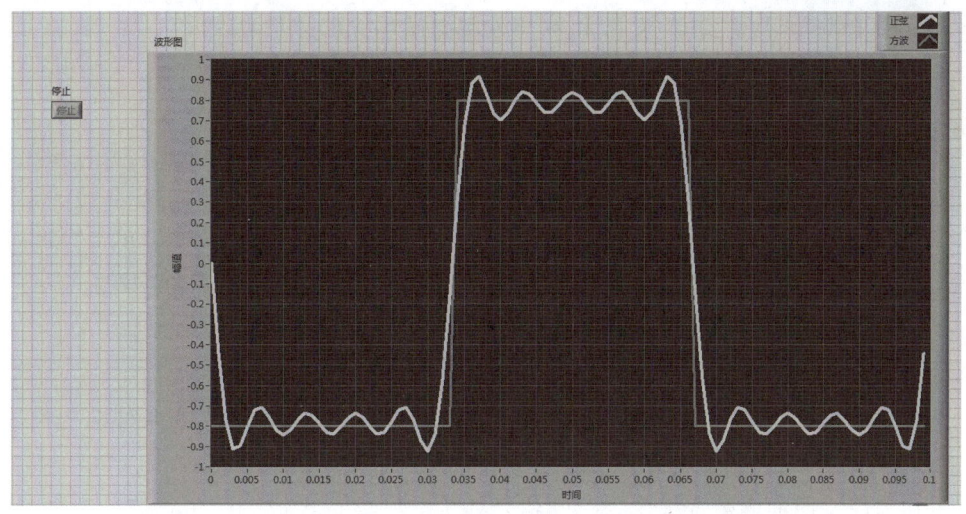

图 S-10　方波信号展开为三角形式傅立叶级数前面板运行效果

根据方波信号的三角形式傅立叶级数展开式可得，九次谐波的展开式为：

$$f(t)=\frac{4}{\pi}\left[\sin(\omega_1 t)+\frac{1}{3}\sin(3\omega_1 t)+\frac{1}{5}\sin(5\omega_1 t)+\frac{1}{7}\sin(7\omega_1 t)+\frac{1}{9}\sin(9\omega_1 t)\right]$$

从实验中可以看出，波形中包含的谐波分量越多，波形越接近原来的方波信号；基波频率与方波频率是相等的。

四、实验报告要求

1. 根据实验任务与步骤完成全部的实验内容。
2. 根据实验数据，分析 N 次谐波时波形的变化。
3. 整理实验过程中出现的问题，并记录解决问题的方法。

实验五　周期信号的频谱

一、实验目的

1. 运用 LabVIEW 产生正弦波信号，能够对正弦波进行频谱测量。
2. 学会运用 LabVIEW 产生方波信号，能够对方波进行频谱测量。
3. 在频谱分析的过程中，严格要求学生规范操作，培养学生的责任意识和职业素养。

二、实验任务

1. 运用 LabVIEW 产生正弦波信号，利用频谱测量模块进行频谱分析，调整正弦波信号的幅度、频率和相位参数，观察频率谱和相位谱的变化。

2.运用 LabVIEW 产生方波信号,利用频谱测量模块进行频谱分析。

三、实验主要步骤

1.在前面板的控件选板中,找到"新式"→"图形"→"波形图表"。

2.在前面板的控件选板中,找到"新式"→"下拉列表与枚举"→"枚举",单击"枚举"的属性,属性对话框中找到编辑项,在编辑项中可以插入正弦波、方波、三角波等。

3.在前面板的控件选板中,找到"新式"→"数值"→"滑动杆"。

4.在程序框图的函数选板中,找到"编程"→"结构"→"While 循环"。

5.在程序框图的函数选板中,找到"编程"→"结构"→"条件结构",在条件结构模块上单击鼠标右键可以进行添加、删除分支等操作。

6.在程序框图的函数选板中,找到"信号处理"→"波形生成"→"仿真信号",在"仿真信号"的属性中选择正弦波信号。

7.在程序框图的函数选板中,找到"Express"→"信号分析"→"频谱测量"。

8.在程序框图的函数选板中,找到"编程"→"定时"→"等待下一个整数倍毫秒"。

9.调试运行新建的 VI 程序,实现正弦波信号频谱分析的程序框图如图 S-11 所示,频谱分析前面板运行效果如图 S-12 所示。实现方波信号频谱分析的程序框图如图 S-13 所示,频谱分析前面板运行效果如图 S-14 所示。

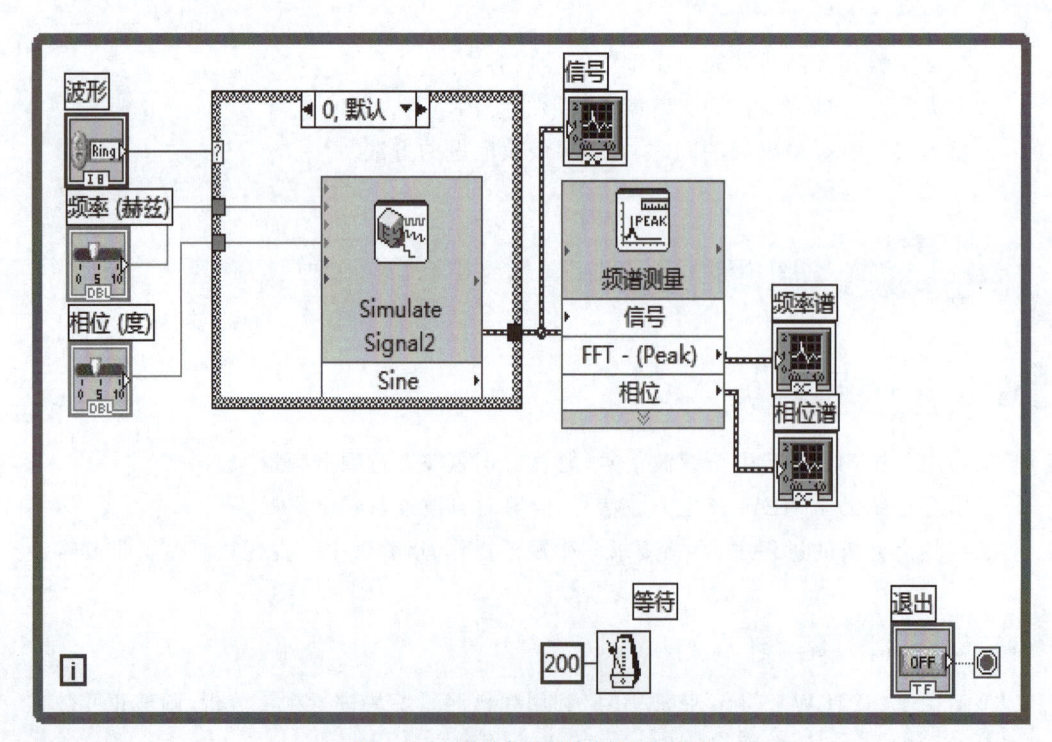

图 S-11 正弦波信号频谱分析程序框图

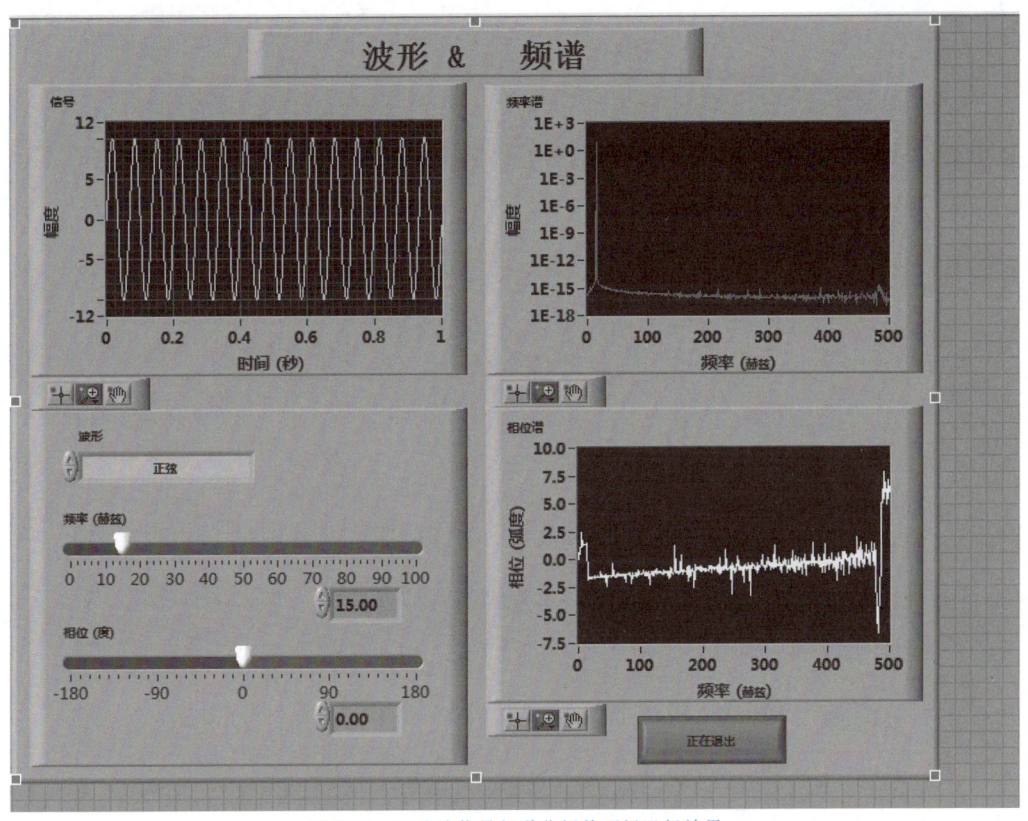

图 S-12　正弦波信号频谱分析前面板运行效果

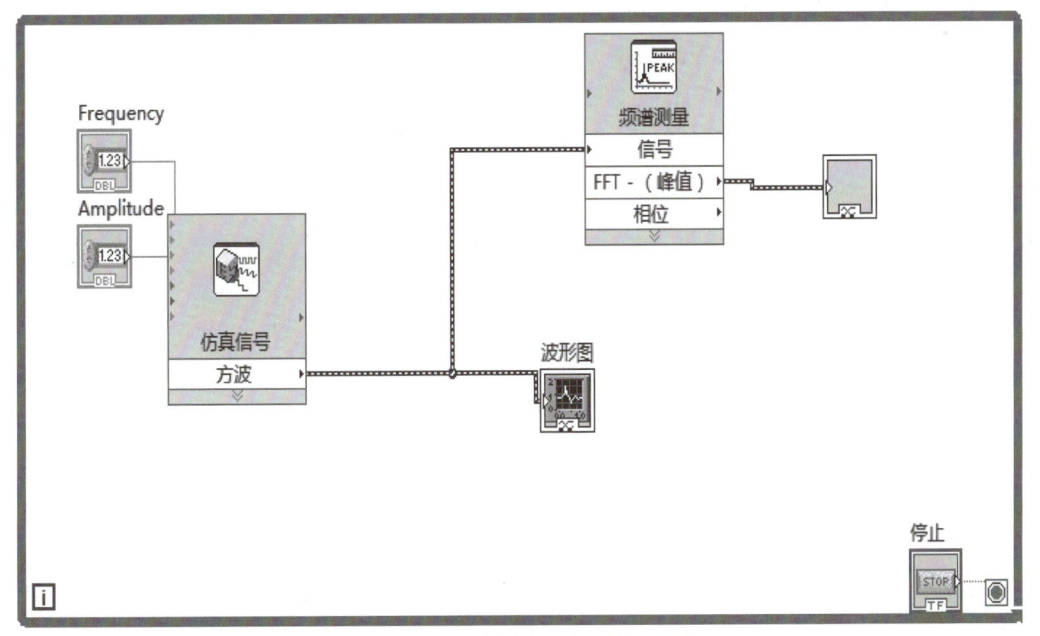

图 S-13　方波信号频谱分析程序框图

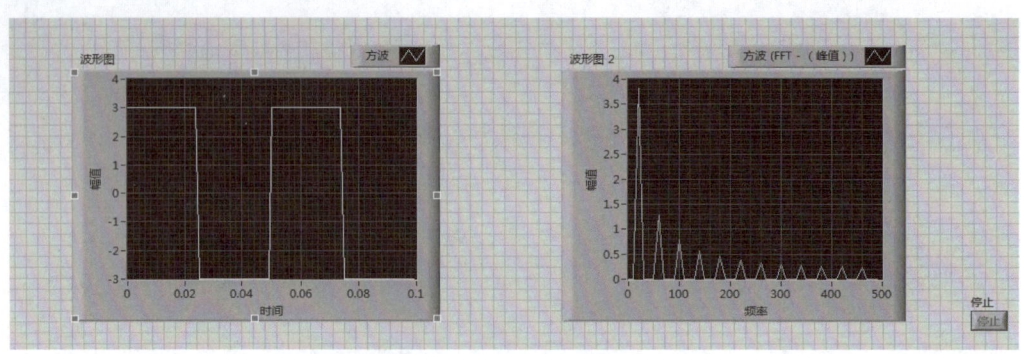

图 S-14　方波信号频谱分析前面板运行效果

四、实验报告要求

1.根据实验任务与步骤完成全部的实验内容。
2.根据实验,尝试对三角波信号的频谱进行分析。
3.整理实验过程中遇到的问题,并记录解决问题的方法。

实验六　傅立叶变换的性质——FFT 的线性叠加

一、实验目的

1.学会运用 LabVIEW 进行 FFT 变换。
2.掌握元素同址操作结构的使用。
3.深入理解 FFT 的线性特性,以更好地掌握理论所学。
4.在烦琐的程序搭建过程中,要求学生注重细节,严谨细致。培养学生的科学精神和创新意识。

二、实验任务

1.运用 LabVIEW 产生正弦波信号。
2.理解 FFT 的叠加性质,搭建程序框图。

三、实验主要步骤

1.在前面板的控件选板中,找到"新式"→"图形"→"波形图表"。
2.在前面板的控件选板中,找到"新式"→"数值"→"数值输入控件"。
3.在前面板的控件选板中,找到"新式"→"数值"→"滑动杆"。
4.在程序框图的函数选板中,找到"编程"→"结构"→"While 循环"。
5.在程序框图的函数选板中,找到"信号处理"→"波形生成"→"仿真信号",在"仿真信号"的属性中选择正弦波信号。

6. 在程序框图的函数选板中,找到"Express"→"信号操作"→"合并信号"。
7. 在程序框图的函数选板中,找到"Express"→"信号分析"→"频谱测量"。
8. 在程序框图的函数选板中,找到"编程"→"定时"→"等待下一个整数倍毫秒"。
9. 在程序框图的函数选板中,找到"编程"→"结构"→"元素同址操作结构"。
10. 调试运行新建的 VI 程序,实现 FFT 线性叠加程序框图如图 S-15 所示,运行效果如图 S-16 所示。

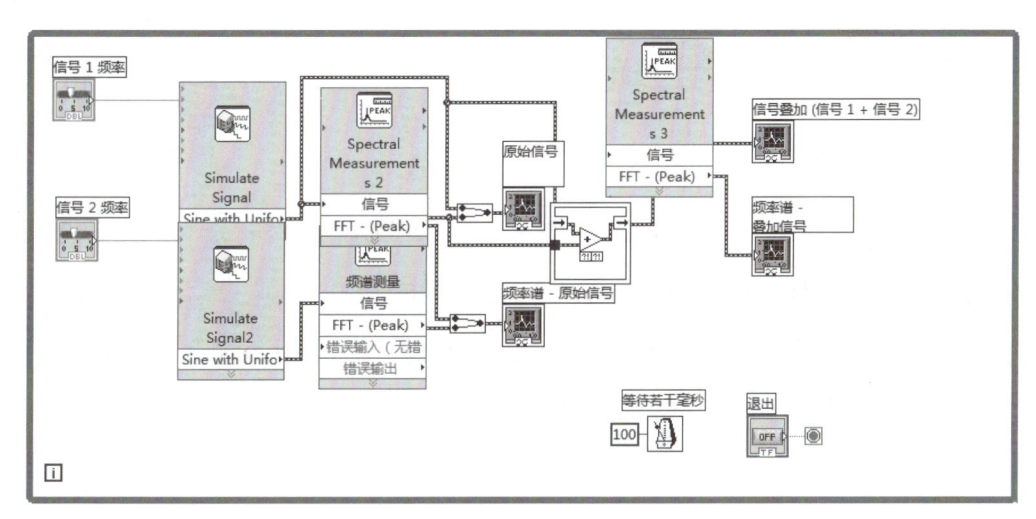

图 S-15　FFT 线性叠加程序框图

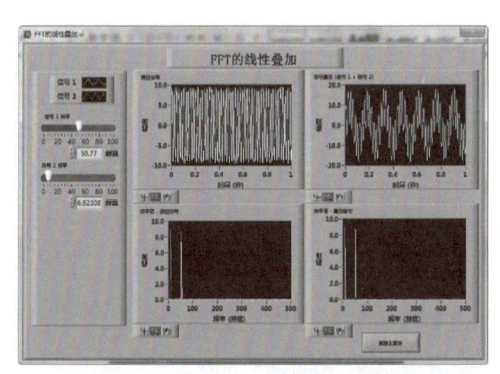

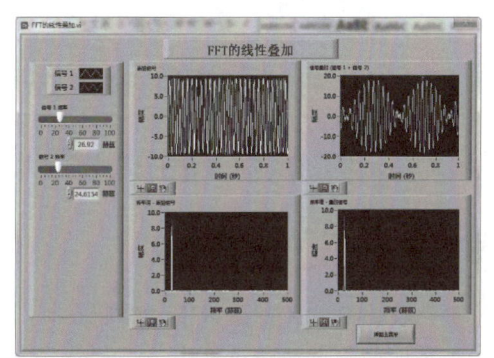

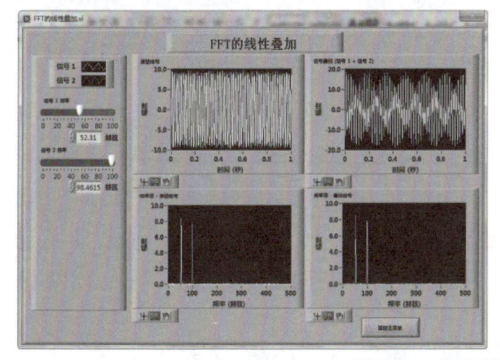

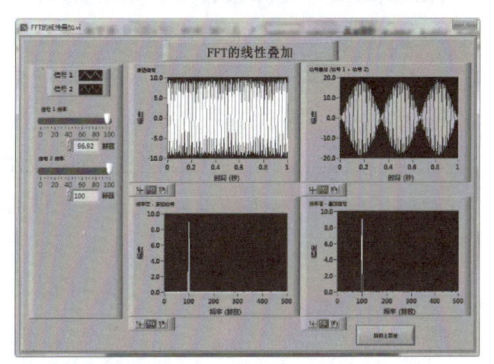

图 S-16　FFT 线性叠加运行效果

四、实验报告要求

1. 根据实验任务与步骤完成全部的实验内容。
2. 调节频率参数,对不同频率下的信号进行分析。
3. 整理实验过程中遇到的问题,并记录解决问题的方法。

实验七 抽样定理

一、实验目的

1. 抽样定理的定义是一个频谱受限的信号 $f(t)$,若频谱只占据 $-\omega_m \sim +\omega_m$ 的范围,则信号可以用等间隔的抽样值唯一地表示。而抽样间隔必须不大于 $\dfrac{1}{2f_m}$。通常把最低允许抽样频率 $f_s = 2f_m$ 称为"奈奎斯特频率"。根据时域抽样定理进行正弦波信号抽样模型的搭建。选取适当的抽样频率进行信号的抽样。

2. 引导学生养成认真负责的工作态度,增强学生的责任担当,有大局意识和核心意识。

二、实验任务

1. 运用 LabVIEW 生成正弦波信号。
2. 运用 LabVIEW 进行 PCM 系统抽样部分的搭建。
3. 选取适当的抽样频率进行信号的抽样。

三、实验主要步骤

1. 在前面板的控件选板中,找到"新式"→"图形"→"波形图"。
2. 在前面板的控件选板中,找到"新式"→"数值"→"数值输入控件"。
3. 在前面板的控件选板中,找到"新式"→"下拉列表与枚举"→"枚举",单击枚举的属性,在属性对话框中找到编辑项,在编辑项中可以插入正弦波信号、冲激信号。
4. 在前面板的控件选板中,找到"新式"→"数值、矩阵与簇"→"数组",在数组模块中添加数值输入控件。在程序框图中,选中数组模块,单击鼠标右键,选择将其转换为显示控件,如图 S-17 中 Y 参数所示。还有一种方式,下拉模块,会显示多维数组,如图 S-18 中采样信息模块所示。也可在数组模块中添加数值显示控件,如图 S-18 中 Y 参数所示。
5. 在程序框图的函数选板中,找到"编程"→"波形"→"获取波形成分",选中模块进行下拉,可以添加元素。
6. 调试运行新建的 VI 程序,实现正弦波信号抽样的程序框图如图 S-17 所示。实验必须满足要求:频率≤抽样率/2,信号才能不失真地被抽样,运行效果如图 S-18 所示。

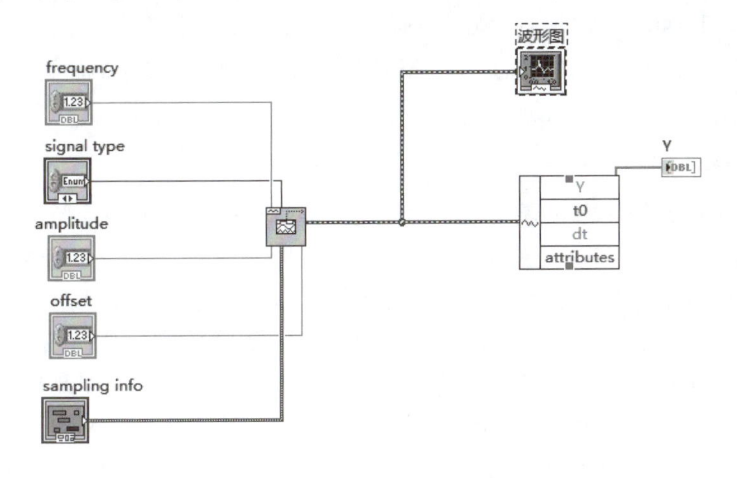

图 S-17　正弦波信号抽样程序框图

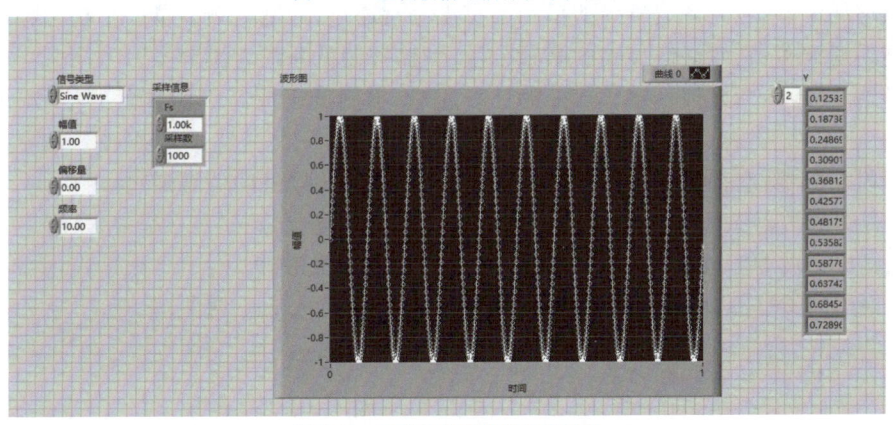

图 S-18　正弦波信号抽样运行效果

四、实验报告要求

1.根据实验任务与步骤完成全部的实验内容。
2.调节实验中信号的频率参数,观察抽样信号的变化。
3.整理实验过程中遇到的问题,并记录解决问题的方法。

实验八　滤波器的应用

一、实验目的

1.熟练应用 LabVIEW 软件。
2.掌握滤波器的原理。

3. 深入了解滤波器的应用。
4. 学会运用 LabVIEW 实现去噪、低通、Butterworth 滤波器的设计。
5. 在实验中，需要学生协作完成，培养学生的团结协作、诚实守信的科学求真精神。

二、实验任务

滤波器的主要作用是：让有用信号尽可能无衰减地通过，对无用信号尽可能大地削弱。滤波器特性可以用其频率响应来描述，按其特性的不同，可以分为低通滤波器、高通滤波器、带通滤波器和带阻滤波器等。理想的低通滤波器应该能使所有低于截止频率的信号无损通过，而所有高于截止频率的信号都应该被无限地衰减，从而在幅频特性曲线上呈现矩形，故而也称为矩形滤波器(Brick-Wall Filter)。遗憾的是，如此理想的特性是无法实现的，所有的设计只不过是力图逼近矩形滤波器的特性而已。根据所选的逼近函数的不同，可以得到不同的响应。虽然逼近函数多种多样，但是考虑到实际电路的使用需求，我们通常会利用"巴特沃斯响应"或"切比雪夫响应"。

低通滤波器：它允许信号中的低频或直流分量通过，抑制高频分量或干扰和噪声。

高通滤波器：它允许信号中的高频分量通过，抑制低频或直流分量。

带通滤波器：它允许一定频段内的信号通过，抑制低于或高于该频段的信号、干扰和噪声。

带阻滤波器：它抑制一定频段内的信号，允许该频段以外的信号通过。

1. 根据滤波器原理设计，运用 LabVIEW 搭建去噪滤波器。
2. 根据滤波器原理设计，运用 LabVIEW 搭建低通滤波器。
3. 根据滤波器原理设计，运用 LabVIEW 搭建 Butterworth 滤波器。

三、实验主要步骤

1. 去噪滤波器的主要操作步骤

(1) 在前面板的控件选板中，找到"新式"→"图形"→"波形图"。
(2) 在前面板的控件选板中，找到"新式"→"数值"→"滑动杆"。
(3) 在程序框图的函数选板中，找到"信号处理"→"波形生成"→"仿真信号"。
(4) 在程序框图的函数选板中，找到"Express"→"信号分析"→"滤波器"。
(5) 调试运行新建的 VI 程序，实现去噪滤波器的程序框图如图 S-19 所示，滤波效果如图 S-20 所示。

2. 低通滤波的主要操作步骤

(1) 在前面板的控件选板中，找到"新式"→"修饰"→"水平平滑盒"，进行布局的修饰。
(2) 在前面板的控件选板中，找到"新式"→"图形"→"波形图表"。
(3) 在前面板的控件选板中，找到"新式"→"数值"→"滑动杆"。
(4) 在程序框图的函数选板中，找到"编程"→"结构"→"While 循环"。
(5) 在程序框图的函数选板中，找到"编程"→"结构"→"条件结构"，在条件结构模块上单击鼠标右键可以进行添加、删除分支等操作。

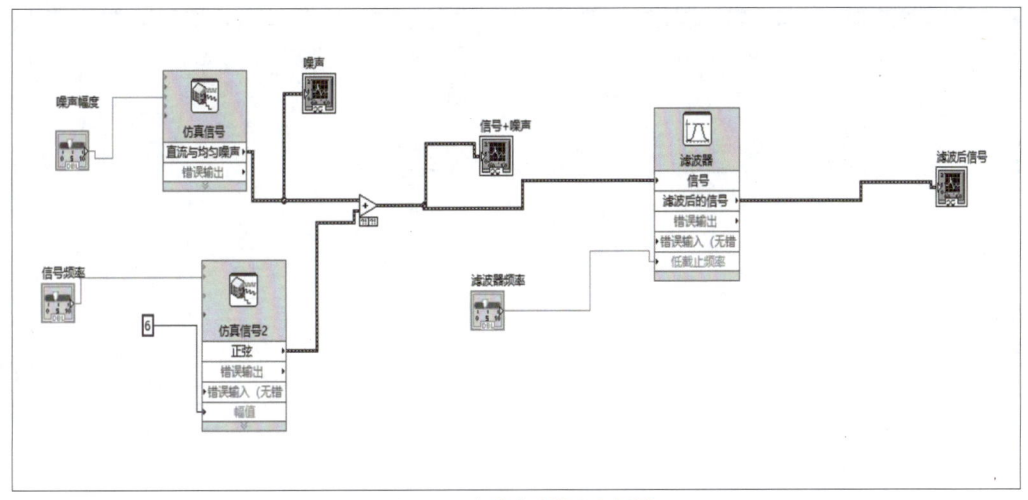

图 S-19　去噪滤波器程序框图

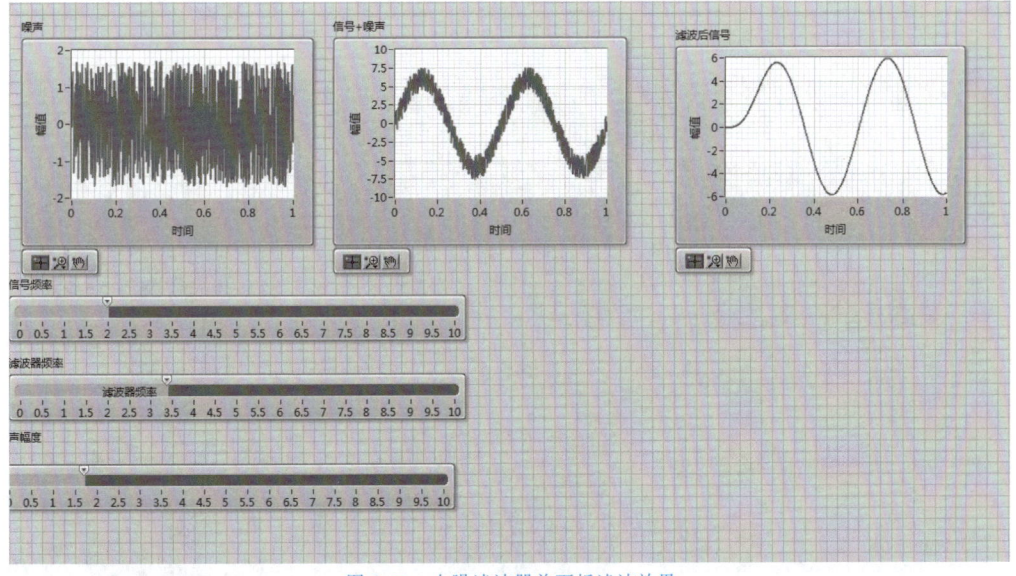

图 S-20　去噪滤波器前面板滤波效果

(6) 在程序框图的函数选板中,找到"信号处理"→"波形生成"→"仿真信号",在"仿真信号"的属性中选择正弦波信号。

(7) 在程序框图的函数选板中,找到"Express"→"信号分析"→"频谱测量"。

(8) 在程序框图的函数选板中,找到"编程"→"数值"→"随机数"。

(9) 在程序框图的函数选板中,找到"编程"→"结构"→"元素同址操作结构"。

(10) 调试运行新建的 VI 程序,低通滤波器的程序框图如图 S-21 所示,滤波效果如图 S-22 所示。

3. Butterworth 滤波器的主要操作步骤

(1) 在前面板的控件选板中,找到"新式"→"图形"→"波形图"。

(2) 在前面板的控件选板中,找到"新式"→"数值"→"数值输入控件"。

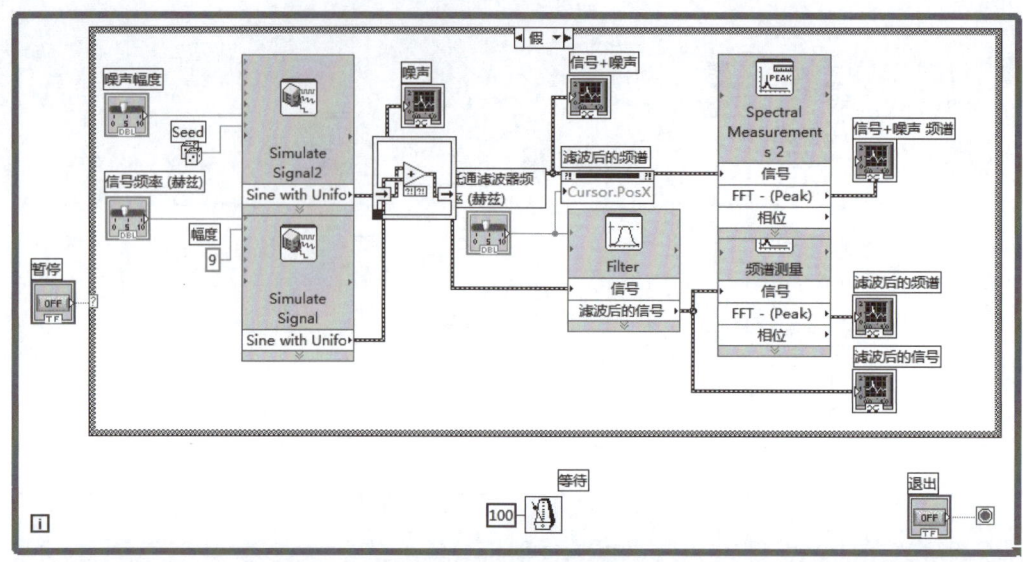

图 S-21　低通滤波器程序框图

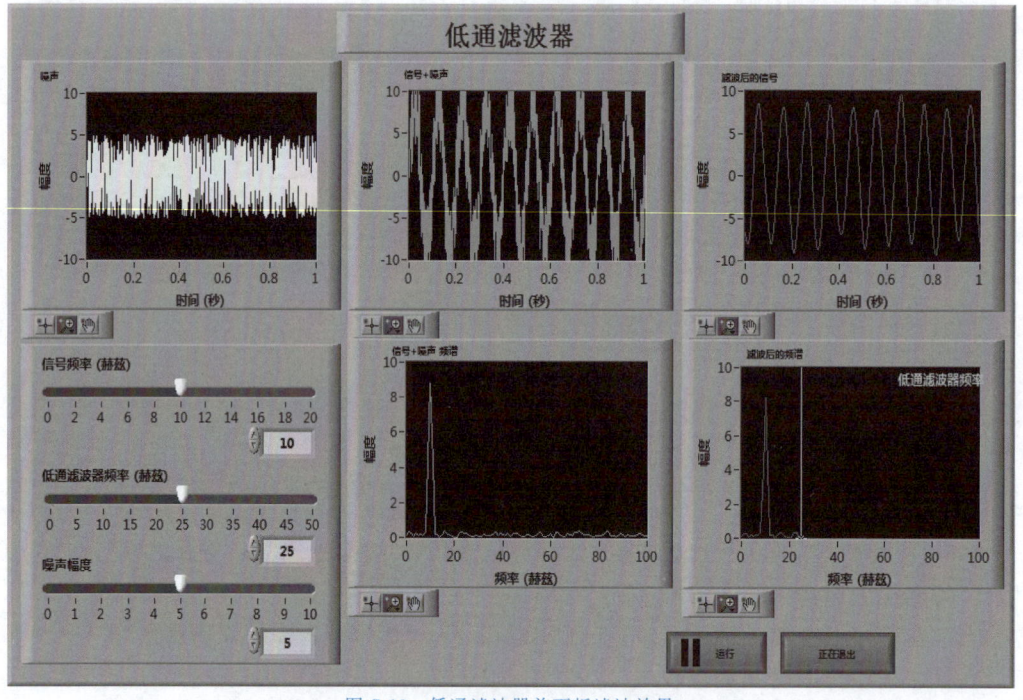

图 S-22　低通滤波器前面板滤波效果

（3）在前面板的控件选板中，找到"新式"→"下拉列表与枚举"→"枚举"，单击枚举的属性，在属性对话框中找到编辑项，在编辑项中可以插入滤波器类型，例如高通滤波器、低通滤波器、带通滤波器、带阻滤波器等。

（4）在程序框图的函数选板中，找到"编程"→"结构"→"While 循环"。

（5）在程序框图的函数选板中，找到"Express"→"信号操作"→"从动态数据转换"。

（6）在程序框图的函数选板中，找到"信号处理"→"滤波器"→"Butterworth 滤波器"。

(7) 在程序框图的函数选板中,找到"编程"→"定时"→"等待"。

(8) 在程序框图的函数选板中,找到"Express"→"信号操作"→"转换至动态数据"。

(9) 调试运行新建的 VI 程序,Butterworth 滤波器的程序框图如图 S-23 所示,滤波效果如图 S-24 所示。

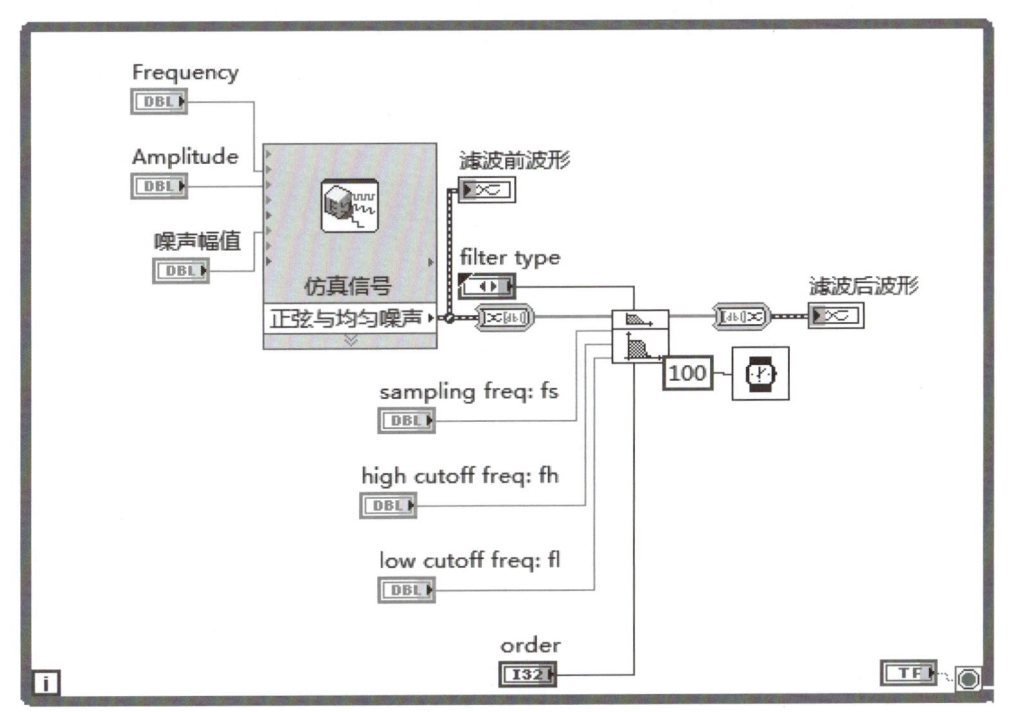

图 S-23 Butterworth 滤波器程序框图

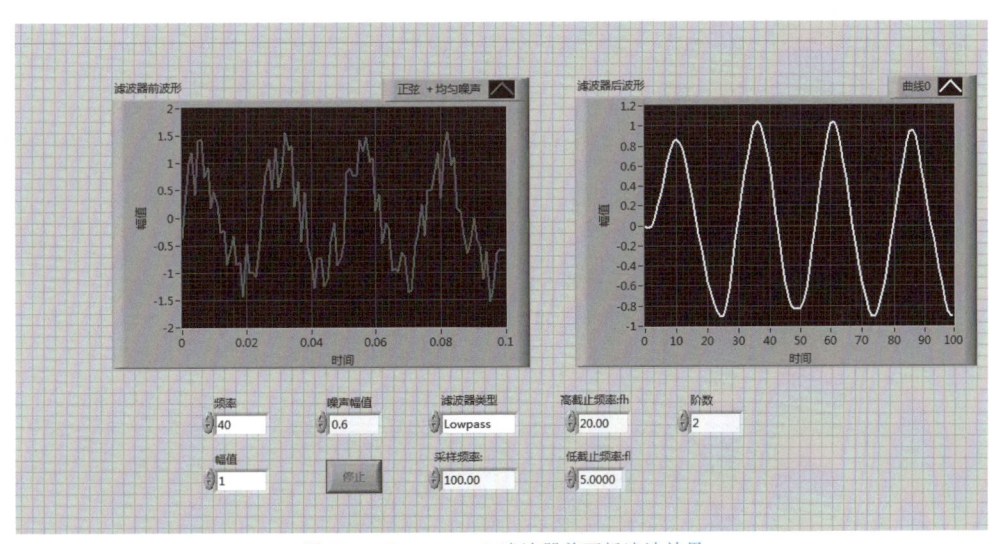

图 S-24 Butterworth 滤波器前面板滤波效果

四、实验报告要求

1. 根据实验任务与步骤完成全部的实验内容。
2. 根据实验参考,尝试搭建高通滤波器,分析各滤波器的不同之处。
3. 整理实验过程中遇到的问题,并记录解决问题的方法。

参考文献

[1] 郑君里,应启珩,杨为理. 信号与系统[M]. 3版. 北京:高等教育出版社,2011.

[2] 吴大正. 信号与线性系统分析[M]. 5版. 北京:高等教育出版社,2019.

[3] 曾喆昭. 信号与线性系统[M]. 北京:清华大学出版社,2007.

[4] 陈生谭. 信号与系统[M]. 西安:西安电子科技大学出版社,2001.

[5] 吴京,安成锦,周剑雄,邓新蒲. 信号与系统分析[M]. 北京:清华大学出版社,2021.

[6] 张卫钢. 信号与系统[M]. 西安:西安电子科技大学出版社,2019.

[7] 刘树棠. 信号与系统[M]. 北京:电子工业出版社,2020.

[8] (美)Alan V. Oppenheim(艾伦·V.奥本海姆). 信号与系统[M]. 北京:电子工业出版社,2020.

[9] 高宝建,彭进业,王琳,潘建寿. 信号与系统[M]. 北京:清华大学出版社,2020.

[10] 俞一彪,孙兵. 数字信号处理[M]. 南京:南京东南大学出版社,2017.

[11] 解璞,李瑞. LabVIEW 2014基础实例教程[M]. 北京:人民邮电出版社,2017.

[12] 王仕奎. 随机信号分析理论与实践[M]. 南京:南京东南大学出版社,2016.

[13] 胡沁春,刘刚利,高燕. 信号与系统[M]. 重庆:重庆大学出版社,2015.

[14] 张昱,周绮敏,史笑兴. 信号与系统实验教程[M]. 北京:人民邮电出版社,2011.

[15] 王亚芳. MATLAB仿真及电子信息应用[M]. 北京:人民邮电出版社,2011.

附录

常用数学表

F-1 三角恒等式

1. $\sin(A \pm B) = \sin A \cos B \pm \cos A \sin B$

2. $\cos(A \pm B) = \cos A \cos B \mp \sin A \sin B$

3. $\cos A \cos B = \dfrac{1}{2}[\cos(A+B) + \cos(A-B)]$

4. $\sin A \sin B = \dfrac{1}{2}[\cos(A-B) - \cos(A+B)]$

5. $\sin A \cos B = \dfrac{1}{2}[\sin(A+B) + \sin(A-B)]$

6. $\sin A + \sin B = 2\sin\dfrac{A+B}{2}\cos\dfrac{A-B}{2}$

7. $\sin A - \sin B = 2\sin\dfrac{A-B}{2}\cos\dfrac{A+B}{2}$

8. $\cos A + \cos B = 2\cos\dfrac{A+B}{2}\cos\dfrac{A-B}{2}$

9. $\cos A - \cos B = -2\sin\dfrac{A+B}{2}\sin\dfrac{A-B}{2}$

10. $\sin 2A = 2\sin A \cos A$

11. $\cos 2A = 2\cos^2 A - 1 = 1 - 2\sin^2 A = \cos^2 A - \sin^2 A$

12. $\sin\dfrac{1}{2}A = \sqrt{\dfrac{1-\cos A}{2}}$, $\sin^2 A = \dfrac{1-\cos 2A}{2}$

13. $\cos\dfrac{1}{2}A = \sqrt{\dfrac{1+\cos A}{2}}$, $\cos^2 A = \dfrac{1+\cos 2A}{2}$

14. $\sin x = \dfrac{e^{jx} - e^{-jx}}{2j}$, $\cos x = \dfrac{e^{jx} + e^{-jx}}{2}$

15. $e^{jx} = \cos x + j\sin x$

16. $A\cos(\omega t+\varphi_1)+B\cos(\omega t+\varphi_2)=C\cos(\omega t+\varphi_3)$

其中, $C=\sqrt{A^2+B^2-2AB\cos(\varphi_2-\varphi_1)}$

$\varphi_3=\tan^{-1}\{\dfrac{A\sin\varphi_1+B\sin\varphi_2}{A\cos\varphi_1+B\cos\varphi_2}\}$

17. $\sin(\omega t+\varphi)=\cos(\omega t+\varphi-90°)$

F-2　不定积分

1. $\int \sin ax\,\mathrm{d}x=-\dfrac{1}{a}\cos ax,\ \int \cos ax\,\mathrm{d}x=\dfrac{1}{a}\sin ax$

2. $\int \sin^2 ax\,\mathrm{d}x=\dfrac{x}{2}-\dfrac{\sin 2ax}{4a}$

3. $\int x\sin ax\,\mathrm{d}x=\dfrac{1}{a^2}(\sin ax-ax\cos ax)$

4. $\int x^2\sin ax\,\mathrm{d}x=\dfrac{1}{a^3}(2ax\sin ax+2\cos ax-a^2x^2\cos ax)$

5. $\int \cos^2 ax\,\mathrm{d}x=\dfrac{x}{2}+\dfrac{\sin 2ax}{4a}$

6. $\int x\cos ax\,\mathrm{d}x=\dfrac{1}{a^2}(\cos ax+ax\sin ax)$

7. $\int x^2\cos ax\,\mathrm{d}x=\dfrac{1}{a^3}(2ax\cos ax-2\sin ax+a^2x^2\sin ax)$

8. $\int \sin ax\sin bx\,\mathrm{d}x=\dfrac{\sin(a-b)x}{2(a-b)}-\dfrac{\sin(a+b)x}{2(a+b)},\ a^2\neq b^2$

9. $\int \sin ax\cos bx\,\mathrm{d}x=-[\dfrac{\cos(a-b)x}{2(a-b)}+\dfrac{\cos(a+b)x}{2(a+b)}],\ a^2\neq b^2$

10. $\int \cos ax\cos bx\,\mathrm{d}x=\dfrac{\sin(a-b)x}{2(a-b)}+\dfrac{\sin(a+b)x}{2(a+b)},\ a^2\neq b^2$

11. $\int \mathrm{e}^{ax}\,\mathrm{d}x=\dfrac{1}{a}\mathrm{e}^{ax}$

12. $\int x\mathrm{e}^{ax}\,\mathrm{d}x=\dfrac{\mathrm{e}^{ax}}{a^2}(ax-1)$

13. $\int x^2\mathrm{e}^{ax}\,\mathrm{d}x=\dfrac{\mathrm{e}^{ax}}{a^3}(a^2x^2-2ax+2)$

14. $\int \mathrm{e}^{ax}\sin bx\,\mathrm{d}x=\dfrac{\mathrm{e}^{ax}}{a^2+b^2}(a\sin bx-b\cos bx)$

15. $\int \mathrm{e}^{ax}\cos bx\,\mathrm{d}x=\dfrac{\mathrm{e}^{ax}}{a^2+b^2}(a\cos bx+b\sin bx)$

F-3　定积分

1. $\int_0^{\infty} x^n \mathrm{e}^{-ax}\,\mathrm{d}x=\dfrac{n!}{a^{n+1}}=\dfrac{\Gamma(n+1)}{a^{n+1}}$

2. $\int_0^{\infty} \mathrm{e}^{-r^2x^2}\,\mathrm{d}x=\dfrac{\sqrt{\pi}}{2r}$

3. $\int_0^\infty x e^{-r^2 x^2} dx = \dfrac{\sqrt{\pi}}{2r^2}$

4. $\int_0^\infty x^2 e^{-r^2 x^2} dx = \dfrac{\sqrt{\pi}}{4r^3}$

5. $\int_0^\infty x^n e^{-r^2 x^2} dx = \dfrac{\Gamma[(n+1)/2]}{2r^{n+1}}$

6. $\int_0^\infty \dfrac{\sin ax}{x} dx = \dfrac{\pi}{2}; 0; -\dfrac{\pi}{2}$ 分别对应于 $a > 0; a = 0; a < 0$

7. $\int_0^\infty \dfrac{\sin^2 ax}{x^2} dx = \dfrac{\pi}{2}|a|$

8. $\int_0^\pi \sin^2 mx\, dx = \int_0^\pi \sin^2 x\, dx = \int_0^\pi \cos^2 mx\, dx = \int_0^\pi \cos^2 x\, dx = \dfrac{\pi}{2}$, m 为整数

9. $\int_0^\pi \sin mx \sin nx\, dx = \int_0^\pi \cos mx \cos nx\, dx = 0$, $m \neq n$, m, n 为整数

10. $\int_0^\pi \sin mx \cos nx\, dx = \begin{cases} \dfrac{2m}{m^2 - n^2}, & \text{如果 } m+n \text{ 为奇数} \\ 0, & \text{如果 } m+n \text{ 为偶数} \end{cases}$

F-4　　　　　　　　　　　几何级数的求值公式表

序号	公 式
1	$\sum\limits_{n=0}^{n_2} a^n = \begin{cases} \dfrac{1-a^{n_2+1}}{1-a}, & a \neq 1 \\ n_2 + 1, & a = 1 \end{cases}$
2	$\sum\limits_{n=n_1}^{n_2} a^n = \begin{cases} \dfrac{a^{n_1} - a^{n_2+1}}{1-a}, & a \neq 1 \\ n_2 - n_1 + 1, & a = 1 \end{cases}$
3	$\sum\limits_{n=0}^{\infty} a^n = \dfrac{1}{1-a}$, $|a| < 1$

注意：对于公式2，$n_1 \leqslant n_2$，n_1 与 n_2 可以是正数，也可以是负数。